ISBN 978-3-540-04115-3 ISBN 978-3-540-35815-2 (eBook)
DOI 10.1007/978-3-540-35815-2

Fortschritte der chemischen Forschung 10. Band, 2. Heft

M. Becke-Goehring Zur Chemie des Phosphorpentachlorids 207

A. Kettrup und H. Specker Extraktive Trennung anorganischer Verbindungen . . 238

W. Strohmeier Kinetik und Mechanismus von Austausch- und Substitutionsreaktionen an Metallcarbonylen 306

F. Freund Zur thermischen Stabilität von Hydroxiden 347

In kritischen Übersichten werden in dieser Reihe Stand und Entwicklung aktueller chemischer Forschungsgebiete beschrieben. Sie wendet sich an alle Chemiker in Forschung und Industrie, die am Fortschritt ihrer Wissenschaft teilhaben wollen.
In der Regel werden nur Beiträge veröffentlicht, die ausdrücklich angefordert worden sind. Schriftleitung und Herausgeber sind aber für ergänzende Anregungen und Hinweise jederzeit dankbar. Manuskripte können in den „Fortschritten der chemischen Forschung" in Deutsch oder Englisch veröffentlicht werden.

Jedes Heft der Reihe ist auch einzeln käuflich.

This series presents critical reviews of the present position and future trends in modern chemical research. It is addressed to all research and industrial chemists who wish to keep abreast of advances in their subject.

As a rule, contributions are specially commissioned. The editors and publishers will, however, always be pleased to receive suggestions and supplementary information. Papers are accepted for „Fortschritte der chemischen Forschung" in either German or English.

Single issues may be purchased separately.

Zur Chemie des Phosphorpentachlorids

Prof. Dr. Margot Becke-Goehring

Anorganisch-Chemisches Institut der Universität Heidelberg

Inhalt

I. Die Struktur des Phosphorpentachlorids ... 207

II. Umsetzungen des Phosphorpentachlorids ... 210
- a) Adduktbildung ... 210
- b) Substitutionsreaktionen ... 211

1. Umsetzungen mit Derivaten des Ammoniaks der Formel $R—NH_2$ ... 211
2. Umsetzungen mit Ammoniak bzw. Ammoniumsalzen ... 220
3. Umsetzungen mit Hydroxylamin bzw. mit dessen Salzen ... 224
4. Umsetzungen mit Hydrazin und dessen Derivaten ... 224
5. Umsetzungen mit Phosphorylamid bzw. Thiophosphorylamid ... 227
6. Die Umsetzung mit Monomethylammoniumchlorid ... 230

Literatur ... 235

I. Die Struktur des Phosphorpentachlorids

Phosphorpentachlorid, PCl_5, wurde 1810 von *Davy* entdeckt. 6 Jahre später konnte die Zusammensetzung der Verbindung von *Dulong* festgestellt werden.

Reines Phosphorpentachlorid, durch Einwirkung von Chlor auf Phosphortrichlorid hergestellt, ist bei Zimmertemperatur eine farblose, kristallinische Substanz. Im zugeschmolzenen Rohr schmilzt sie bei 160° C; unter Atmosphärendruck findet Sublimation statt, ehe der Schmelzpunkt erreicht ist. Im Gaszustand liegen Moleküle der Zusammensetzung PCl_5 vor. Die fünf Chloratome bilden eine trigonale Bipyramide (*19*), in deren Mittelpunkt das Phosphoratom sitzt (Abb. 1). Der Abstand der Cl-Atome vom Phosphoratom beträgt 2,19 Å und 2,04 Å.

Im festen Zustand findet man die Ionen $[PCl_4]^+$ und $[PCl_6]^-$ (*21*) vor. In $[PCl_4]^+$ ist das Phosphoratom tetraedrisch von vier Chloratomen umgeben. Der Abstand P—Cl beträgt 1,98 Å. In $[PCl_6]^-$ ist Phosphor oktaedrisch von sechs Chloratomen umgeben. Der Abstand P—Cl beträgt hier 2,07 Å.

Das Raman-Spektrum (*49*) der flüssigen Verbindung konnte auf Grund der Annahme gedeutet werden, daß auch im flüssigen Zustand PCl_5-Moleküle mit trigonal-bipyramidaler Struktur vorhanden sind.

Dementsprechend ist reines, flüssiges PCl_5 ein Nichtleiter. Auch in Lösungen kann PCl_5 als Molekül vorliegen. Dies ist zum Beispiel der Fall in CS_2, wie es die Messung des kernmagnetischen Resonanzspektrums der ^{31}P-Kerne zeigt, bei der man eine chemische Verschiebung von $+80 \cdot 10^{-6}$ findet (*27*).

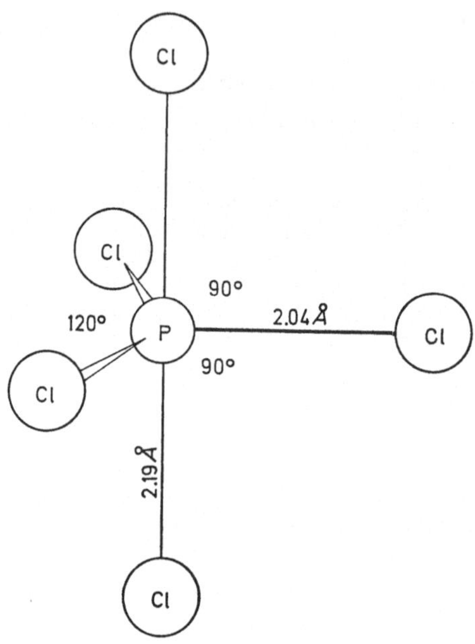

Abb. 1

Es ist immer wieder behauptet worden (*47*), PCl_5 läge in polaren Lösungsmitteln in ionischer Form vor. Dies wurde zum Beispiel aus Leitfähigkeitsmessungen und Überführungsversuchen an Lösungen von PCl_5 in Acetonitril (*47*) geschlossen. Das kernmagnetische Resonanzspektrum von PCl_5 zeigt aber auch zum Beispiel in $OPCl_3$-Lösungen, in PCl_3 oder Nitrobenzol wie auch in Methylenchlorid und anderen chlorierten Kohlenwasserstoffen immer eine chemische Verschiebung von $+80 \cdot 10^{-6}$, die auf fünfbindigen Phosphor hindeutet[1]. Beim Lösen von PCl_5 in Acetonitril, das manchmal als gutes Lösungsmittel für PCl_5 bezeichnet wurde, konnte Reaktion schon bei Zimmertemperatur beobachtet werden (*24*).

---

[1] *D. S. Payne* (*47*) hatte bemerkt, daß solche Lösungen den elektrischen Strom leiten; er hatte danach in diesen Lösungen $[PCl_4]^+$ und $[PCl_6]^-$ angenommen.

So hat man den Schluß zu ziehen, daß im Gaszustand, im flüssigen Zustand und im gelösten Zustand weitgehend PCl_5-Moleküle vorliegen, im festen Zustand dagegen die Ionen $[PCl_4]^+$ und $[PCl_6]^-$.

Die Natur der chemischen Bindung in PCl_5 hat lange Zeit Rätsel aufgegeben. *Pauling* (*46*) vermutete, daß für die chemische Bindung lediglich 3 s- und 3 p-Orbitale des Phosphors benötigt werden. Mit Hilfe dieser vier Orbitale könnten sich nur vier kovalente Bindungen ausbilden. Man müßte dann für PCl_5 annehmen, daß kovalente und elektrovalente Bindungen gemeinsam am Zusammenhalt des PCl_5-Moleküls beteiligt seien. *Pauling* verteilte die negative Ladung über alle fünf Chloratome. Die Verbindung soll ein Resonanzhybrid sein, in dem jede P—Cl-Bindung zu ein Fünftel Ionencharakter und zu vier Fünftel kovalenten Charakter besitzt.

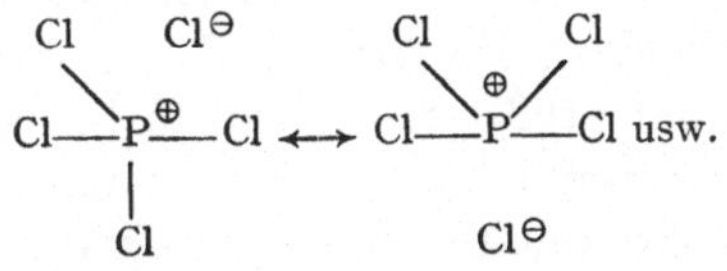

Cl Cl$^\ominus$ Cl Cl

Cl—P$^\oplus$—Cl $\longleftrightarrow$ Cl—P$^\oplus$—Cl usw.

Cl Cl$^\ominus$

Neben dieser Vorstellung ist sehr häufig eine andere benutzt worden, nämlich die, daß sich d-Orbitale des Phosphors am Aufbau des σ-Bindungsgerüstes beteiligten. Hierzu wäre zum Beispiel folgende Anhebung der Elektronenkonfiguration nötig:

$$3\,s^2\,3\,p^3 \rightarrow 3\,s\,3\,p^3\,3\,d$$

Die Promovierungsenergie ist ziemlich groß (*35*) (etwa 17 eV); sie wird teilweise kompensiert durch den Energiegewinn, der durch die Hybridisierung der s- und p-Orbitale mit dem d_{z^2}-Orbital eintritt (*38*). *Craig* und *Magnusson* (*22*) haben außerdem darauf hingewiesen, daß die d-Orbitale im freien Atom zwar zu diffus für σ-Bindungen sind, daß aber — bedingt durch die Elektronegativität des Partners — diese d-Orbitale stark polarisiert und verkleinert werden und daß dadurch ihre Beteiligung am Aufbau des σ-Bindungsgerüstes möglich wird (*35*).

Vom Standpunkt der Valenzbindungstheorie kann also die Struktur des PCl_5 als die eines *Resonanzhybrids* beschrieben werden mit den Grenzstrukturen $PCl_4^+Cl^-$ und PCl_5; das heißt, es liegen kovalente Bindungen mit einem erheblichen elektrovalenten Anteil vor. An der Hybridisierung haben d-Orbitale des Phosphors teil; die Hybridbindungen sind relativ polar.

II. Umsetzungen des Phosphorpentachlorids

Betrachtet man nun die Umsetzungen von PCl_5, so kann man prinzipiell zwei Typen von Reaktionen unterscheiden: Einmal ist Adduktbildung möglich und zweitens gibt es Substitutionsreaktionen, bei denen Cl teilweise oder vollständig durch andere Gruppen oder Atome ersetzt wird.

a) *Adduktbildung*

Bei der Adduktbildung geht Phosphor der Koordinationszahl 5, wie er im Phosphorpentachlorid vorliegt, entweder in Phosphor der Koordinationszahl 4 oder der Koordinationszahl 6 über. Bei dem Addukt $PCl_5 \cdot AlCl_3$, das bei 343° C schmilzt, handelt es sich sehr wahrscheinlich (*55*) um die Verbindung $[PCl_4]^+[AlCl_4]^-$. Analog gebaute ionische Verbindungen liegen mit großer Sicherheit auch vor in den Addukten des Phosphorpentachlorids mit Antimonpentachlorid, Bortrichlorid sowie mit Titantetrachlorid. So konnte bei der Verbindung $[PCl_4][SbCl_6]$ das kernmagnetische Resonanzspektrum der ^{31}P-Kerne gemessen werden. Die chemische Verschiebung liegt bei $-86 \cdot 10^{-6}$, wie es für das wenig abgeschirmte P-Atom in $[PCl_4]^+$ verständlich ist. Für $[PCl_4][BCl_4]$ wurde $-76{,}8 \cdot 10^{-6}$ gemessen. Bei der Verbindung $PCl_5 \cdot TiCl_4$ konnte die Formel $[PCl_4][TiCl_5]$ durch *Gutmann* (*31*) auf Grund von Leitfähigkeitsmessungen wahrscheinlich gemacht werden. Die Verbindung $2\,PCl_5 \cdot TiCl_4$ (*50*) wies in Nitromethan-Lösung eine chemische Verschiebung von $9{,}3 \cdot 10^{-6}$ im kernmagnetischen Resonanzspektrum der ^{31}P-Kerne auf. Dies deutet ebenfalls auf vierbindigen Phosphor in der Verbindung hin, aber wohl kaum auf freie $[PCl_4]$-Kationen. PCl_6J, eine gelbe, kristalline Substanz, besitzt im festen Zustand die Struktur: $[PCl_4]^+[Cl{-}J{-}Cl]^-$ (*58*).

Adduktbildung mit Übergang des Phosphors der Koordinationszahl 5 in Phosphor der Koordinationszahl 6 beobachtet man bei der Umsetzung von Phosphorpentachlorid mit Pyridin. Hierbei entsteht das Addukt $PCl_5 \cdot C_5H_5N$, das kristallin ist und ein kernmagnetisches Resonanzspektrum der ^{31}P-Kerne mit einer chemischen Verschiebung von $+234 \cdot 10^{-6}$ aufweist. Das kernmagnetische Resonanzspektrum zeigt, daß hier sehr stark abgeschirmter Phosphor vorhanden ist, das heißt, Phorphor der Koordinationszahl 6. Dies wird deutlich, wenn man bedenkt, daß $[PCl_6]^-$ in Hexachlorophosphaten (*27*) ein kernmagnetisches Resonanzspektrum mit einer chemischen Verschiebung von $+300 \cdot 10^{-6}$ hervorruft, während PCl_5, wie bereits oben erwähnt, im gelösten Zustand eine chemische Verschiebung um $+80 \cdot 10^{-6}$ besitzt.

b) *Substitutionsreaktionen*

Die Chloratome des Phosphorpentachlorids lassen sich substituieren.

Versucht man, die Cl-Atome durch Sauerstoff zu substituieren, so tritt *immer* die Koordinationszahl 4 auf. Aber die Verhältnisse liegen anders, wenn man die Chloratome durch andere Liganden als O ersetzt.

Hier sollen nur die Reaktionen des Phosphorpentachlorids mit *Stickstoff enthaltenden Verbindungen* betrachtet werden, und es soll untersucht werden, welche Koordinationszahlen bei der Substitution der Cl-Atome des PCl_5 durch Stickstoff enthaltende Gruppen auftreten.

1. Umsetzungen mit Derivaten des Ammoniaks der Formel R—NH_2

Sehr einfach sind die Reaktionen von PCl_5 mit Derivaten des Ammoniaks, in denen an Stelle eines Wasserstoff-Atoms ein Säurerest mit einer NH_2-Gruppe verbunden ist. Solche Derivate des Ammoniaks sind die Säureamide. Mit *Säureamiden* setzt sich Phosphorpentachlorid in der Weise um, daß zwei Wasserstoff-Atome des Amids durch die PCl_3-Gruppe ersetzt werden. So entsteht zum Beispiel aus dem Monoamid der Schwefelsäure glatt $Cl_3P{=}N{-}SO_2Cl$, und das gleiche Produkt findet man auch, wenn Amidoschwefelsäurechlorid als Ausgangsstoff verwendet wird:

$$H_2N{-}SO_3H + 2\,PCl_5 \rightarrow Cl_3P{=}N{-}SO_2Cl + 3\,HCl + OPCl_3$$

$$H_2N{-}SO_2Cl + PCl_5 \rightarrow Cl_3P{=}N{-}SO_2Cl + 2\,HCl$$

Aus Sulfurylamid erhält man analog $Cl_3P{=}N{-}SO_2{-}N{=}PCl_3$ (Fp 41—42° C)

$H_2N{-}SO_2{-}NH_2 + 2\,PCl_5 \rightarrow Cl_3P{=}N{-}SO_2{-}N{=}PCl_3 + 4\,HCl$ (*3, 25, 39, 44*).

Diese Reaktion, die von uns als „Kirsanov-Reaktion" bezeichnet worden ist (*6*), verläuft nach unserer Auffassung in der Weise, daß das Säureamid als Lewis-Base am PCl_5 bzw. an dem Kation $[PCl_4]^+$ angreift unter Bildung des Adduktes I. Diese Substanz I geht dann unter Deprotonierung und Abspaltung von HCl in die Verbindung II über.

Diese Reaktion des PCl_5 ist nicht auf die Amide der Schwefelsäure beschränkt; analog reagieren zum Beispiel auch die Amide der Phosphorsäure:

Im Falle des Monoamids der Phosphorsäure beobachtet man

$$O{=}P(OH)_2(NH_2) + 3\,PCl_5 \rightarrow Cl_3P{=}N{-}P(O)Cl_2 + 4\,HCl + 2\,OPCl_3$$

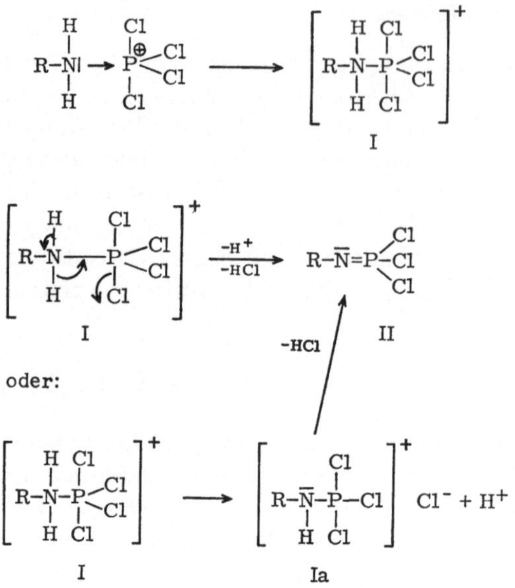

$$R{-}\overset{H}{\underset{H}{N}}| \rightarrow \overset{Cl}{\underset{Cl}{\overset{\oplus}{P}}}\!\!<^{Cl}_{Cl} \longrightarrow \left[R{-}\overset{H}{\underset{H}{N}}{-}\overset{Cl}{\underset{Cl}{P}}\!\!<^{Cl}_{Cl} \right]^{+}$$

I

$$\left[R{-}\overset{H}{\underset{H}{N}}{-}\overset{Cl}{\underset{Cl}{P}}\!\!<^{Cl}_{Cl} \right]^{+} \xrightarrow[-HCl]{-H^{+}} R{-}\overline{N}{=}P{\overset{Cl}{\underset{Cl}{-}}}Cl$$

I II

oder:

$$\left[R{-}\overset{H}{\underset{H}{N}}{-}\overset{Cl}{\underset{Cl}{P}}\!\!<^{Cl}_{Cl} \right]^{+} \longrightarrow \left[R{-}\overline{\underset{H}{N}}{-}\overset{Cl}{\underset{Cl}{P}}{-}Cl \right]^{+} Cl^{-} + H^{+}$$

I Ia

$$Ia \xrightarrow{-HCl} II$$

den Ersatz der beiden am N-Atom sitzenden H-Atome durch die PCl_3-Gruppe und daneben den Ersatz der OH-Gruppen durch Cl (*13*). Der Diphenylester des Orthophosphorsäureamids liefert mit PCl_5 die Verbindung III:

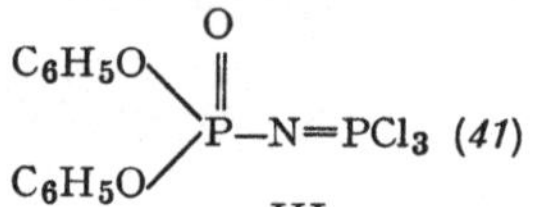

$$(C_6H_5O)_2\overset{O}{\overset{\|}{P}}{-}N{=}PCl_3 \quad (41)$$

III

Auch die Amide der Kohlensäure reagieren mit PCl_5 in dem Sinne, daß die am Stickstoff befindlichen H-Atome durch die PCl_3-Gruppe ersetzt werden. So kann man aus Harnstoff neben anderen Stoffen IV erhalten, Melamin reagiert zu V und Guanidin gibt das resonanzstabilisierte Salz VI:

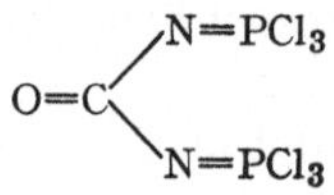

$$O{=}C\!<^{N=PCl_3}_{N=PCl_3}$$

IV (*14c*)

$$Cl_3P{=}N{-}C_3N_3(N{=}PCl_3)_2$$

(1,3,5-Triazinring: $Cl_3P{=}N{-}C$, $C{-}N{=}PCl_3$, $C{-}N{=}PCl_3$)

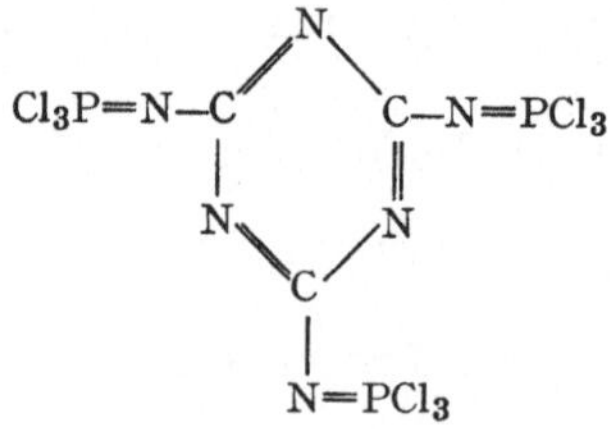

V (Fp 185—191° C) (*29*)

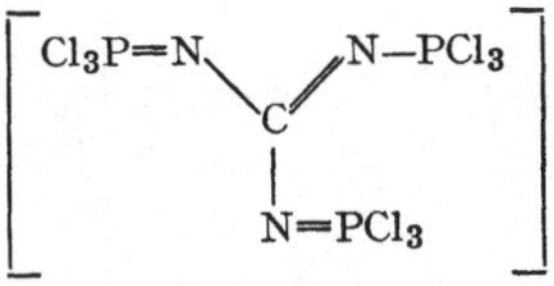

$$\left[\begin{array}{c} Cl_3P{=}N \diagdown \quad \diagup\!\!\!\diagup N{-}PCl_3 \\ C \\ | \\ N{=}PCl_3 \end{array}\right] Cl$$

VI (Fp 150—152° C) (*29*)[2]

Als man Cyanamid mit PCl_5 reagieren ließ, ergab sich eine etwas kompliziertere Reaktion, die durch die Gleichung wiederzugeben ist:

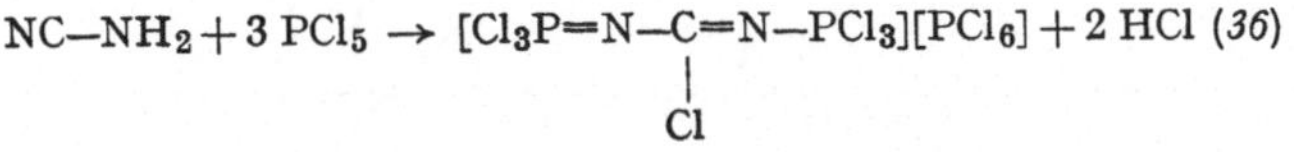

$$NC{-}NH_2 + 3\,PCl_5 \rightarrow [Cl_3P{=}N{-}\underset{\displaystyle Cl}{\underset{|}{C}}{=}N{-}PCl_3][PCl_6] + 2\,HCl \quad (36)$$

VII (Fp 167—169° C)

Auch hier entsteht also, wie beim Guanidin ein Salz, das resonanzstabilisiert ist, das heißt, die Doppelbindungen dürften als delokalisiert anzusehen sein, wie das Formel VIIa andeutet. Hiermit steht im Einklang, daß man in dem ^{31}P-kernmagnetischen Resonanzspektrum für VII chemische Verschiebungen von $-38{,}5 \cdot 10^{-6}$ und von $+297{,}5 \cdot 10^{-6}$ findet.

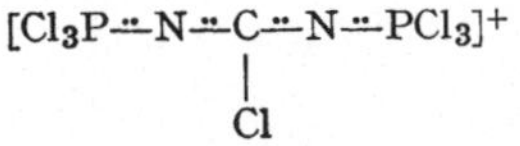

$$[Cl_3P\overset{..}{-}N\overset{..}{-}\underset{\displaystyle Cl}{\underset{|}{C}}\overset{..}{-}N\overset{..}{-}PCl_3]^+$$

VIIa

Das Salz VII ist auch eines der Reaktionsprodukte zwischen Harnstoff und PCl_5 (*36*).

Die Bildung von VII zeigt, daß auch beim Cyanamid durch PCl_5 die beiden H-Atome durch die PCl_3-Gruppe substituiert werden. Außerdem aber setzt sich die Nitril-Gruppe mit PCl_5 in der Weise um, daß PCl_5 an der C—N-Dreifachbindung angreift, was letztlich zu einer Chlorierung am C-Atom und zur Ausbildung einer zweiten $Cl_3P{=}N$-Gruppe führt.

Auch bei Nitrilen, wie zum Beispiel Acetonitril, beobachtet man eine analoge Reaktionsweise gegenüber PCl_5. Die Umsetzungsprodukte von Acetonitril und von Chloracetonitril sind im Folgenden aufgeführt (*24*). Die chemischen Verschiebungen der ^{31}P-kernmagnetischen Resonanzspektren (*17*), die unter den Formeln stehen, zeigen das Auftreten von P—C-Bindungen neben P—N-Bindungen an.

---

[2] Ein Salz vom Typ: $[Cl_3P\overset{..}{-}N\overset{..}{-}\underset{\displaystyle R}{\underset{|}{C}}\overset{..}{-}N\overset{..}{-}PCl_3]SbCl_6$ haben zuerst *A. Schmidpeter, K. Düll* und *R. Böhm*, Angew. Chem. *76*, 605 (1964), beschrieben.

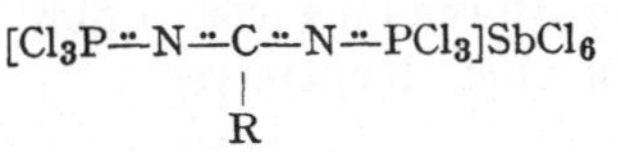

$H_3C{-}CN \xrightarrow[\text{Überschuß}]{PCl_5}$ $\left[\begin{array}{c} H \diagdown \quad \diagup N{=}PCl_3 \text{ (A)} \\ C{=}C \\ Cl \diagup \quad \diagdown PCl_3 \text{ (B)} \end{array}\right] PCl_6 \text{ (C)}$

($P_{(A)}$ − 15,9; $P_{(B)}$ − 83,1, −80,7; $P_{(C)}$ + 297 · 10^{-6})
(cis-trans-Isomerie)

Δ ↓ ; Δ ↘

$HClC{=}C(Cl){-}N{=}PCl_3$
(P + 25 u. + 24 · 10^{-6})
(cis-trans-Isomerie))

$Cl_2C{=}C(Cl){-}N{=}PCl_3$
(P + 23,8 · 10^{-6})

$\xrightarrow{Cl_2}$ $Cl_3C{-}CCl_2{-}NPCl_3$
(P + 11,1 · 10^{-6})

Δ ↑ ; Δ ↗

$+\frac{1}{2}PCl_5$ ↑ (Nitril im Überschuß)

$ClCH_2{-}CN \xrightarrow{\text{überschüss. } PCl_5}$ $\left[\begin{array}{c} Cl \diagdown \quad \diagup N{=}PCl_3 \text{ (A)} \\ C{=}C \\ Cl \diagup \quad \diagdown PCl_3 \text{ (B)} \end{array}\right] PCl_6 \text{ (C)}$

($P_{(A)}$ − 14,2; $P_{(B)}$ − 85,0; $P_{(C)}$ + 296 · 10^{-6})

Komplizierter verläuft die Reaktion mit den Derivaten des Ammoniaks, $R{-}NH_2$, wenn R nicht einen Säurerest, sondern eine Alkyl- oder Aryl-Gruppe bedeutet, wenn man also an Stelle eines Säureamids zu der Kirsanov-Reaktion ein *Amin* verwendet.

In diesem Fall hängt es von dem Substituenten R ab, ob eine Verbindung, die monomer ist, entsteht, vom Typ $R{-}N{=}PCl_3$ oder eine dimere vom Typ $(R{-}NPCl_3)_2$. Ist $R = CH_3$ oder C_4H_9, setzt man also CH_3NH_2 oder auch $C_2H_5NH_2$ bzw. $C_4H_9NH_2$ ein, so erhält man Dimere. Das gleiche findet man bei Anwendung von Anilin, doch mit o-Nitroanilin zum Beispiel erhält man ein Monomeres.

In Tabelle 1 sind die Verhältnisse zusammengestellt (*24*).

Tabelle 1

Amin	dimer in Benzol	monomer in Benzol	Basenkonstante K_B des Amins bei 25° C (in Wasser)
$C_6H_5NH_2$	in der Hitze und in der Kälte	—	$4{,}6 \cdot 10^{-10}$
$p-Cl-C_6H_4NH_2$	Hitze und Kälte	—	$1{,}5 \cdot 10^{-10}$
$o-CH_3C_6H_4NH_2$	nur in der Kälte	in der Siedehitze	$2{,}5 \cdot 10^{-10}$
$o-ClC_6H_4NH_2$	nur in der Kälte	in der Siedehitze	$3{,}7 \cdot 10^{-12}$
$o-NO_2C_6H_4NH_2$	—	Kälte und Siedehitze	$1{,}0 \cdot 10^{-14}$

Kirsanov (*24*) hat darauf hingewiesen, daß man offenbar vor allem dann Monomere erhält, wenn man von sehr schwachen Basen ausgeht, während man Dimere besonders dann herstellen kann, wenn man von den stark basischen aliphatischen Aminen ($K_B > 10^{-12}$) ausgeht.

Die Verbindung, die man bei der Umsetzung von Monomethylamin mit PCl_5 erhält, und die die Formel $(Cl_3PN-CH_3)_2$ besitzt (*24*), ist von den dimeren Verbindungen am besten untersucht worden. In dieser Verbindung sind alle Phosphoratome chemisch äquivalent, denn das ^{31}P-kernmagnetische Resonanzspektrum der Substanz in Bromoform zeigt nur *ein* Signal (*46*) mit einer chemischen Verschiebung von $+78{,}2 \cdot 10^{-6}$ (gegen 85%ige Phosphorsäure als Standard). Die stark positive chemische Verschiebung belegt, daß der Phosphor in der Verbindung die Koordinationszahl 5 besitzt (vgl. $+80 \cdot 10^{-6}$ bei PCl_5).

Danach lag es nahe, der Verbindung die Strukturformel VIII zuzuordnen.

$$\begin{array}{ccccc} & & CH_3 & & \\ & & | & & \\ & \diagup & N & \diagdown & \\ Cl_3P & & & & PCl_3 \\ & \diagdown & N & \diagup & \\ & & | & & \\ & & CH_3 & & \end{array} \qquad \text{VIII}$$

Das Protonen-Resonanzspektrum, das *Trippett* (*51*) untersucht hat, steht mit dieser Formel im Einklang.

Die Kristall- und Molekelstruktur der Verbindung wurde von *Hess* und *Forst* (*34*) untersucht. Die Abb. 2 und Abb. 3 geben die Daten dieser Autoren wieder.

Es ergibt sich also, daß bei der Substitution der Chloratome des PCl_5 nicht nur neue Verbindungen mit Phosphor der Koordinationszahl 4 entstehen können, sondern auch solche mit Phosphor der Koordinationszahl 5.

Verbindung VIII schmilzt bei 178° C. Man sieht aus diesem hohen Schmelzpunkt, daß die Verbindung mit Phosphor der Koordinationszahl 5 und dem viergliedrigen Ringsystem thermisch durchaus beständig ist. Andererseits gelingt es aber durch chemische Reaktionen leicht, die Verbindung in andere Stoffe überzuführen, in denen Phosphor die Koordinationszahl 4 besitzt.

Um dies zu erreichen, ließ man die Substanz mit Schwefeldioxyd reagieren (*11*). Es zeigte sich, daß dabei in ausgezeichneter Ausbeute Verbindung IX zu erhalten ist. IX ist eine gut kristallisierte, farblose Substanz, die feuchtigkeitsempfindlich ist und hydrolysiert. Untersucht man ihre benzolische Lösung, so erkennt man ein ^{31}P-kernmagnetisches Resonanzspektrum mit nur *einem* Signal bei einer chemischen Verschiebung von $+5{,}3 \cdot 10^{-6}$. Dies zeigt, daß Phosphor der Koordinationszahl 4 in der Substanz enthalten ist, wie das auch die Formel IX angibt (*30*).

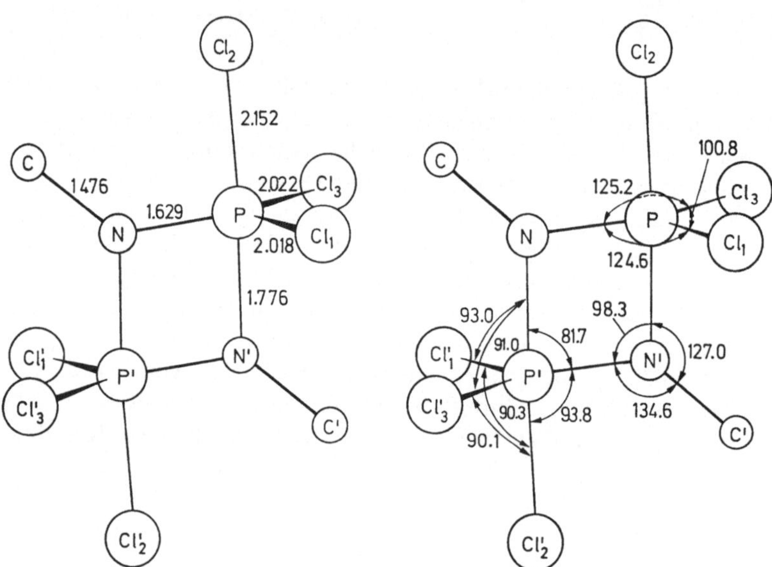

Abb. 2 Bindungslängen in dem Molekül VIII

Abb. 3 Bindungswinkel in dem Molekül VIII

IX (Fp 101—103° C)

X (Fp 120—122° C)

Auch die der Verbindung IX analoge Schwefelverbindung X konnte hergestellt werden (*11*). Kristallstrukturuntersuchungen an dieser Substanz (*56*) zeigten, daß ein ebenes viergliedriges Ringsystem vorliegt. Die

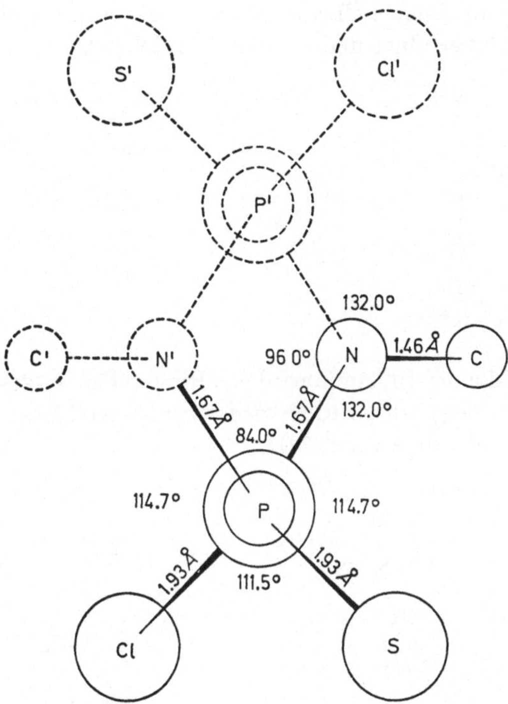

Abb. 4. Bindungslängen und Winkel in dem Molekül X

Bindungslängen in dem viergliedrigen Ringsystem sind im Gegensatz zu dem bei der Substanz VIII Beobachteten sämtlich gleich. Am Phosphor haben wir sp^3-, am Stickstoff sp^2-Hybridisierung.

Die Chloratome der Verbindung X lassen sich ohne Öffnung des viergliedrigen Ringsystems substituieren. So erhält man bei der Alkoholyse zum Beispiel Verbindung XI, bei der Umsetzung mit Anilin XII und bei der Reaktion mit Diäthylamin XIII (*48*).

CH_3 | C_2H_5O–P(=S)<N–N>P(=S)–OC_2H_5 | CH_3

XI

(Fp 103° C)

CH_3 | $C_6H_5N(H)$–P(=S)<N–N>P(=S)–$N(H)C_6H_5$ | CH_3

XII

(Fp 146° C)

Läßt man auf X einen Überschuß an flüssigem Ammoniak einwirken, so wird der Ring geöffnet und es entsteht XIV (*48, 60*).

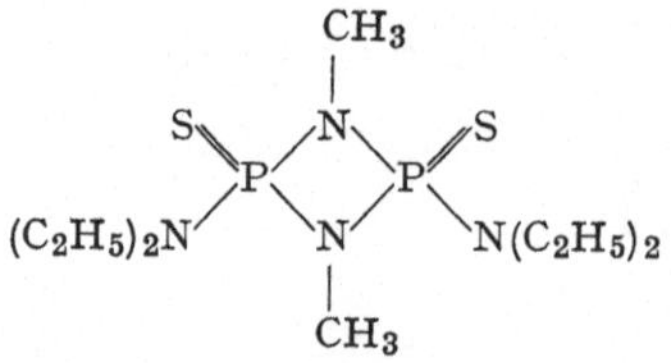

```
             CH3                          S     CH3     S
              |                            \     |     //
     S       N       S               H2N—P—N—P—NH2
      \\   /   \   //                         |         \
        P         P                           |          NH2
      /   \     /   \                  H3C—N
(C2H5)2N     N       N(C2H5)2                  \
              |                                 H
             CH3
```

XIII (Fp 168° C)

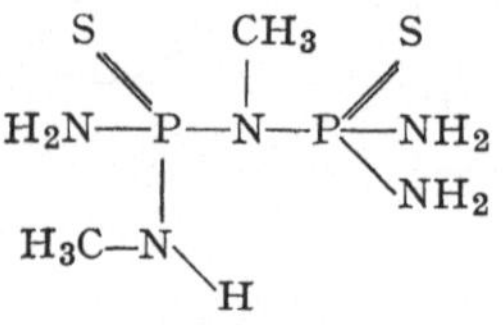

XIV (Fp 91° C)

Auch mit Monomethylamin wird das Ringsystem aufgespalten. Allerdings wird der viergliedrige Ring wieder zurückgebildet, wenn man das Amid XV im Vakuum erhitzt (*11*):

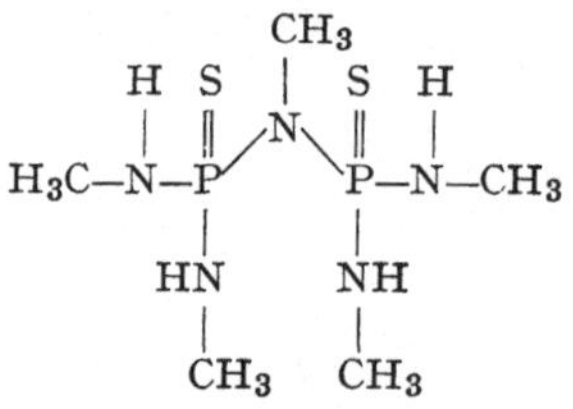

```
        CH3                                  CH3
  H  S   |   S  H                      H  S   |   S  H
  |  ||  N   ||  |                     |  ||  N   ||  |
H3C—N—P       P—N—CH3              H3C—N—P       P—N—CH3
      |       |                              N
      HN      NH                             |
      |       |                             CH3
     CH3     CH3
```

XV (Fp 92° C)

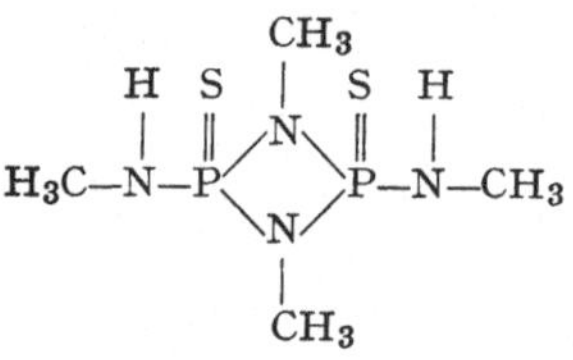

XVa (Fp 224° C)

Wie man sieht, sind viergliedrige Ringsysteme in der Phosphorchemie beständig, und zwar offenbar sowohl solche Systeme mit Phosphor der Koordinationszahl 4 wie auch mit Phosphor der Koordinationszahl 5. Für die letztgenannte Gruppe von Verbindungen ist die Substanz VIII ein Beispiel. Ein weiteres Beispiel stellt Verbindung XVI dar, die aus Dimethylharnstoff und PCl_5 hergestellt werden kann (*52*). Wir versuchten, auch in diesen Stoffen die Cl-Atome zu substituieren.

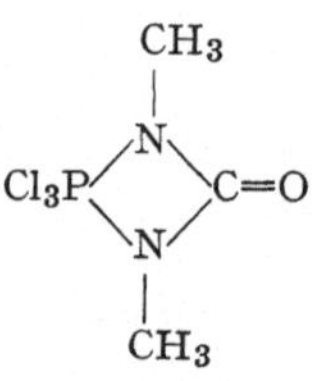

```
       CH3                  [               H           ]
        |                   [               |           ]
        N                   [   NH2        N(CH3)       ]
      /   \                 [   |         /             ]
Cl3P        C=O             [ H2N—P=N—P—NH(CH3)         ]  Cl
      \   /                 [   |      |                ]
        N                   [   NH2    NH2              ]
        |
       CH3
```

XVI

Kp 78—79° C/1,5 torr

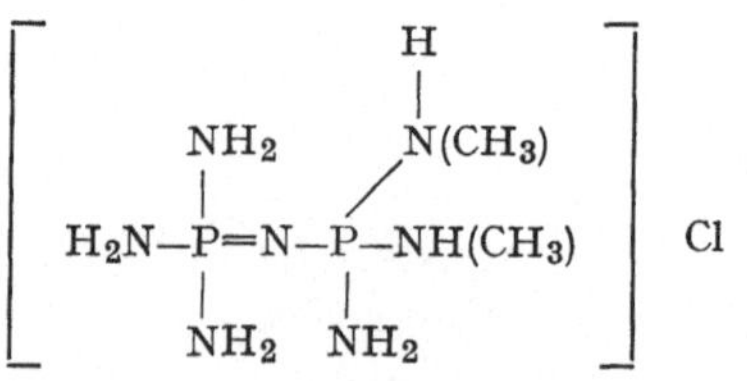

XVII

Dabei zeigte sich dann allerdings, daß das viergliedrige Ringsystem nicht erhalten bleibt. Aus VIII wird bei der Amminolyse mit verflüssigtem

Ammoniak XVII gebildet[3], das heißt, es entsteht ein Phosphornitrid-Salz mit kettenförmigem Bau und der Koordinationszahl 4 am Phosphor.

Auch bei der Umsetzung von Dicyandiamid mit PCl_5 beobachtet man das Auftreten von Ringsystemen, die P- und N-Atome als Ringglieder enthalten. Setzt man diese Stoffe im Molverhältnis 1:2 um, so entsteht eine Verbindung der Formel $C_2N_4P_2Cl_6$. Das ^{31}P-Kernresonanzspektrum weist zwei Dubletts mit den chemischen Verschiebungen $-23 \cdot 10^{-6}$ und $-58 \cdot 10^{-6}$ auf; die Kopplungskonstante beträgt ca. 40 Hz. Dies scheint uns folgendermaßen deutbar (*36*):

$$NC{-}N{=}C\begin{matrix} \diagup NH_2 \\ \diagdown NH_2 \end{matrix}$$

reagiert mit PCl_5 zunächst zu einem instabilen Zwischenprodukt (XVIII). Das viergliedrige Ringsystem von XVIII wird aber durch PCl_5 — oder auch durch Protonierung — geöffnet. Es entsteht eine Substanz, die sich durch HCl-Abspaltung unter Ringschluß stabilisieren kann (XIX).

Dicyanimid-Natrium setzt sich mit PCl_5 zu einer kristallisierten Verbindung um, der wir die Struktur XIXa zuschreiben, was nach dem oben für die Reaktionsweise der Nitrile Mitgeteilten auch verständlich ist.

$$N{\equiv}C{-}N{=}C\begin{matrix} \diagup \overset{H}{N} \diagdown \\ \diagdown \underset{H}{N} \diagup \end{matrix}PCl_3 \xrightarrow[-HCl]{+PCl_5} N{\equiv}C{-}N{=}C\begin{matrix} \diagup Cl \\ \diagdown N{-}H \end{matrix}, \quad Cl_3P\begin{matrix} \diagup (N{-}H) \\ \diagdown N{=}PCl_3 \end{matrix}$$

XVIII

$\downarrow -HCl$

$$\begin{matrix} & & N & & \\ & Cl{-}C \diagup\!\!\diagup & & \diagdown C{-}Cl & \\ & | & & \| & \\ & N \diagdown\!\!\diagdown & & \diagup N & \\ & & P & & \\ & Cl \diagup & & \diagdown Cl & \end{matrix} \qquad \begin{matrix} & & N & & \\ & Cl{-}C \diagup\!\!\diagup & & \diagdown C{-}Cl & \\ & | & & \| & \\ & N \diagdown\!\!\diagdown & & \diagup N & \\ & & P & & \\ & Cl \diagup & & \diagdown N{=}PCl_3 & \end{matrix}$$

XIXa (Fp 141—143° C)

XIX (Fp. 109—111° C)

[3] *V. Gutmann* und Mitarbeiter (*32*) hatten für diese Substanz eine symmetrische Struktur (XVIIa) vorgeschlagen; eine Röntgenstrukturuntersuchung von *M. Ziegler* (*59*) an dem Jodid (*48*), in das XVII zunächst übergeführt wurde, ergab aber die Richtigkeit von Struktur XVII.

$$\left[\begin{matrix} H_2N \diagdown & & & \diagup NH_2 \\ H_2N{-}P & {=}N{-} & P{-}NH_2 & \\ | & & | & \\ HN & & NH & \\ | & & | & \\ CH_3 & & CH_3 & \end{matrix} \right] Cl$$

XVIIa

XIXa zeigt im ^{31}P-kernmagnetischen Resonanzspektrum eine chemische Verschiebung von $-55 \cdot 10^{-6}$.

Zusammenfassend kann man sagen, daß die Derivate des Ammoniaks der Formel RNH_2 — Säureamide und Amine — in dem Sinne mit PCl_5 reagieren, daß über ein Addukt des Stickstoff enthaltenden Donatormoleküls an $[PCl_4]^+$, (I), und über ein Iminhydrochlorid, (Ia), entweder monomere Stoffe der allgemeinen Formel $R{-}N{=}PCl_3$ entstehen oder Dimere mit der allgemeinen Formel $(R{-}NPCl_3)_2$, die viergliedrige Ringsysteme mit zwei N- und zwei P-Atomen im Ring und der Koordinationszahl **5** am Phosphor bilden. Die Verbindungen mit Phosphor der Koordinationszahl **5** lassen sich leicht in solche mit Phosphor der Koordinationszahl **4** überführen.

2. Umsetzungen mit Ammoniak bzw. Ammoniumsalzen

Auch die Umsetzung des Ammoniaks bzw. des als Ammoniak-Donator wirkenden Ammoniumchlorids mit PCl_5 folgt diesen allgemeinen Regeln. Auch hier nehmen wir zunächst eine Donor-Akzeptor-Reaktion des nukleophilen NH_3 mit dem elektrophilen $[PCl_4]^+$ an (*9*):

$$H_3N{:} \rightarrow \overset{\oplus}{P}Cl_4 \longrightarrow \underset{\textbf{XX}}{[H_3N{-}PCl_4]^+} \xrightarrow{-H^+} \underset{\textbf{XXI}}{[H{-}\bar{N}H{-}PCl_4]^+}\ Cl^-$$

Über das Addukt XX entsteht das Iminhydrochlorid[4] XXI, das mit weiterem PCl_5 weiter als nukleophiles Reagenz zu reagieren vermag:

$$\overset{\oplus}{P}Cl_4 + H_2N{-}PCl_3^{\oplus}\,Cl^{\ominus} \rightarrow \underset{\textbf{XXII}}{[Cl_3P{=}N{-}PCl_3]^+Cl^-} + HCl + H^+$$

So entsteht das Kation $[Cl_3P{=}N{-}PCl_3]^+$, das mit überschüssigem PCl_5 leicht als Hexachlorophosphat, $[Cl_3P{=}N{-}PCl_3]PCl_6$ (Fp **310–315°** C, Zers.) gewonnen werden kann, das das erste faßbare Zwischen-

[4] Zu diesem Reaktionsschema sei bemerkt, daß wir die Verbindung XXI zwar nicht isolieren konnten, sie aber als Zwischenprodukt doch für nicht unwahrscheinlich halten. Durch Umsetzen von Diphenylphosphinsäureamid, $(C_6H_5)_2P(O)NH_2$, mit PCl_5 erhielten wir ein Diphenylderivat von XXI, das beim Erhitzen unter Abspaltung von HCl die Verbindungen $[(C_6H_5)_2PN]_3$ und $[(C_6H_5)_2PN]_4$ gab.

$$[(C_6H_5)_2PCl{-}NH_2]^+\,Cl \quad (7)$$

produkt der Umsetzung zwischen NH_4Cl und überschüssigem PCl_5 in inerten Lösungsmitteln ist (*12*). Verwendet man als Lösungsmittel zur Umsetzung mit PCl_5 verflüssigtes Ammoniak selbst, so verläuft die Reaktion offenbar ganz analog. Allerdings reagiert in diesem Fall XXII weiter unter Amminolyse und recht glatter Bildung von XXIII (*14*).

$$\left[(H_2N)_3P{=}N \rightarrow P(NH_2)_3\right]Cl$$

XXIII

Aber nicht nur vollständige Substitution der Cl-Atome von XXII ist möglich. Wenn NH_3 nicht im Überschuß verwendet wird, führt vielmehr der nukleophile Angriff des NH_3 zu XXIV und durch weitere Umsetzung mit PCl_5 dann zu XXV (*9*). Es findet also eine Kettenverlängerungsreaktion statt, die das Kation

$$[Cl_3P{=}N{-}PCl_2{=}N{-}PCl_3]^+$$

gibt, das wiederum aus dem Reaktionsgemisch als Hexachlorophosphat isoliert werden kann (*8*). Von diesem Kation aus kommt man durch weitere Umsetzung mit NH_3 zum trimeren Phosphornitridchlorid XXVI, dem Hauptprodukt der Umsetzung zwischen

$$\underset{\text{XXII}}{[Cl_3P{=}N{-}PCl_3]^+} + NH_3 \rightarrow [Cl_3P{=}N{-}PCl_2{-}NH_2]Cl + H^+$$

$$+HCl \ \upharpoonleft\downharpoonright\ -HCl$$

$$Cl^- + HCl + \underset{\text{XXV}}{[Cl_3P{=}N{-}PCl_2{=}N{-}PCl_3]^+} \xleftarrow{PCl_5} \underset{\text{XXIV}}{Cl_3P{=}N{-}PCl_2{=}NH}$$

$$\downarrow +NH_3$$

$$Cl_2P\begin{cases}N{=}PCl_3\\N{-}PCl_2\end{cases}NH + HCl + H^+ \xrightarrow{-HCl} \underset{\text{XXVI}}{Cl_2P\begin{cases}N{-}PCl_2\\N{=}PCl_2\end{cases}N}$$

Phosphorpentachlorid und Ammoniumchlorid in indifferenten organischen Lösungsmitteln. Daß XXVI nicht das einzige Produkt dieser Umsetzung ist, ist eine Folge davon, daß die von XXII ausgehende Kettenverlängerungsreaktion nicht bei XXV stehenbleibt, sondern durch Reaktion dieses Stoffes mit NH_3 und PCl_5 weitergehen kann zu dem Kation

$[Cl_3P{=}N{-}PCl_2{=}N{-}PCl_2{=}N{-}PCl_3]^+$ (XXVII). Die Umsetzung dieses Kations mit NH_3 führt dann zum tetrameren Phosphornitridchlorid XXVIII. Gegenüber der Bildung des Trimeren XXVI tritt diese Reaktion aber zurück. Als Nebenreaktion kommt dann noch weitere Kettenverlängerung und die Bildung polymerer Phosphornitridchloride der Formel $[NPCl_2]_x$ in Frage (*9*).

```
            Cl      Cl
            |       |       ⊕
Cl3P=N—P=N—P=N—PCl3     XXVII
            |       |
            Cl      Cl    ↑
                    H2N—H

        —H+ ↓ —HCl
    Cl2P=N—PCl2                  Cl2P=N—PCl2
     |      ‖                     |      ‖
     N      N        —HCl         N      N
     ‖      |       ——————→       ‖      |
    Cl2P  HN=PCl2                Cl2P—N=PCl2
     |
     Cl                              XXVIII
```

Die Reaktionen zwischen PCl_5 und Ammoniak sind also dadurch ausgezeichnet, daß Ionen entstehen, die die Gruppierung $[Cl_3P{-}N{=}]^+$ bzw. $[Cl_3P{-}N{=}PCl_2{-}N{=}]^+$ enthalten. Außerdem entstehen polymere — häufig ringförmig gebaute — Phosphornitridchloride mit der Gruppierung $-PCl_2{=}N-$.

Der Bau der Phosphornitridsalze ist völlig geklärt. Das erste isolierbare Zwischenprodukt der Reaktion zwischen PCl_5 und NH_4Cl zum Beispiel zeigte ein kernmagnetisches Resonanzspektrum der ^{31}P-Kerne, wie es durch Abb. 5 wiedergegeben wird. Man erkennt, daß in dem Salz Phosphor der Koordinationszahl 4 neben solchem der Koordinationszahl 6 vorliegt. Die beiden P-Atome im Kation sind chemisch äquivalent (*6*, *26*).

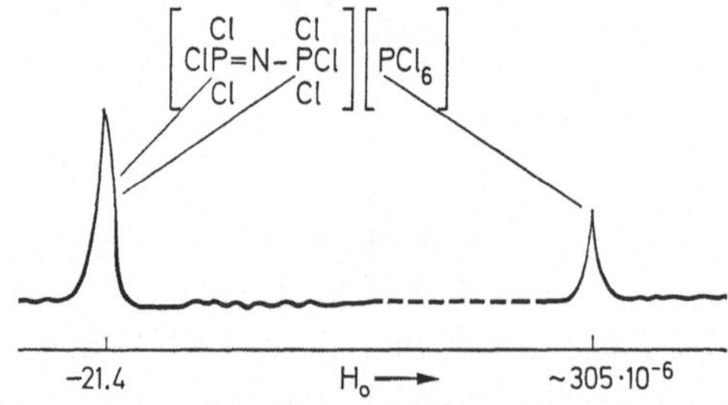

Abb. 5. Kernmagnetisches Resonanzspektrum der Verbindung P_3NCl_{12}

Das Salz ist gewinkelt gebaut (*2*). Der Winkel am Stickstoff beträgt 140°. Es liegt also nicht ein Ammoniumsalz mit dem Kation $[Cl_3P{=}N{=}PCl_3]^+$ und Doppelbindungen zwischen P und N vor; denn dann sollte ein Winkel am N von 180° zu finden sein. Der Doppelbindungscharakter der P–N-Bindungen beträgt nur etwa 60%.

Interessant ist die Reaktionsweise des Kations $[Cl_3P{=}N{-}PCl_3]^+$ mit primären Aminen bzw. deren Salzen. Setzt man zum Beispiel das Chlorid $[Cl_3P{=}N{-}PCl_3]Cl$ mit Methylammoniumchlorid in einem indifferenten Lösungsmittel bei 120° C um, so entsteht CH_3Cl und in recht guter Ausbeute $[NPCl_2]_4$ (*28*). Dies kann durch das Reaktionsschema (1) gedeutet werden:

Reaktionsschema (1)

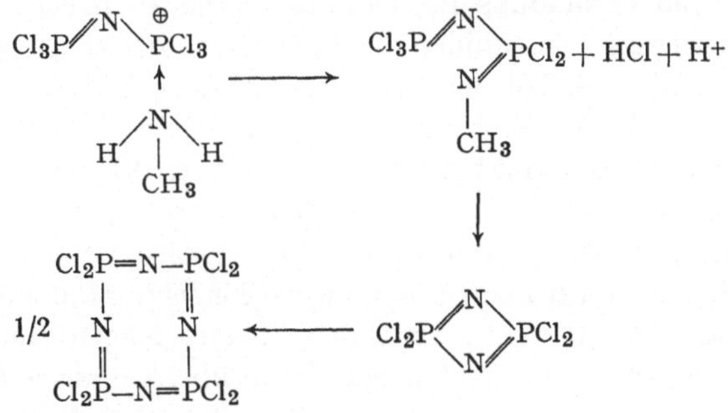

$Cl_3P{=}N{-}PCl_3^{\oplus}$ ← $H_2N{-}CH_3$ ⟶ $Cl_3P{=}N{-}PCl_2{=}N{-}CH_3$ (Ring: Cl_3P, N, PCl_2, N–CH_3) $+ HCl + H^+$

↓

1/2 $Cl_2P{=}N{-}PCl_2$ / N N / $Cl_2P{-}N{=}PCl_2$ (XXVIII) ⟵ $Cl_2P\langle N \rangle PCl_2$

XXVIII

Wieder ist hier der die Reaktion einleitende Schritt der nukleophile Angriff des Amins an dem kationischen Phosphor der Koordinationszahl 4.

Bei dem oben erörterten Bau der Phosphornitridsalze bleibt es eigentlich verwunderlich, daß der Angriff des Amins nicht an *beiden* P-Atomen

Reaktionsschema (2)

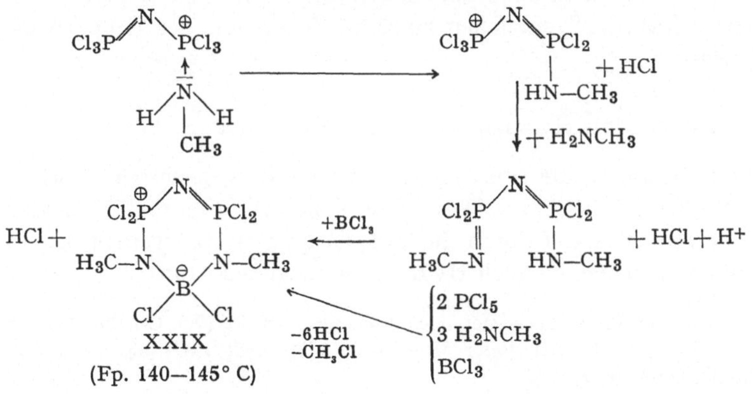

$Cl_3P{=}N{-}PCl_3^{\oplus}$ ← $H_2N{-}CH_3$ ⟶ $Cl_3P^{\oplus}{-}N{=}PCl_2{-}HN{-}CH_3$ $+ HCl$

↓ $+ H_2NCH_3$

$HCl +$ $Cl_2P^{\oplus}{-}N{=}PCl_2$, $H_3C{-}N$, $N{-}CH_3$, $B^{\ominus}$, Cl, Cl ⟵ $+BCl_3$ ⟵ $Cl_2P{-}N{=}PCl_2$, $H_3C{-}N$ (=), $HN{-}CH_3$ $+ HCl + H^+$

XXIX (Fp. 140–145° C) ⟵ $-6HCl$, $-CH_3Cl$ ⟵ { $2\ PCl_5$; $3\ H_2NCH_3$; BCl_3 }

des Kations $[Cl_3P{=}N{-}PCl_3]^+$ erfolgt; denn auf beide P-Atome verteilt sich ja die positive Ladung gleichmäßig. Tatsächlich ist ein derartiger Angriff an beiden P-Atomen durchaus möglich, und er wird auch beobachtet, wenn man das Reaktionsprodukt durch eine Ringschlußreaktion weiter stabilisiert (45). So erhält man aus $[Cl_3P{=}N{-}PCl_3]Cl$ und Methylammoniumchlorid bei Gegenwart von BCl_3 in indifferenten Lösungsmitteln Umsetzungen lt. Schema (2).

3. Umsetzungen mit Hydroxylamin bzw. mit dessen Salzen

Die Umsetzung von PCl_5 mit Hydroxylammoniumsalzen hat zuerst *Kahler* (*37*) beschrieben, der bei der Reaktion neben $OPCl_3$ und NH_4Cl etwas Chlor und die Verbindung P_2NOCl_5 fand. Das P_2NOCl_5 entsteht auch bei der Umsetzung von Amiden der Phosphorsäure mit PCl_5 (siehe oben) (*13*) und wird auch bei der Reaktion zwischen PCl_3 und N_2O_4 gebildet[5] (*4*). Es ist die Verbindung XXX. Aber diese Verbindung ist nicht das erste Reaktionsprodukt der Umsetzung von PCl_5 und Hydroxylammoniumsalz. Hydroxylamin reagiert vielmehr so (*5*), daß die zwei H-Atome, die am Stickstoff sitzen, durch die PCl_3-Gruppe substituiert werden. Die OH-Gruppe wird außerdem durch Cl ersetzt. Man kann also als Zwischenprodukt $Cl_3P{=}N{-}Cl$ annehmen. Dieses reagiert mit PCl_5 weiter zu $[Cl_3P{=}N{-}PCl_3]^+$ und Chlor. Setzt man überschüssiges Hydroxylammoniumsalz ein, so vermag dieses mit dem Phosphornitrid-Kation weiter zu reagieren:

$$[Cl_3P{=}N{-}PCl_3]^+ + [NH_3OH]Cl \rightarrow \underset{\substack{\text{XXX} \\ (\text{Fp } 35^\circ\text{ C})}}{Cl_3P{=}N{-}\overset{\overset{\displaystyle O}{\|}}{P}Cl_2} + Cl_2 + [NH_4]^+$$

Hydroxylamin bzw. seine Salze reagieren also im Grunde völlig analog dem Ammoniak bzw. den Ammoniumsalzen mit PCl_5: Über eine „Kirsanov-Reaktion" entstehen zunächst Ionen mit der Gruppierung $[Cl_3P{-}N{=}]^+$.

4. Umsetzungen mit Hydrazin und dessen Derivaten

Da alle Substanzen, die eine NH_2-Gruppe besitzen, nach dem Vorhergesagten offensichtlich mit PCl_5 in dem Sinne reagieren, daß die beiden H-Atome am Stickstoff durch die PCl_3-Gruppe ersetzt werden, lag es nahe zu untersuchen, ob auch Hydrazin so reagieren kann.

---

[5] Die sich in der Literatur immer noch findende Ansicht (vgl. Gmelin, Bd. 16 Tl. C [1965] S. 457/8), bei dieser Umsetzung bilde sich $P_4O_4Cl_{10}$, ist falsch. Ein $P_4O_4Cl_{10}$ gibt es nicht (*4*).

Setzt man Hydraziniumsulfat oder Hydraziniummonochlorid in einem inerten Lösungsmittel (z.B. Tetrachloräthan) mit PCl_5 um, so tritt die Redox-Reaktion ein:

$$2\ PCl_5 + N_2H_4 = 2\ PCl_3 + N_2 + 4\ HCl$$

Diese Reaktion ist zu erwarten; denn PCl_5 ist ein Oxidationsmittel, und die reduzierende Wirkung von N_2H_4 ist bekannt. Man konnte vermuten, daß diese Redox-Reaktion nur dann gegenüber einer ionisch ablaufenden „Kirsanov-Reaktion" zurücktreten würde, wenn man ein Lösungsmittel mit so hoher Dielektrizitätskonstante verwendete, daß die Bildung von Ionen aus PCl_5 begünstigt würde. Wir benutzten Phosphoroxitrichlorid, das bei 22° C eine Dielektrizitätskonstante von 13,3 besitzt. Ionenreaktionen in diesem Lösungsmittel sind bekannt (*1*). Hydraziniummonochlorid und PCl_5 (Molverhältnis 1:2) reagieren in Phosphoroxitrichlorid unter 100° C glatt und ohne Entwicklung von N_2 zu XXXI (*15*):

$$N_2H_4 + 2\ PCl_5 \rightarrow \underset{\text{XXXI}}{Cl_3P{=}N{-}N{=}PCl_3} + 4\ HCl$$

XXXI ist thermisch bis 134° C stabil. Mit wasserfreier Ameisensäure läßt sich dieses Hydrazinderivat in Hydrazido-N, N'- bis -phosphoryldichlorid überführen, das beim Erhitzen auf über 30° C zerfällt (*15*):

$$Cl_3P{=}N{-}N{=}PCl_3 + 2\ H\overset{\overset{O}{\|}}{C}OH \rightarrow Cl_2\overset{\overset{O}{\|}}{P}{-}\overset{\overset{H}{|}}{N}{-}\overset{\overset{H}{|}}{N}{-}\overset{\overset{O}{\|}}{P}Cl_2 + 2\ HCl + 2\ CO$$

Diese Reaktion spricht für die angegebene Struktur von XXXI, zumal *Kirsanov* und Mitarbeiter (*40, 41*) haben zeigen können, daß $-N{=}PCl_3$-Gruppen mit Ameisensäure leicht in $-NH{-}P(O)Cl_2$-Gruppen übergeführt werden (vgl. z.B. (*33*)):

$$(C_6H_5O)_2P(O){-}N{=}PCl_3 + HCOOH \rightarrow (C_6H_5O)_2P(O){-}NH{-}P(O)Cl_2 + HCl + CO$$

$$CCl_3{-}CO{-}N{=}PCl_3 + HCOOH \rightarrow CCl_3{-}CO{-}NH{-}P(O)Cl_2 + HCl + CO$$

$$C_6H_5{-}SO_2{-}N{=}PCl_3 + HCOOH \rightarrow C_6H_5{-}SO_2{-}NH{-}P(O)Cl_2 + HCl + CO$$

Die Tatsache, daß Hydrazin mit PCl_5 im Sinne einer „Kirsanov-Reaktion" reagiert, konnte erhärtet werden, als man ein Derivat des Hydrazins, nämlich Semicarbazid, als Reagenz für PCl_5 einsetzte (*16*). Wieder wurde Phosphoroxitrichlorid als Reaktionsmedium benutzt.

Wenn ein Molverhältnis $H_2N{-}CO{-}NH{-}NH_2$: PCl_5 wie 1:3 vorliegt, erhält man eine kristallisierte Substanz der Zusammensetzung $(CCl_8N_3O_2P_3)_x$ (A). Sie wandelt sich, wenn man sie in der Reaktionslösung beläßt und langsam auf 60° C erwärmt, um in $[Cl_7P_2N(N{-}N)C]_2$ (B).

Die Struktur der Substanz (B), die kristallin ist und deren Molekulargewicht sich ebullioskopisch bestimmen läßt, konnte aufgeklärt werden. Das kernmagnetische Resonanzspektrum der ^{31}P-Kerne zeigt zwei verschiedene Arten Phosphor, nämlich stark abgeschirmte Phosphorkerne mit einer chemischen Verschiebung von $+78{,}8 \cdot 10^{-6}$ und außerdem Phosphorkerne, die eine chemische Verschiebung von $-15{,}2 \cdot 10^{-6}$ hervorrufen. Die Hälfte des in der Verbindung vorhandenen Phosphors besitzt offenbar die Koordinationszahl 5, die andere Hälfte die Koordinationszahl 4. Im Infrarotspektrum finden sich N–N-Banden (920 cm^{-1}) und C–Cl-Banden (795 cm^{-1}). Hiermit läßt sich Formel XXXII vereinbaren.

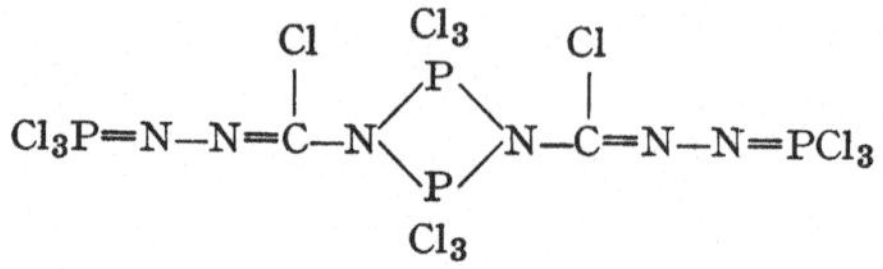

```
                  Cl    Cl3    Cl
                  |     P      |
Cl3P=N–N=C–N<       >N–C=N–N=PCl3
                        P
                       Cl3
```

XXXIIa

oder

```
             Cl      Cl3        Cl
             |        P         |
Cl3P=N–C=N–N<           >N–N=C–N=PCl3
                      P
                     Cl3
```

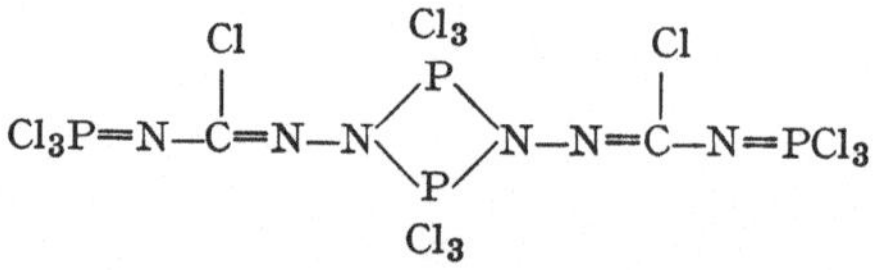

XXXIIb

Die Substanz mit der Bruttozusammensetzung A unterscheidet sich von XXXII nur dadurch, daß ein Cl-Atom von XXXII durch $Cl_2(O)P$–O-Gruppen ersetzt sind. Die spektroskopischen Daten sind mit Formel XXXIII für A zu vereinbaren.

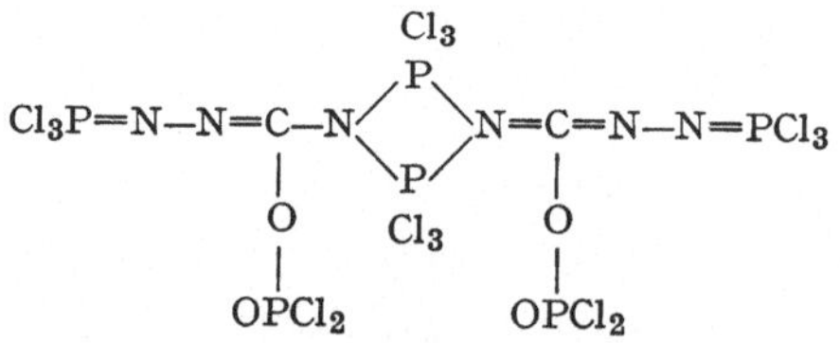

```
                         Cl3
                          P
Cl3P=N–N=C–N<          >N=C=N–N=PCl3
               |          P       |
               O         Cl3      O
               |                  |
             OPCl2              OPCl2
```

XXXIIIa

oder

```
                        Cl3
                         P
Cl3P=N–C=N–N<          >N–N=C–N=PCl3
          |              P          |
          O             Cl3         O
          |                         |
        OPCl2                     OPCl2
```

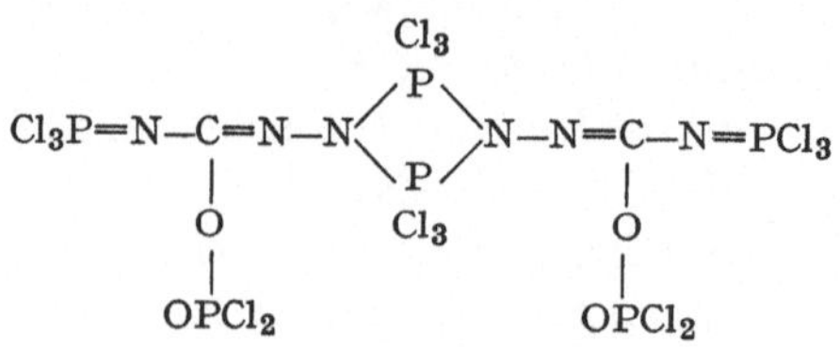

XXXIIIb

Semicarbazid, $H_2N{-}CO{-}NH{-}NH_2$, vermag offenbar mit $POCl_3$ im Sinne einer Vilsmeier-Reaktion (*53*) zu reagieren, bei der in der ersten Reaktionsstufe ein Säureamid mit $POCl_3$ unter Bildung eines stabilen $POCl_3$-Adduktes reagieren kann (*18*). Ein derartiges Addukt sollte vom Semicarbazid ausgehend das hypothetische Zwischenprodukt XXXIV sein. XXXIV müßte sich leicht unter HCl-Abspaltung in XXXV verwandeln. XXXV sollte sich nun aber mit PCl_5 im Sinne einer Kirsanov-Reaktion zu A umsetzen.

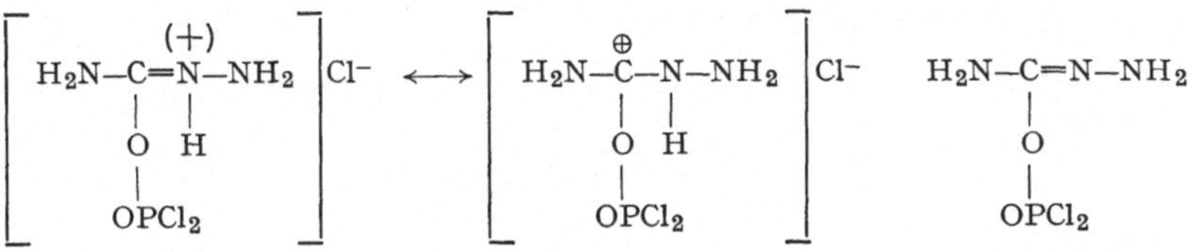

$$\left[\begin{array}{c} \overset{(+)}{} \\ H_2N{-}C{=}N{-}NH_2 \\ \quad | \quad\; | \\ \quad O \quad H \\ | \\ OPCl_2 \end{array}\right]Cl^- \longleftrightarrow \left[\begin{array}{c} \oplus \\ H_2N{-}C{-}N{-}NH_2 \\ \quad | \quad\; | \\ \quad O \quad H \\ | \\ OPCl_2 \end{array}\right]Cl^- \qquad \begin{array}{c} H_2N{-}C{=}N{-}NH_2 \\ | \\ O \\ | \\ OPCl_2 \end{array}$$

XXXIV XXXV

Die organischen $OPCl_3$-Addukte reagieren nun mit PCl_5 zu Amidchloriden. Danach erscheint es sehr verständlich, daß das Produkt A beim Erwärmen mit PCl_5 in $OPCl_3$-Lösung auf 60° C eine analoge Umwandlung erleidet und daß dann die am Kohlenstoff-Atom sitzende $-O-P(O)Cl_2$-Gruppe durch Cl substituiert wird.

An den Substanzen XXXII und XXXIII sieht man die beiden möglichen Reaktionsprodukte der „Kirsanov-Reaktion" mit der $Cl_3P{=}N$-Gruppe oder mit der Gruppe $Cl_3P\begin{array}{l}\diagup N\langle \\ \diagdown N\langle\end{array}$ in einem Molekül vereint.

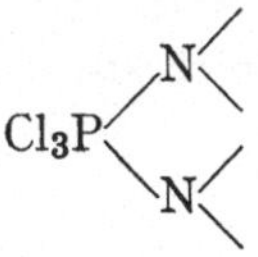

5. Umsetzungen mit Phosphorylamid bzw. Thiophosphorylamid

Phosphorylamid, $OP(NH_2)_3$, setzt sich leicht mit PCl_5 um unter Abspaltung von HCl. Hierbei wird wahrscheinlich zuerst eine NH_2-Gruppe durch Cl substituiert und es entsteht über XXXVI das polymere XXXVII.

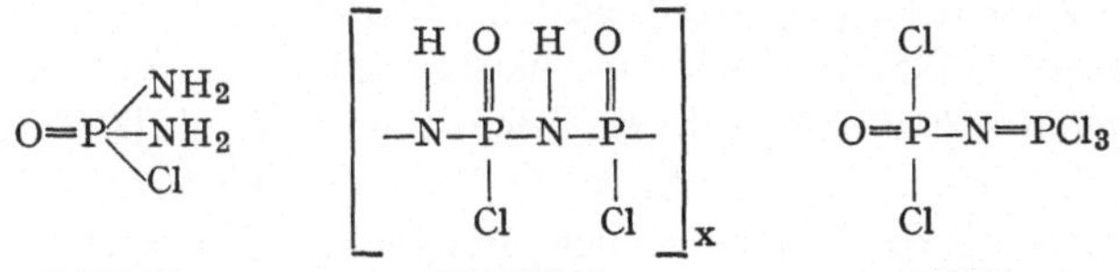

$$O{=}P\begin{array}{l} \diagup NH_2 \\ {-}NH_2 \\ \diagdown Cl \end{array} \qquad \left[\begin{array}{c} H \;\; O \;\; H \;\; O \\ | \quad \| \quad | \quad \| \\ {-}N{-}P{-}N{-}P{-} \\ \quad | \qquad\quad | \\ \quad Cl \qquad Cl \end{array}\right]_x \qquad \begin{array}{c} Cl \\ | \\ O{=}P{-}N{=}PCl_3 \\ | \\ Cl \end{array}$$

XXXVI XXXVII XXX

Entfernt man während der Umsetzung das entstehende HCl laufend durch Evakuieren, so werden aber zwei NH_2-Gruppen des $OP(NH_2)_3$

durch Cl substituiert und an der dritten NH_2-Gruppe setzt eine Kirsanov-Reaktion ein. Es entsteht dann vorwiegend die Verbindung XXX *(13)*.

Ganz anders als mit Phosphoryltriamid setzt sich PCl_5 mit Thiophosphoryltriamid um. Bei dieser Reaktion kann man entweder eine Substanz der Formel $P_4N_3Cl_{11}$ oder der Formel $P_5N_3Cl_{16}$ erhalten *(13, 26)*. Für eine Substanz mit der Formel $P_4N_3Cl_{11}$ kann man prinzipiell verschiedene Formeln diskutieren, von denen sich XXXVIII als richtig erwiesen hat. $P_5N_3Cl_{16}$ ist das Hexachlorophosphat, das durch Addition von PCl_5 an das Chlorid XXXVIII entstehen kann.

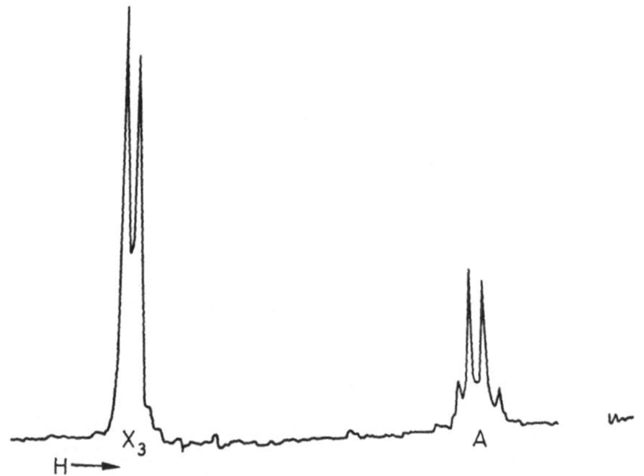

Abb. 6. Kernmagnetisches Resonanzspektrum der ^{31}P-Kerne der Verbindung:

$$\left[\begin{array}{ccc} Cl_3P{=}N\diagdown & & \diagup N{=}PCl_3 \\ & P & \\ Cl\diagup & & \diagdown N{=}PCl_3 \end{array}\right] Cl \longleftrightarrow \left[\begin{array}{ccc} Cl_3P{=}N\diagdown & & /\!\!/ N{-}PCl_3 \\ & P & \\ Cl\diagup & & \diagdown N{=}PCl_3 \end{array}\right] Cl$$

XXXVIII

Beweisend für die Struktur von XXXVIII ist vor allem das kernmagnetische Resonanzspektrum der ^{31}P-Kerne. Dieses Spektrum, das in Abb. 6 dargestellt ist *(43)*, weist ein Dublett mit einer chemischen Verschiebung von $-6{,}5 \cdot 10^{-6}$ und ein Quartett mit einer chemischen Verschiebung von $+26{,}8 \cdot 10^{-6}$ auf. Das Intensitätsverhältnis Dublett : Quartett ist 3 : 1, das heißt, es liegt in der Verbindung offenbar *ein* Phosphorkern vor, der mit drei chemisch nicht mit ihm äquivalenten Phosphorkernen koppeln kann. Dieser Phosphorkern liefert das Quartett. Die Größe der chemischen Verschiebung zeigt, daß diesem Phosphoratom die Koordinationszahl 4 zukommt. Neben diesem Phosphoratom besitzt das Molekül noch *drei* weitere P-Atome, die untereinander chemisch äquivalent sind, die Koordinationszahl 4 besitzen und mit jeweils *einem* anderen P-Atom koppeln können. Danach kommt nur die Anordnung XXXVIII in Frage. Dabei ist zu beachten, daß die Doppelbindung zwischen dem zentralen P-Atom und den drei $NPCl_3$-Gruppen delokalisiert ist; außerdem kommt jeder der Bindungen zwischen N und den PCl_3-Gruppen ein beträchtlicher Doppelbindungscharakter zu. Die beiden angegebenen Formeln sind also nur als zwei von mehreren Grenzstrukturen aufzufassen. Mit überschüssigem PCl_5 entsteht aus XXXVIII die Verbindung XXXIX, mit SO_2 bildet sich XL (*26*)[6].

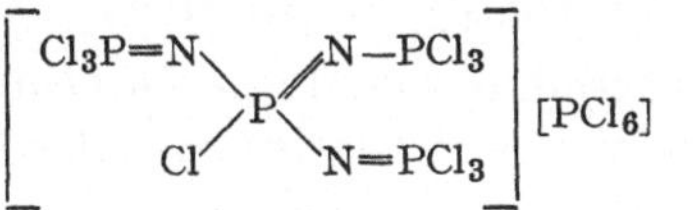

$$\left[\begin{array}{c} Cl_3P{=}N \diagdown \quad \diagup N{-}PCl_3 \\ P \\ Cl \diagup \quad \diagdown N{=}PCl_3 \end{array}\right][PCl_6] \qquad Cl{-}P\begin{array}{l} \diagup N{=}PCl_3 \\ {=}N{-}P(O)Cl_2 \\ \diagdown N{=}PCl_3 \end{array}$$

XXXIX 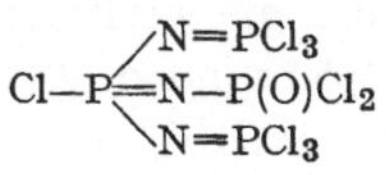 XL

Die Verbindungen XXXVIII, XXXIX und XL stellen insofern einen neuen Typ von Phosphorstickstoff-Verbindungen dar, als sie zeigen, daß ein mit Halogen verbundenes P-Atom der Koordinationszahl 4 nicht nur mit *einem* oder *zwei* N-Atomen verbunden sein kann, sondern auch mit *drei* N-Atomen. Es gibt also neben den Gruppierungen

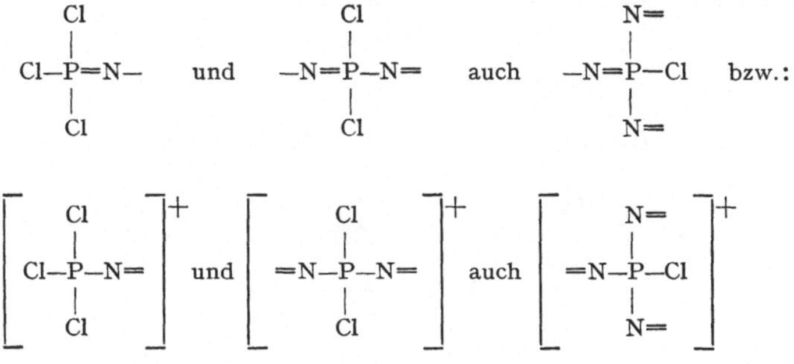

$$\begin{array}{c} Cl \\ | \\ Cl{-}P{=}N{-} \\ | \\ Cl \end{array} \quad \text{und} \quad \begin{array}{c} Cl \\ | \\ {-}N{=}P{-}N{=} \\ | \\ Cl \end{array} \quad \text{auch} \quad \begin{array}{c} N{=} \\ | \\ {-}N{=}P{-}Cl \\ | \\ N{=} \end{array} \quad \text{bzw.:}$$

$$\left[\begin{array}{c} Cl \\ | \\ Cl{-}P{-}N{=} \\ | \\ Cl \end{array}\right]^+ \quad \text{und} \quad \left[\begin{array}{c} Cl \\ | \\ {=}N{-}P{-}N{=} \\ | \\ Cl \end{array}\right]^+ \quad \text{auch} \quad \left[\begin{array}{c} N{=} \\ | \\ {=}N{-}P{-}Cl \\ | \\ N{=} \end{array}\right]^+$$

---

[6] Es sei erwähnt, daß sich das Thio-diphenylphosphinsäureamid ganz analog dem Thiophosphorsäuretriamid verhält, wenn man es mit PCl_5 umsetzt. Ersatz des Schwefels durch Chlor und Kirsanov-Reaktion mit einer Aminogruppe führt in diesem Fall zu XLI bzw. zu XLII (*57*).

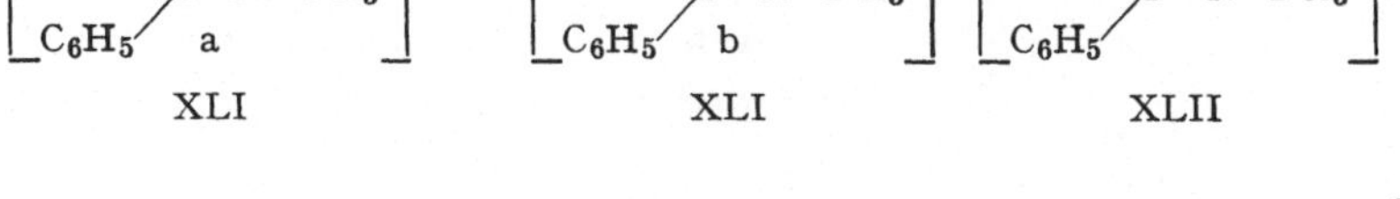

$$\left[\begin{array}{c} \quad Cl \\ C_6H_5 \diagdown | \\ \quad P{-}N{=}PCl_3 \\ C_6H_5 \diagup \quad a \end{array}\right]Cl \longleftrightarrow \left[\begin{array}{c} \quad Cl \\ C_6H_5 \diagdown | \\ \quad P{=}N{-}PCl_3 \\ C_6H_5 \diagup \quad b \end{array}\right]Cl \quad \left[\begin{array}{c} \quad Cl \\ C_6H_5 \diagdown | \\ \quad P{=}N{-}PCl_3 \\ C_6H_5 \diagup \end{array}\right]PCl_6$$

XLI XLI XLII

6. Die Umsetzung mit Monomethylammoniumchlorid

Schon in Kapitel II, b, 1 ist erwähnt worden, daß Monomethylamin bzw. sein Hydrochlorid mit PCl_5 zu dem viergliedrigen Ringsystem VIII reagiert. Ein genaueres Studium der Umsetzung von PCl_5 mit $[H_3NCH_3]Cl$ in Tetrachloräthan zeigte nun aber, daß diese Reaktion tatsächlich zu verschiedenen Produkten führen kann. Erhitzte man PCl_5 und $[H_3NCH_3]Cl$ im Molverhältnis 1 : 1,3 in Tetrachloräthan einige Stunden auf 60—100° C, so konnte – gegebenenfalls nach Einengen – beim Abkühlen kristallines $P_2(NCH_3)_2Cl_6$ (VIII) gewonnen werden. Aus der eingeengten Mutterlauge kristallisierte aber nach Tagen noch eine zweite Substanz aus, die die Formel $P_4(NCH_3)_6Cl_8$ besitzt (*10, 11*). Wenn man lange Zeit (15 Stunden) vorsichtig erhitzte, konnte die Ausbeute an dieser Substanz bis auf 10% d. Th. gesteigert werden; wenn man das Reaktionsgemisch dagegen rasch hochheizte, entstand neben VIII ein Gemisch von polymeren Stoffen noch unbekannter Konstitution und wechselnder Zusammensetzung (*48*).

Zur Aufklärung der Konstitution von $P_4(NCH_3)_6Cl_8$ wurde nicht nur das Molekulargewicht ebullioskopisch in Benzol und in Dichloräthan bestimmt, sondern auch das ^{31}P-kernmagnetische Resonanzspektrum untersucht. Dieses ergab ein Resonanzsignal bei $+74{,}5 \cdot 10^{-6}$. Da dieses Ergebnis zeigte, daß in der Verbindung Phosphor der Koordinationszahl 5 vorhanden ist (vgl. $+80 \cdot 10^{-6}$ für PCl_5), diskutierten wir für die Substanz die Formeln XLIII, XLIV und XLV.

XLIII

XLIV

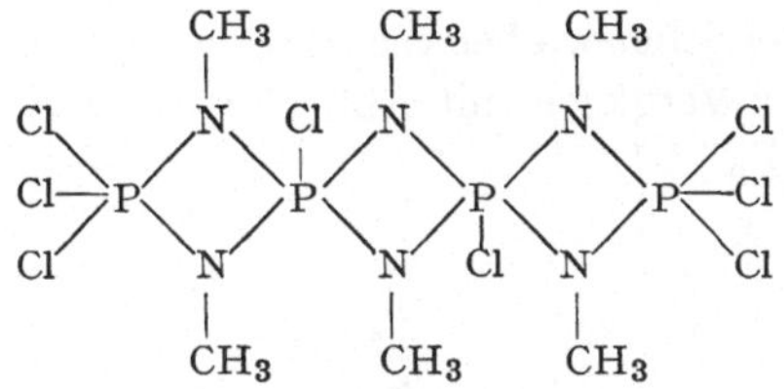

XLV

Für Formel XLIV schien uns vor allem das kernmagnetische Resonanzspektrum sowie der hohe Schmelzpunkt (395° C) zu sprechen; auf XLIII und XLV deuteten zum Beispiel die Infrarotspektren (*11*) hin, die in vielen Zügen denen der Verbindung VIII sehr ähnlich waren (z. B. starke Bande bei 850 cm^{-1}, die der P–N-Schwingung im viergliedrigen Ringsystem zugeordnet worden ist).

Bei der Umsetzung von $P_4(NCH_3)_6Cl_8$) mit H_2S konnten vier und *nur vier* Chloratome durch Schwefel substituiert werden. Es entstand $P_4(NCH_3)_6S_2Cl_4$ mit einem ^{31}P-kernmagnetischen Resonanzspektrum, das vierbindigen Phosphor, der mit einem S-Atom verbunden ist (chemische Verschiebung von $-55{,}3 \cdot 10^{-6}$), neben fünfbindigem Phosphor (chemische Verschiebung $+68 \cdot 10^{-6}$) anzeigte. Der Verbindung konnte danach nur Struktur XLVI zukommen, und diese Tatsache legte ihrerseits Struktur XLV für $P_4(NCH_3)_6Cl_8$ nahe.

Durch die Röntgenstrukturuntersuchung konnte Formel XLV für $P_4(NCH_3)_6Cl_8$ voll bestätigt werden (*57*).

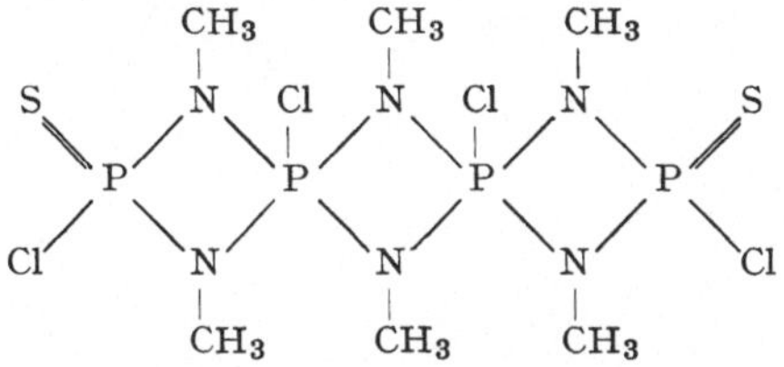

XLVI (Fp 230° C, Zers.)

Das Grundgerüst der Molekel XLV besteht aus drei ebenen viergliedrigen Phosphor-Stickstoff-Ringen, die über P-Atome miteinander verknüpft sind. Die Molekel besitzt ein Symmetriezentrum. Die Konfiguration an den Phorphoratomen ist trigonal-bipyramidal. Abb. 7 gibt die eine Hälfte des Moleküls wieder; in Abb. 8 sind die Abstände und Winkel am Atom P_1 dargestellt, in Abb. 9 die am Atom P_2.

Die Umgebung von P_1 ist der der P-Atome in Verbindung VIII sehr ähnlich. Die trigonale Pyramide ist verzerrt; die äquatorialen Liganden liegen zwar in einer Ebene, aber die axialen Liganden liegen nicht auf einer Geraden. Der Vergleich mit Abb. 3 zeigt, daß dies auch bei dem Molekül VIII der Fall ist.

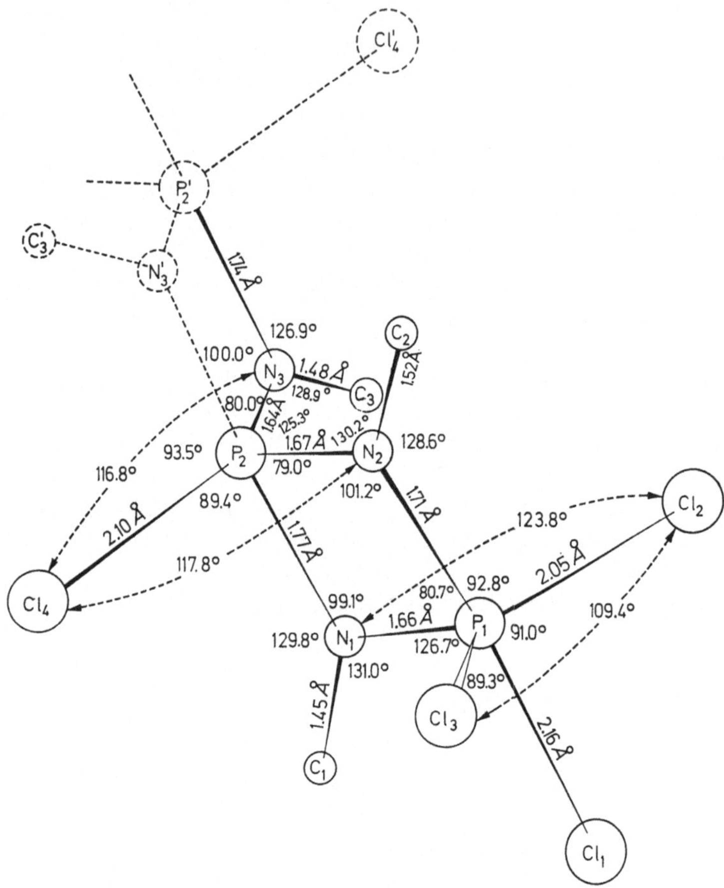

Abb. 7. Die Hälfte des zentrosymmetrischen Moleküls XLV

Von *Weiß* und *Hartmann* (*57*) wird angenommen, daß in den viergliedrigen Phosphor-Stickstoff-Ringen delokalisierte π-Bindungen vorhanden sind und daß der Bindungsgrad in sämtlichen P–N-Bindungen gleich ist. Die verschiedene Bindungslänge wird durch die sp^3d-Hybridisierung und durch die äquatoriale oder axiale Position der N-Atome bedingt.[7] Die P–Cl-Bindungen gleichen denen des PCl_5 (vgl. Abb. 1).

[7] Ein Verhältnis der axialen Bindungslänge zu der äquatorialen Bindungslänge von etwa 1,1 dürfte normal sein (vgl. (*34*)).

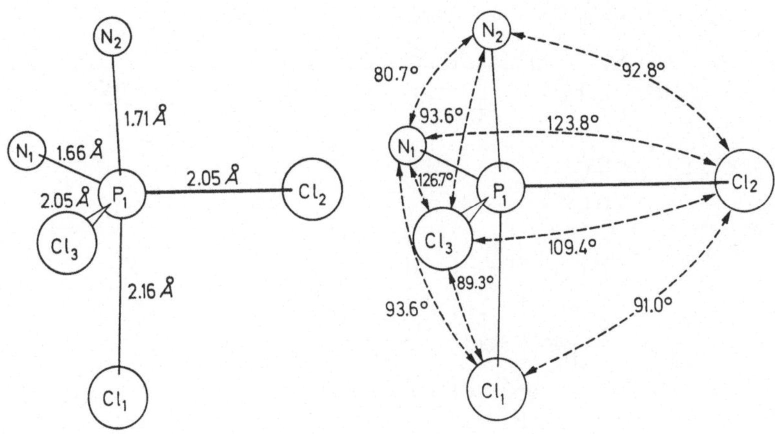

Abb. 8. Abstände und Winkel am P_1.

Da das Atom P_2 zwei viergliedrigen Ringsystemen gleichzeitig angehört, ist es verständlich, daß die trigonale Bipyramide am P_2 noch stärker verzerrt ist als die am P_1.

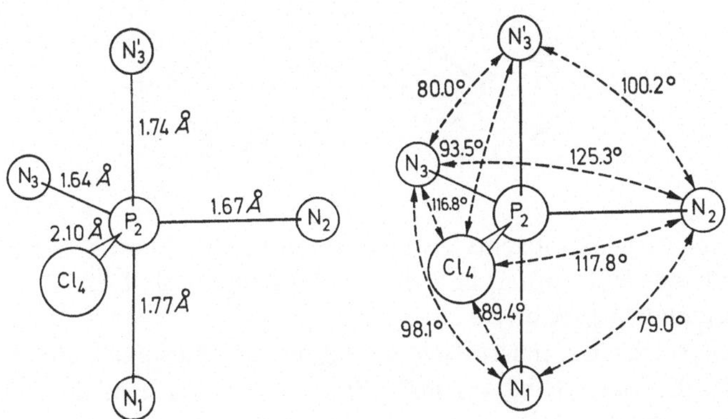

Abb. 9. Abstände und Winkel am P_2

Die Bildung des Moleküls XLV stellen wir uns so vor, daß zunächst entsprechend dem früher gegebenen Mechanismus über ein Addukt von Amin an PCl_5 die Verbindung VIII entsteht. Zwei Moleküle der Verbindung VIII reagieren mit dem aus $[H_3NCH_3]Cl$ beim Kochen freiwerdenden Amin zu XLV. Mit PCl_5 läßt sich XLV wieder in VIII zurückverwandeln (*48*).

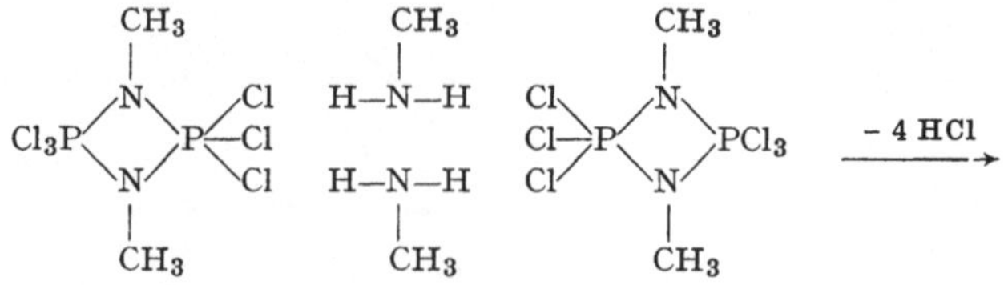

CH3 CH3 CH3
N Cl H—N—H Cl N
Cl3P P—Cl Cl—P PCl3 – 4 HCl →
N Cl H—N—H Cl N
CH3 CH3 CH3
VIII VIII

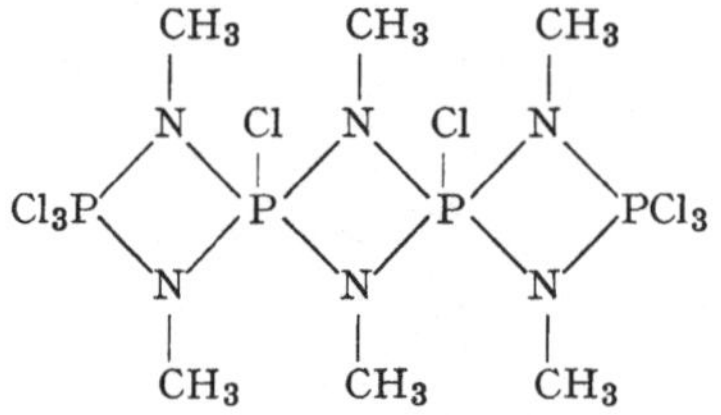

CH3 CH3 CH3
N Cl N Cl N
Cl3P P P PCl3
N N N
CH3 CH3 CH3
XLV

Die Existenz der Verbindungen XLV, XLVI (und des ebenfalls leicht herstellbaren Sauerstoffanalogen von XLVI (*11*, *48*) zeigt, daß von Phosphor der Koordinationszahl 5 mit Stickstoff und Chlor als Liganden die folgenden Gruppierungen möglich sind:

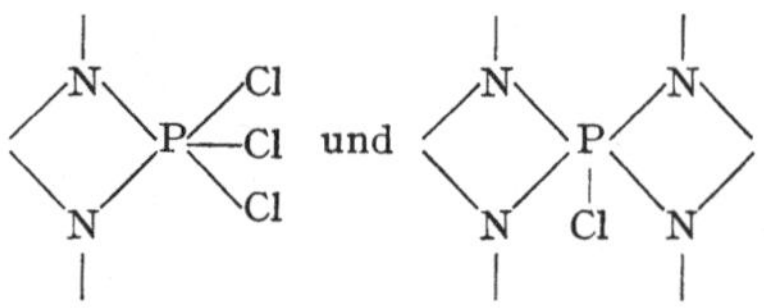

N Cl N N
P—Cl und P
N Cl N Cl N

Bei den bisher beobachteten Strukturen besitzt Phosphor sp^3d- und Stickstoff sp^2-Hybridisierung; die Verbindungen sind nicht ionisch, sondern kovalent gebaut.

Wenn solche Gruppierungen vorliegen, ist Phosphor immer Glied eines viergliedrigen Ringsystems[8]. Man kann versuchen, den viergliedrigen Ring zu erweitern — und dies gelingt auch zum Beispiel durch

[8] Dies bestätigte sich kürzlich, als wir N,N'-Dimethylsulfamid mit PCl_5 umsetzten. Hierbei konnten wir sowohl Verbindung VIII erhalten wie auch XLVII (54).

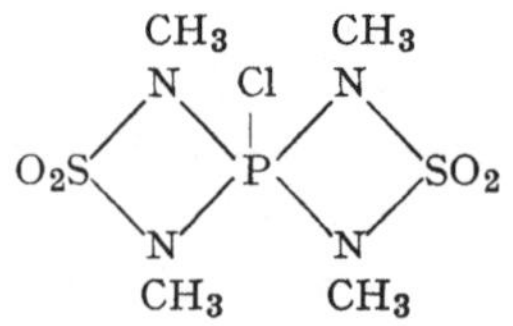

CH3 CH3
N Cl N
O2S P SO2
N N
CH3 CH3
XLVII
Fp. 170—171,5° (zers.)

Umsetzen mit $H_3C{-}N{=}C{=}O$ (*42*), aber dann geht die Koordinationszahl 5 am Phosphor in die Koordinationszahl 4 über:

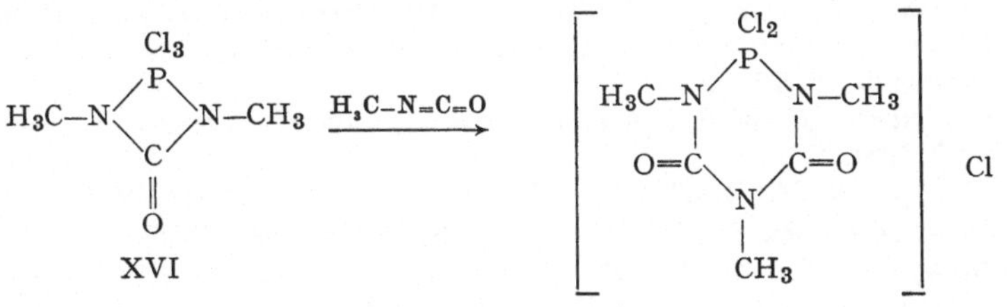

```
          Cl3                                    ┌        Cl2         ┐
          P                                      │       /P\          │
H3C—N  <     >  N—CH3   H3C—N=C=O              │ H3C—N     N—CH3    │
          C            ─────────────>            │     |     |        │   Cl
          ‖                                      │   O=C     C=O      │
          O                                      │      \N/           │
                                                 │       |            │
         XVI                                     └      CH3           ┘
```

Zusammenfassend ist zu sagen:

Die Substitutionsreaktionen des Phosphorpentachlorids gegenüber Stickstoff enthaltenden Ligandenmolekülen sind bestimmt durch zwei Tendenzen: Bei vielen Umsetzungen geht Phosphor der Koordinationszahl 5 in Phosphor der Koordinationszahl 4 über und es entstehen Ionen oder Moleküle mit N–P-Bindungen, in denen die Bindungen vielfach einen gewissen Doppelbindungscharakter haben; bei anderen Umsetzungen bleibt die Koordinationszahl 5 am Phosphor erhalten und es bilden sich viergliedrige, P und N enthaltende Ringsysteme. Die Mehrfachbindungen zwischen P und N haben $d_{\pi}p_{\pi}$-Charakter.

Literatur

1. *Baaz, M., V. Gutmann,* and *L. Hübner:* J. Inorg. Nucl. Chem. *18*, 276 (1961).
2. *Baumgärtner, R., W. Sawodny* u. *J. Goubeau:* Z. Anorg. Allgem. Chem. *340*, 246 (1965).
3. *Becke-Goehring, M., K. Bayer* u. *Th. Mann:* Z. Anorg. Allgem. Chem. *346*, 143 (1966).
4. –, *A. Debo, E. Fluck* u. *W. Goetze:* Chem. Ber. *94*, 1383 (1961); *E. Fluck:* Chem. Ber. *94*, 1388 (1961).
5. –, *W. Gehrmann* u. *W. Goetze:* Z. Anorg. Allgem. Chem. *326*, 127 (1963).
6. –, u. *E. Fluck:* Angew. Chem. *74*, 382 (1962).
7. –, u. *W. Haubold:* Z. Anorg. Allgem. Chem. *338*, 305 (1965).
8. –, u. *W. Lehr:* Z. Anorg. Allgem. Chem. *325*, 287 (1963).
9. – – Z. Anorg. Allgem. Chem. *327*, 128 (1964).
10. –, u. *L. Leichner:* Angew. Chem. *76*, 686 (1964).
11. – – u. *B. Scharf:* Z. Anorg. Allgem. Chem. *343*, 154 (1966).
12. –, u. *W. Lehr:* Chem. Ber. *94*, 1591 (1961).
13. –, *Th. Mann* u. *H. D. Euler:* Chem. Ber. *94*, 193 (1961).
14. –, u. *B. Scharf:* Z. Anorg. Allgem. Chem., im Druck.
15. –, u. *W. Weber:* Z. Anorg. Allgem. Chem. *333*, 128 (1964).
16. – – Z. Anorg. Allgem. Chem. *339*, 281 (1965).

17. *Becke-Goehring, M.*, u. *W. Weber:* Heidelberg, unveröffentl. Versuche.
18. *Bosshard, H. H.*, u. *H. Zollinger:* Helv. Chim. Acta *42*, 1659 (1959); *H. Eilingsfeld, M. Seefelder* u. *H. Weidinger:* Angew. Chem. *72*, 836 (1960).
19. *Brockway, L. O.*, and *J. Y. Beach:* J. Am. Chem. Soc. *60*, 1836 (1938); *M. Rounault:* Compt. Rend. Hebd. Sceances *207*, 620 (1938), Ann. Physik (Leipzig) [5] *14*, 78 (1940).
20. *Chapman, A. C., W. S. Holmes, N. L. Paddock*, and *H. T. Searle:* J. Chem. Soc. 1825 (1961).
21. *Clark, D., H. M. Fowell*, and *A. F. Wells:* J. Chem. Soc. 642 (1942).
22. *Craig, D. P.*, and *E. A. Magnusson:* J. Chem. Soc. 4895 (1956).
23. *Derkach, G. I.*, u. *A. V. Narbut:* J. Allgem. Chem. (UdSSR) *35*, 932 (1965).
24. —, *J. N. Shmurova, A. V. Kirsanov, W. I. Schewtschenko* u. *A. S. Schtepanek:* Phosphazo-Verbindungen, Kiew 1965, S. 183ff. (siehe dort weitere Literatur).
25. *Ephraim, F.*, u. *M. Gurewitsch:* Ber. dtsch. chem. Ges. *43*, 138 (1910); *A. V. Kirsanov:* Nachr. Akad. Wiss. UdSSR, Abt. chem. Wiss. 426 (1950).
26. *Fluck, E.:* Z. Anorg. Allgem. Chem. *315*, 181 (1962); vgl. kernmagnetisches Resonanzspektrum dieser Substanz.
27. — Anorganische und Allgemeine Chemie in Einzeldarstellungen, Bd. 5, S. 256. Berlin-Göttingen-Heidelberg: Springer 1963 (siehe dort weitere Literatur).
28. *Geierhaas, H.:* Dissertation, Heidelberg 1966.
29. *Goetze, W.*, u. *D. Jung:* unveröffentl. Versuche. Anorg.-Chemisches Institut, Heidelberg.
30. *Green, M., R. N. Haszeldine*, and *G. S. A. Hopkins:* J. Chem. Soc. 1766 (1966), vgl. Substitutionsprodukte dieser Substanz.
31. *Gutmann, V.:* Monatsh. Chem. *83*, I, 583 (1952).
32. —, *K. Utvary* u. *M. Bermann:* Monatsh. Chem. *97*, 1745 (1966).
33. *Haubold, W.*, u. *M. Becke-Goehring:* Z. Anorg. Allgem. Chem. *352*, 113 (1967).
34. *Hess, H.*, u. *D. Forst:* Z. Anorg. Allgem. Chem. *342*, 240 (1966).
35. *Hudson, R. F.:* Structure and Mechanism in Organo-Phosphorus Chemistry, S. 50f. London-New York: Academic Press 1965.
36. *Jung, D.:* unveröffentl. Versuche, Anorg.-Chemisches Institut, Heidelberg.
37. *Kahler, E. J.:* US-Patent 2.925320 vom 16. 2. 1960.
38. *Kimball, G. E.:* J. Chem. Phys. *8*, 188 (1940).
39. *Kirsanov, A. V.:* J. Allgem. Chem. (UdSSR) *22*, 1346 (1952).
40. —, u. *G. I. Derkach:* J. Allgem. Chem. (UdSSR) *26*, 2009 (1956); *A. V. Kirsanov* u. *E. A. Abrazhanova:* Samml. Aufsätze Allg. Chem. (UdSSR) *2*, 1048 (1953); *A. V. Kirsanov* u. *Yu. M. Zolotov:* J. Allgem. Chem. (UdSSR) *25*, 571 (1955).
41. —, u. *J. N. Shmurova:* J. Allgem. Chem. (UdSSR) *28*, 2478 (1958).
42. *Latscha, H. P.:* Z. Anorg. Allgem. Chem. *346*, 166 (1966).
43. —, *W. Haubold* u. *M. Becke-Goehring:* Z. Anorg. Allgem. Chem. *339*, 82 (1965).
44. *Mann, Th.:* Dissertation, Heidelberg 1960.
45. *Müller, H.-J.:* Diplomarbeit, Heidelberg 1967.
46. *Pauling, L.:* Nature of Chemical Bond, S. 178ff. Cornell Univ. Press 1950.
47. *Payne, D. S.:* J. Chem. Soc. 1052 (1953); vgl. auch *L. Kolditz:* Advances in Inorganic Chemistry, Bd. 7, S. 1ff. New York: Academic Press 1965; *G. L.* Carlson: Spectrochim. Acta *19*, 1291 (1963).
48. *Scharf, B.:* Dissertation, Heidelberg 1967.
49. *Siebert, H.:* Anorganische und Allgemeine Chemie in Einzeldarstellungen, Bd. 7, S. 76ff. (siehe dort weitere Literatur). Berlin-Heidelberg-New York: Springer 1966.

50. *Slawisch, A.*, u. *M. Becke-Goehring:* Z. Naturforsch. *21b*, 589 (1966).
51. *Trippett, S.:* J. Chem. Soc. 4731 (1962).
52. *Ulrich, H.*, u. *A. A. R. Sayigh:* Angew. Chem. *76*, 647 (1964).
53. *Vilsmeier, A.*, u. *A. Haak:* Ber. dtsch. chem. Ges. *60*, 119 (1927); *Ch. Jutz:* Chem. Ber. *91*, 850 (1958); *H. Bredereck, R. Gompper, K. Klemm* u. *H. Rempfer:* Chem. Ber. *92*, 837 (1959).
54. *Wald, H.-J.:* Dissertation, Heidelberg 1968.
55. *Van Wazer, J. R.:* Phosphorus and its Compounds, S. 240ff. (siehe dort weitere Literatur). New York: Intersc. Publishers 1958.
56. *Weiß, J.*, u. *G. Hartmann:* Z. Naturforsch. *21b*, 891 (1966).
57. — — Z. Anorg. Allgem. Chem. *351*, 152 (1967).
58. *Zelezny, W. F.*, and *N. C. Baenzinger:* J. Am. Chem. Soc. *74*, 6151 (1952).
59. *Ziegler, M.:* Angew. Chem. *79*, 322 (1967).
60. — Z. Anorg. Allgem. Chem., im Druck; Kristallstrukturuntersuchung.

Eingegangen am 15. September 1967

Extraktive Trennung anorganischer Verbindungen

Dr. rer. nat. A. Kettrup und Prof. Dr. rer. nat. H. Specker

Lehrstuhl für anorganische Chemie der Ruhr-Universität Bochum

Inhalt

I. Einführung ... 238

II. Lewis-Basen als Extraktionsmittel ... 240
1. Extraktion mit Äthern und Ketonen ... 243
2. Neutrale phosphororganische Verbindungen als Extraktionsmittel... 246
3. Saure phosphororganische Solventien ... 252
4. Systeme mit Aminen als organische Phase ... 254
5. Sulfonsäuren als Lewis-Basen ... 256
6. Extraktion anorganischer Säuren ... 257
7. Extraktion von Anionen ... 259
8. Lösungsmittelextraktion aus Salzschmelzen ... 260

III. Quantitative Beschreibung von Verteilungsvorgängen ... 261
1. Die Verteilungsreaktion ... 261
2. Aufklärung der Zusammensetzung extrahierter Verbindungen ... 264
3. Berechnung von Verteilungskonstanten ... 271
4. Abschätzung der Komplexstabilität auf Grund von spektroskopischen und thermochemischen Messungen ... 276

IV. Steuerung der Verteilungsreaktion ... 279
1. Extraktion mit gemischten Solventien: Synergismus-Antisynergismus 279
2. Einfluß der wäßrigen Phase auf den Extraktionsgrad: Aussalzeffekt - Verbesserung der Selektivität ... 283

V. Anwendungsbeispiele ... 285

VI. Literatur ... 290

I. Einführung

Eine Aufgabe der anorganischen Chemie ist es, schwer zu reinigende chemische Elemente und Verbindungen in höchster Reinheit darzustellen. In der analytischen Chemie gilt es ferner häufig, Spurenelemente neben großen Überschüssen an Hauptbestandteilen quantitativ zu erfassen. Als Beispiele seien die Reinheitsforderungen an Transistormaterialien, Katalysatoren oder Reaktorwerkstoffe genannt. Hier müssen Verunreinigungen von 10^{-4} bis $10^{-6}\%$, in Ausnahmefällen sogar bis $10^{-10}\%$ bestimmt werden.

Zur Trennung von Substanzgemischen ist die Lösungsmittelextraktion sehr geeignet, da sie mit einfachen Hilfsmitteln (Scheidetrichter) in kurzer Zeit sowohl die Entfernung von Spuren als auch die Trennung größerer Substanzmengen erlaubt. Die betreffenden Elemente werden dabei in Verbindungen überführt, die in Wasser kaum, in organischen Lösungsmitteln dagegen leicht löslich sind. In der anorganischen Analyse wird — von wenigen Ausnahmen abgesehen — die Extraktion in einem Verteilungsschritt durchgeführt.

Das einfache Ausschütteln setzt jedoch große Unterschiede zwischen den Verteilungskoeffizienten D der zu trennenden Substanzen voraus, wobei unter D das Verhältnis der analytisch bestimmbaren Gesamt-Stoffkonzentration c des Metalls in der organischen und der wäßrigen Phase verstanden wird.

$$D = \frac{\Sigma c_o}{\Sigma c_w} \tag{1}$$

Daneben verwendet man zur Kennzeichnung des Verteilungsverhaltens noch den Extraktionsgrad E, der auch als prozentuale Verteilung angegeben wird.

$$\frac{m_o}{m_o + m_w} \cdot 100 = E\,(\%) \tag{2}$$

Als Maß für die Trennung zweier Substanzen A und B durch Extraktion, kann einmal der *Trennfaktor*

$$\beta = \frac{D_A}{D_B} \tag{3}$$

zum anderen der *Anreicherungsfaktor*

$$\alpha = \frac{E_A}{E_B} \tag{4}$$

dienen.

Durch Aneinanderreihen der einfachen Verteilungsprozesse gelangt man zu den „multiplikativen" Verteilungsverfahren, mit deren Hilfe sich kleine Trenneffekte aufsummieren lassen. Diese Verfahren haben im Bereich der organischen bzw. Biochemie große Bedeutung erlangt (*98—100*), während sie in der anorganischen Chemie im wesentlichen auf die Trennung von Zirkonium und Hafnium, der Seltenen Erden (*151*) und Aktiniden beschränkt bleiben.

Die Literatur über Extraktionsversuche reicht weit zurück. Schon seit dem Jahre 1842 ist die Extrahierbarkeit von Uranylnitrat mit Diäthyläther bekannt, als *Péligot* die Abtrennung und Reindarstellung von Uran aus Pechblende beschrieb (*430*). Neben weiteren Arbeiten aus dem vorigen Jahrhundert, die sich mit der Extraktion von Metallen befassen (*457, 458, 577*), ist die Publikation von *Nernst* von großer Bedeutung, in der er mit dem Nernstschen Verteilungssatz eine quantitative Beschreibung von Verteilungssystemen ermöglicht (*408*).

Die ersten systematischen Extraktionsuntersuchungen wurden von *Fischer* und Mitarbeitern durchgeführt (*145, 151*). Während des zweiten Weltkrieges erbrachte das „Manhattan Projekt" eine Fülle von Arbeiten, in denen die Extrahierbarkeit zahlreicher Elemente untersucht wurde. Aber erst in den letzten zwanzig Jahren folgte die eigentliche Verbreitung der Verteilungsverfahren in der anorganisch-analytischen Chemie. Die Vielzahl der Einzelergebnisse ist in zahlreichen Übersichtsarbeiten zusammengestellt worden.

Morrison und *Freiser* (*389*), *Diamond* und *Tuck* (*113*), *Fomin* (*157*), *Marcus* (*347*), *Katzin* (*287*) sowie *Irving* und *Williams* (*251*) gaben zusammenfassende Darstellungen über Extraktionsverfahren. In weiteren Veröffentlichungen beschreiben *Morrison* und *Freiser* (*161, 162*), *Belcher* (*39*), *Peppard* (*431*) und eine Reihe anderer Autoren (*53, 186, 282, 324, 328, 436*) die Anwendung von Verteilungsverfahren auf analytische und radiochemische Probleme. Eine mathematische Behandlung von Zweiphasengleichgewichten findet man bei *Dyrssen* (*125*). Zusammenfassungen über die multiplikative Verteilung bekommt man in den Monographien von *Craig* (*99*) und *Hecker* (*218*), bei *Fischer* und Mitarbeitern (*144*), sowie in der Arbeit von *Horn* (*230*). Einen Überblick über die Anwendung von Verteilungsverfahren im technischen Maßstab liefern die Monographien von *Treybal* (*549*) sowie *McKay* und Mitarbeitern (*364*). Die jüngsten Ergebnisse über Extraktionsuntersuchungen liest man bei *Dyrssen*, *Liljenzin* und *Rydberg* (*133*).

II. Lewis-Basen als Extraktionsmittel

Wenn auch in fast allen Metallextraktionssystemen die Entfernung von Wassermolekeln aus der Koordinationssphäre des Metallions die Grundlage für die Bildung einer extrahierbaren Spezies darstellt, so kann man jedoch je nach der Reaktion, die zur Bildung der ungeladenen Molekelarten in der wäßrigen Phase führt, und je nach der Löslichkeit des Komplexes in der organischen Phase eine Einteilung der Extraktionssysteme in drei Gruppen vornehmen.

Als erste sind die *einfachen Koordinationssysteme* zu nennen. Zu dieser Gruppe gehören solche Spezies, die in der wäßrigen Phase als undissoziierte Molekeln vorliegen und ohne chemischen Eingriff von dem Lösungsmittel extrahiert werden. Es handelt sich dabei immer um kovalente Verbindungen wie Arsentrichlorid (*36*, *188*, *423*), Jod (*104*), Germaniumtetrachlorid (*152*, *502*, *539*, *608*) und um Solventien mit kleiner Dielektrizitätskonstante wie z. B. Tetrachlorkohlenstoff. Eine umfassende Untersuchung über die Extraktion von Quecksilberhalogeniden mit aliphatischen und aromatischen Kohlenwasserstoffen sowie CCl_4 findet man bei *Marcus* (*346*). Mit den gleichen Solventien lassen sich Jod, Brom und deren Interhalogenverbindungen extrahieren (*14*).

Einen ähnlichen Extraktionsmechanismus zeigen die Systeme, in denen *Chelatbildner*, z.B. 8-Oxychinolin, die koordinierten Wassermolekeln des Metallkations verdrängen und somit neutrale Chelatkomplexe von den inerten Lösungsmitteln (CCl_4, $CHCl_3$) aufgenommen werden. Die Stabilität von Chelatkomplexen wird beeinflußt durch sterische Gegebenheiten, wie z. B. durch den Abstand der Donatorgruppen und damit die Ringgröße.

Handelt es sich um mehrzähnige Chelatbildner, so wächst während der Komplexbildung die Zahl der frei beweglichen Teilchen in der Lösung, d.h. die Reaktionsentropie wird erhöht. Dieser Entropieeffekt führt zu einer Vergrößerung der Komplexstabilität. Sterische Effekte sind maßgeblich für die Selektivität von Chelatbildnern. Dabei spielen einerseits der Radius und die Elektronenanordnung des Metallions und andererseits die Struktur des Chelatbildners eine Rolle (*562*).

Die dritte Gruppe von Verteilungssystemen gehorcht einem grundsätzlich anderen Reaktionsmechanismus, da das Extraktionsmittel selbst eine *chemische Bindung mit dem Metallkation* eingeht. Das organische Solvens als Lewis-Base und das Metallkation als Lewis-Säure bilden eine Donator-Acceptorbindung aus. Dazu sind organische Verbindungen mit koordinationsfähigem Sauerstoff-, Schwefel- oder Stickstoffatom in der Lage, wie z.B. Äther, Alkohole, Ketone, Ester und Pyridin-N-oxide, also Solventien mit relativ großer Dielektrizitätskonstante (*68*). Neben diesen Systemen beruhen die Extraktion mit Aminen sowie die Verteilung von Verbindungen mit komplexen Kationen vom Typ R_4Me^+ auf der Bildung von Ionenassoziationskomplexen.

Ein Vergleich der Elektronegativitätswerte nach *Pauling* und *Sherman* (*429*) sowie *Allred* und *Rochow* (*12*) zeigt, daß die P=O-Gruppe stärker polarisiert ist als die Carbonylgruppe. Daher sind Verbindungen mit P=O-Gruppierung stärkere Elektronendonatoren und damit bessere Extraktionsmittel als z.B. Ketone oder Äther (*68*, *213*, *320*).

Unterschiede der Donatorstärke innerhalb der Gruppe der phosphororganischen Extraktionsmittel beruhen auf der Tatsache, daß der Dipolcharakter der P=O-Gruppe durch den induktiven Effekt der Substituenten unterschiedlich beeinflußt wird. Die elektronenschiebende Wirkung der Substituenten nimmt zu in der Reihenfolge:

$$-CH_2Cl < O-CH_3 < -CH_3 < -(CH_2)_n-CH_3 < -CH\begin{matrix}\diagup CH_3 \\ \diagdown CH_3\end{matrix}$$

Betrachtet man unter diesem Gesichtspunkt die Strukturen der zur Extraktion verwendeten neutralen Verbindungen mit P=O-Gruppe

$(RO)_3-P{=}O$	$R-\overset{O}{\overset{\Vert}{P}}-(OR)_2$	$R_2-\overset{O}{\overset{\Vert}{P}}-OR$	$R_3P{=}O$
Phosphorsäureester	Phosphonsäureester	Phosphinsäureester	Phosphinoxide,

so ist es verständlich, daß die Neigung zur Komplexbildung von links nach rechts zunimmt. Der Zusammenhang zwischen dem induktiven Effekt, der sich durch die Größe des Dipolmoments und die Lage der P=O-Valenzschwingung im IR-Spektrum bemerkbar macht, und der Extraktionsfähigkeit dieser Solventien ist mehrfach untersucht worden (*73, 193, 296, 413, 426*). Phenyl- oder halogenidsubstituierte Alkyl-Gruppen verschlechtern die Verteilungsergebnisse, da sie die Elektronendichte am Phosphorylsauerstoff erniedrigen (*73, 214, 416*). Extrahiert man zum Beispiel Eisen (III) aus rhodanidhaltiger Lösung mit Triphenylphosphinoxid (TPPO) in CH_2Cl_2, so läßt sich die feste Verbindung $Fe(NCS)_3 \cdot 3$ TPPO in kristalliner Form isolieren (*530*), während die Komplexe mit schwächeren Donatoren nur in Lösung vorhanden sind.

Die Zusammensetzung der extrahierten Komplexe hängt von der Donatorstärke des Solvens ab. Ein aktives, d.h. gut extrahierendes Solvens ist in der Lage, mehr anorganische Liganden zu verdrängen als die Solventien mit schwachen Donatoreigenschaften, wobei die Koordinationszahl des Metallions gleich bleibt. So wird z.B. Eisen aus thiocyanathaltiger Lösung mit Tributylphosphat (TBP) und Cyclohexanon als $Fe(NCS)_3 \cdot 3$ S und mit Diäthyläther und Amylalkohol als $[Fe(NCS)_4]^- \cdot 2$ S extrahiert (*526*).

Extrahiert man Wismut aus jodidhaltiger Lösung, so geht mit Tributylphosphat und Cyclohexanon als Solvens bevorzugt die neutrale Verbindung $BiJ_3 \cdot 3$ S in die organische Phase, während mit Methylisobutylketon (MIBK), Diäthyläther und 1.2-Propylenglykolcarbonat der anionische Komplex $[BiJ_4]^- \cdot 2$ S gebildet wird (*296, 526*). Die Zusammensetzung der extrahierten Komplexe kann weiterhin von der Halogenidkonzentration abhängen, wie die Extraktion von $FeCl_3 \cdot 3$ TBP aus schwach saurer und die Bildung von $H[FeCl_4] \cdot 2\,TBP$ in stark saurer Lösung zeigen (*516, 517*). Mehrfach geladene Halogenometallate wie z.B. $[HgJ_4]^{2-}$ und $[SnCl_6]^{2-}$ werden schlechter extrahiert als HgJ_2 und $SnCl_4$, wovon man in der analytischen Praxis durch dosierte Halogenidzugabe Gebrauch macht (*518*).

Außerdem kann die Komplexbildung beeinflußt werden durch *sterische Gegebenheiten des Solvensmoleküls*, wie mit verschieden substituierten Cyclohexanonen als Extraktionsmittel gefunden wurde (*523, 525*). Auch inerte Verdünnungsmittel wie Isooktan, Benzol, CCl_4 usw. beeinflussen das Extraktionsverhalten von anorganischen Verbindungen, wie man bei der Extraktion von Wismutjodid mit Tributylphosphat in Gegenwart von zwölf verschiedenen Inertlösungsmitteln feststellte (*296*). Je polarer das inerte Lösungsmittel ist, um so mehr tritt es in Wechselwirkung mit den Dipolen des Tributylphosphats und schirmt auf diese Weise Donatorgruppen ab, die damit der Verteilungsreaktion entzogen werden.

Im folgenden wird ein systematischer Überblick über Verteilungssysteme gegeben, wobei als Ordnungsprinzip die Art des organischen Solvens dient.

1. Extraktion mit Äthern und Ketonen

Kitahara (*302*) sowie *Bock* und *Herrmann* (*57*) extrahierten Fluoride mit Diäthyläther und fanden, daß nur die Extraktion von Nb (V), Ta (V) und Re (VII) aus 20 M Flußsäure einen Extraktionsgrad $E > 50\%$ erreicht, während von den übrigen Elementen nur noch Sn (II), Sn (IV), As (III), As (V), Te (IV), Ge (IV), Se (IV), V (III), V (V), Mo (VI) und Sb (III) teilweise extrahiert werden. In allen Fällen nimmt der Extraktionsgrad mit steigender HF-Konzentration zu. Da die Verwendung von Äther mit Schwierigkeiten verbunden ist, wurden als leichter zu handhabende Solventien Diisopropylketon (*537*) und Methyläthylketon (*587*) vorgezogen. Mit Methylisobutylketon lassen sich Tantal und Niob aus 10 M HF und 6 M H_2SO_4 quantitativ ausschütteln (*378, 379*).

Eines der ältesten Extraktionsverfahren zur Abtrennung anorganischer Verbindungen ist die Ausschüttelung von Eisen aus salzsaurer Lösung. Im Jahre 1892 extrahierte *Rothe* Eisenchlorid mit Diäthyläther (*456*). Diese Untersuchungen wurden wenig später zu einer Trennmethode für Eisen weiterentwickelt (*291, 533*). Daneben eignen sich Isopropyläther, Diisopropylketon, Methylamylketon und Methylisobutylketon als Extraktionsmittel. Eine Zusammenstellung über Extraktionsergebnisse von Metallchloriden mit verschiedenen Äthern, Ketonen und Phosphorsäureestern findet man in der Arbeit von *Bankmann* und *Specker*, aus der die Abb. 1 entnommen ist (*27*).

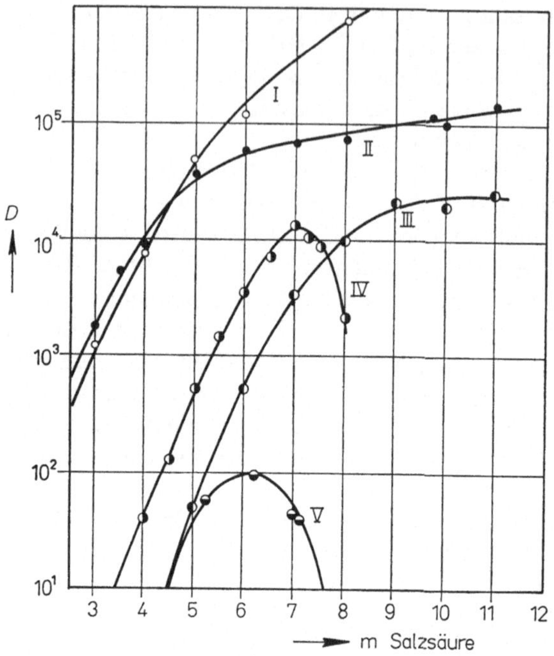

Abb. 1. Verteilungskoeffizient von Eisen(III)chlorid bei der Extraktion mit verschiedenen Solventien.

I Tri-n-amylphosphat
II Tri-n-butylphosphat
III Methyl-isobutylketon
IV Di-n-propylketon
V Diäthyläther

Für weitere Untersuchungen über die Extrahierbarkeit von Metallchloriden verwendete man Diäthyläther (*368, 396, 542*), Isopropyläther (*118, 397*), Methylisobutylketon (*84, 513*), Diisopropylketon (*224*) und Cyclohexanon (*522*).

Die Extraktion von Gallium (III)-chlorid mit Diäthyl- und Isopropyläther stellt eine Methode zur Reindarstellung dieses Elements dar (*398*).

Alkohole eignen sich für die Verteilung von Alkalichloriden (*322*). Mit Dichlordiäthyläther als Solvens ist es möglich, mehr als 90% Protactinium aus 6 M Salzsäure selektiv zu extrahieren (*355*). Wasserfreies Kobaltchlorid ist gut löslich in aliphatischen Alkoholen, Estern und Ketonen (*167*). Chrom (VI) wird als $HCrO_3Cl$ mit Methylisobutylketon extrahiert (*284*).

Die Verteilung von Metallen zwischen einer bromidhaltigen wäßrigen Phase und Diäthyläther wurde zuerst von *Wada* und *Ishii* (*580*) und später von *Bock* und Mitarbeitern systematisch untersucht (*61*). Danach werden Ga, In, Tl, Sn, As, Sb, Au und Fe (III) mit einem Extraktionsgrad $E > 50\%$ extrahiert, alle anderen Elemente dagegen nur teilweise oder gar nicht. Als weitere Extraktionsmittel lassen sich Diisopropyläther (*450*), Methylisobutylketon (*108, 357, 522*) und Cyclohexanon (*22, 207, 522*) einsetzen.

Als Jodidkomplexe kann man In, Tl, As, Sb, Bi, Zn, Cd, Hg und weniger gut Mo sowohl aus jodwasserstoffsaurer als auch aus kaliumjodidhaltiger Lösung ausschütteln. In systematischen Untersuchungen wurden Diäthyläther (*250, 301*) sowie n-Amylalkohol, Methylamylketon, Methylisobutylketon und Äthylacetat als Solventien benutzt (*593*). Die Extraktion von Wismut- (*296, 545*), Cadmium- (*206*), Quecksilber- (*517*), Indium- (*205, 207, 522*), Thallium- (*522*) und Tellurjodid (*281*) mit Methylisobutylketon und Cyclohexanon ist ebenfalls beschrieben. Die Polyjodide der Alkalimetalle lassen sich aus wäßriger Lösung mit Diäthyläther (*464*), n-Butanol oder Amylacetat (*58*) extrahieren.

Alkalithiocyanate bilden mit Eisen rote, mit Uran (VI), Wismut, Niob und Rhenium gelbe, mit Kobalt blaue und mit Ruthenium (III) rosafarbene Verbindungen, die mit organischen Donatormolekülen extrahierbar sind und photometriert werden können.

Hafnium und Zirkon lassen sich in Form ihrer Thiocyanatkomplexe durch Extraktion mit Diäthyläther (*149, 150*) oder Hexanon (*153*) trennen. Eine umfassende Untersuchung über die Verteilung von Metallthiocyanaten zwischen NH_4SCN-Lösungen und Diäthyläther wurde von *Bock* durchgeführt (*54*).

In der Regel steigt der Extraktionsgrad mit wachsender Thiocyanat- und Salzsäurekonzentration (bis 0,5 M HCl) an, obwohl dann in zunehmendem Maße auch Rhodanwasserstoffsäure extrahiert wird. Andere Autoren berichten die Extraktion von Kobalt- (*591*), Eisen- (*371, 517*), Quecksilber- (*474*), Hafnium- (*234*), Titan- (*401*), Zink- (*526*) und Zirkoniumrhodanid (*153, 327*) mit Methylisobutylketon und Cyclohexanon.

Neben den Aktiniden und Lanthaniden lassen sich auch Au (III), Sc (III), Hg (II), Tl (III) und Bi (III) als Nitrate extrahieren, wie eingehende Untersuchungen gezeigt haben (*56*). Die Anwesenheit von Alkalimetallnitraten führt dabei zu einer Steigerung des Extraktionsgrades (*56, 417*). Für die Verteilung von Nitraten eignen sich sowohl Äther (*56*) wie Ketone (*146*) und Phosphorsäureester. Große Bedeutung hat die Extraktion aus salpetersaurer Lösung für die Trennung der Aktiniden und die Aufarbeitung von Spaltprodukten. Ein Großteil dieser Untersuchungen befaßt sich mit der Abtrennung von Uran, die zuerst mit Diäthyläther (*56, 430*), später mit Methylisobutylketon, heute jedoch weitgehend mit phosphororganischen Verbindungen durchgeführt wird. Für die Extraktion von Uran und Plutonium aus einem Gemisch von Spaltprodukten eignet sich Methylisobutylketon (*318*, *461*, *484*).

Die Perchlorate von Kalium, Rubidium und Caesium sind unlöslich, Thallium- und Ammoniumperchlorat sind wenig löslich in organischen Verbindungen. Die Perchlorate anderer Elemente weisen dagegen bessere Löslichkeitseigenschaften auf. So wurde die Löslichkeit von $NaClO_4$ in Äthanol, n-Butanol, Äthylacetat und Äther untersucht (*598*). Uranperchlorat läßt sich mit Diäthyläther (*280*), besser jedoch mit Tributylphosphat extrahieren (*222*, *486*, *490*). Über die Extraktion von Metallen aus schwefelsaurer Lösung liegen relativ wenig Arbeiten vor. Titan und Zirkonium lassen sich mit Alkoholen, Ketonen und Phosphorsäureestern ausschütteln (*617*). In einer umfassenden Arbeit wird die Verteilung von Hafnium und Zirkonium zwischen 12,4 m H_2SO_4 und zwölf organischen Solventien beschrieben (*616*).

Die Elemente Silicium, Germanium, Phosphor, Arsen, Vanadium, Molybdän und Wolfram bilden Poly- und Heteropolysäuren, die mit organischen Lösungsmitteln extrahiert werden können. So lassen sich zum Beispiel Molybdän und Phosphor in Form der Molybdatophosphorsäure mit Diäthyläther (*94*, *605*) und 1-Butanol (*581*) extrahieren. Es gelang auf diese Weise durch Ausschütteln mit Diäthyläther (*171*), Isobutanol (*336*) oder Methylisobutylketon (*178*), Mikrogramm-Mengen von Phosphor abzutrennen. In Gegenwart von Ammoniummolybdat läßt sich Silicium aus schwach salzsaurer Lösung mit einem Gemisch aus Diäthyläther und Pentanol extrahieren (*554*). Die Flüchtigkeit und leichte Entflammbarkeit der Äther sowie die nur schwach ausgeprägten Donatoreigenschaften führten zum Ersatz dieser Verbindungen durch Ketone und besonders durch neutrale phosphororganische Verbindungen.

2. Neutrale phosphororganische Verbindungen als Extraktionsmittel

Zu dieser Gruppe von Extraktionsreagentien zählen sowohl Verbindungen mit einem Donatoratom als auch zweizähnige Komplexbildner. Die wichtigsten einzähnigen Vertreter sind Phosphite, Phosphor-, Phosphon- und Phosphinsäureester sowie Phosphinoxide, wobei die organischen Reste teilweise durch Wasserstoffatome ersetzt sein können. Die folgende Tabelle bringt eine Zusammenstellung dieser Verbindungen in ihrer allgemeinen Form:

$(RO)_3\,P$	Phosphite	$(RO)\,RH\,P{=}O$	Phosphinsäureester
$(RO)_3\,P{=}O$	Phosphorsäureester	$(RO)\,H_2\,P{=}O$	Phosphinsäureester
$(RO)_2R\,P{=}O$	Phosphonsäureester	$R_3\,P{=}O$	Phosphinoxide
$(RO)_2H\,P{=}O$	Phosphonsäureester	$R_2H\,P{=}O$	Phosphinoxide
$(RO)\,R_2\,P{=}O$	Phosphinsäureester	$RH_2\,P{=}O$	Phosphinoxide

Die am häufigsten verwendete Substanz ist das Tri-n-butylphosphat (TBP). Es ist schwer flüchtig, stabil gegenüber Mineralsäuren und leicht mischbar mit inerten organischen Verbindungen wie zum Beispiel Isooktan, so daß auf diese Weise sein Extraktionsvermögen gesteuert werden kann. Die Extraktion anorganischer Verbindungen mit Tributylphosphat kann in Gegenwart von Mineralsäuren durchgeführt werden. Jedoch erfordern Arbeiten mit Fluorwasserstofflösungen großen Aufwand und besondere Vorsichtsmaßregeln, so daß diese Systeme für die analytische Praxis nur vereinzelt Bedeutung erlangten. So wird über die Extraktion von Niob (*330*) und Tantal (*29, 156, 169, 385, 414*), Hafnium (*15*) und Zirkonium (*311*) als Fluoride berichtet.

Von den Alkali- und Erdalkalichloriden ist Lithiumchlorid mit Tributylphosphat gut extrahierbar (*263*). Dabei bildet sich ein Addukt, bei dem das Lithiumion noch von vier Molekülen Wasser begleitet sein soll (*388*). Als dreiwertige Ionen lassen sich Eisen (*466, 516*), Gallium (*40, 207*), Indium und Thallium (*232, 522, 575*) sowie Scandium (*432, 480*) und die Seltenen Erden (*34, 323, 434*) als Chloride mit TBP extrahieren. Über die Verteilung von Arsen (III) (*101*), Gold (III) (*527, 555*) und Wismut (III) (*101*) zwischen salzsaurer wäßriger Phase und Tributylphosphat wird ebenfalls in der Literatur berichtet. Zirkonium wird als $(H \cdot xTBP)_2 Zr(OH)_2Cl_4$ von Tributylphosphat aufgenommen (*331, 473*). *Reznik* und Mitarbeiter (*453*) extrahierten Zirkonium (IV) aus einem Gemisch von HNO_3-HCl und fanden Komplexe mit gemischten Liganden $Zr(NO_3)_3 Cl(TBP)_2$ und $Zr(NO_3)_2 Cl_2(TBP)_2$. Als weitere Elemente bilden Germanium (IV) (*95*), Hafnium (*327, 375*), Thorium (*442*), Titan (IV) (*327*), Zinn (IV) (*518, 540*) und Zinn (II) (*101, 241, 433*) extrahierbare Chloridkomplexe. Von den Elementen der fünften Nebengruppe liegt Vanadium (V) als $VOCl_3 \cdot 2\,TBP$ (*190*) oder $HVO_2Cl_2 \cdot 2\,TBP$ (*16, 514*) in der organischen Phase vor. Die Extraktion von Niob- (*473*) und Protaktiniumchlorid (*79*) wurde bei der Aufarbeitung von Spaltprodukten untersucht. Für die Extraktion von Antimon(III)-chlorid mit Tributylphosphat erhielt man mit wäßrigen Phasen, die 3 bis 4 molar an Salzsäure waren, die besten Ergebnisse (*101, 299*).

Jofa und *Daker* formulierten die dabei extrahierte Spezies als $[(H,Li)\,(H_2O)_m\,TBP_n]^+\,SbCl_4^-$ (*278*).

Neben den bisher erwähnten Elementen lassen sich auch Blei (II) (*529*), Cadmium (II) (*101, 166*), Kobalt (II) (*82, 166*), Kupfer (II) (*527, 529*), Palladium (II) (*45*), Platin (II) (*45*), Quecksilber (II) (*101, 433*), Rhodium (III) (*45*), Ruthenium (*300*) und Polonium (IV) (*24, 535*) sowie in sechswertigem Zustand Chrom (*16*), Molybdän (*16, 402, 403*) und Wolfram (*16*) als Chloride mit Tributylphosphat extrahieren. Nach *Kertes* und *Halpern* (*294*) bildet sich bei der Extraktion von Uran (VI), die von mehreren Autoren durchgeführt wurde (*25, 198, 265, 293, 488*), die Verbindung $UO_2Cl_2(TBP)_2$. *Ishimori* und *Sammour* (*259*) sowie zahlreiche andere Arbeitsgruppen (*70, 174, 253, 263, 444*) führten umfassende Untersuchungen über die Extraktion von Spaltprodukten aus salzsaurer Lösung durch. Die Platinmetalle lassen sich ebenfalls als Chloride in Tri-n-butylphosphat überführen (*45, 77, 107, 337, 398*).

Als Metallbromide können As (III) (*101*), Au (III) (*527*), Cd (II) (*514*), Co (II) (*591*), Ga (III) (*522*), Hg (II) (*514*), In (III) (*522*), Sn (IV) (*518*), Tl (III) (*522*), Zn (II) (*514*) und Zr (IV) (*327*) von Tributylphosphat aufgenommen werden.

Über die Extraktion von Metalljodiden mit Tributylphosphat berichten zahlreiche Autoren. Donator-Acceptorkomplexe dieser Zusammensetzung sind vom Wismut (III) (*296*), Kobalt (II) (*591*), Quecksilber (II) (*474*), Hafnium (IV) (*327*), Indium (III) (*522*), Thallium (III) (*522*) und Zirkonium (IV) (*327*) und Silber (*527*) bekannt.

Metallrhodanide werden ebenfalls von Tri-n-butylphosphat aufgenommen, wie Untersuchungen an Uranyl- (*19, 262, 308*) und Aktinidenrhodaniden (*83*) zeigen. Cadmiumrhodanid (*474*) wird nur zu einem geringen Teil von Tributylphosphat verteilt, während Kobalt (*369, 591*) aus 7,5 M und Eisen (*371, 517*) schon aus 1 M Ammoniumrhodanidlösung quantitativ extrahiert werden. Ähnlich gute Extraktionsergebnisse sind von Hafnium- (*327*), Indium- (*522*), Molybdän- (*369*), Scandium- (*611*), Ruthenium- (*420*) und Zirkoniumrhodaniden (*327*) bekannt. *Berg* und *Lau* berichten über die Verteilung von Platinmetallen zwischen kaliumrhodanidhaltiger Lösung und Tri-n-butylphosphat (*43*). Neben diesen Systemen sind noch die Untersuchungen zu nennen, die sich mit der Trennung der Seltenen Erden durch Verteilung ihrer Thiocyanate beschäftigen (*147, 148, 179, 610*).

Die Extraktion von Kupferrhodanid wurde von *Melnick* und *Freiser* publiziert (*369, 370*). Tellur läßt sich nur zu 20% als Rhodanid in die organische Phase überführen (*225*). Bessere Extraktionsergebnisse sind dagegen von Zink- und Quecksilberrhodanid bekannt (*474, 526*).

Sehr oft ist die Extraktion von Metallen aus salpetersaurer Lösung durchgeführt worden. Dabei liegen in Abhängigkeit von der Metallwertigkeit unterschiedliche Oniumkomplexe in der organischen Phase vor, die durch folgende Reaktionsschemata beschrieben werden:

$$M^{2+} + 2\,NO_3^- + 3\,TBP \rightleftharpoons M(NO_3)_2(TBP)_3 \tag{5}$$

$$MO_2^{2+} + 2\,NO_3^- + 2\,TBP \rightleftharpoons MO_2(NO_3)_2(TBP)_2 \tag{6}$$

$$M^{3+} + 3\,NO_3^- + 3\,TBP \rightleftharpoons M(NO_3)_3(TBP)_3 \tag{7}$$

$$M^{4+} + 4\,NO_3^- + 2\,TBP \rightleftharpoons M(NO_3)_4(TBP)_2 \tag{8}$$

Die Extraktion von Kobaltnitrat (*213*) verläuft zum Beispiel nach Gl. (5), während nach *Healy* und *McKay* die Extraktion von U (VI), Np (VI) und Pu (VI) durch Gl. (6) und die Verteilung von Am (III), Y (III) und Pu (III) durch Gl. (7) beschrieben werden (*216*). Die gleiche Spezies liegt bei der Extraktion der Lanthanidennitrate in der organischen Phase vor (*220*). Verbindungen des Typs $M(NO_3)_4(TBP)_2$ bilden sich dagegen bei der Überführung von Th (IV), Np (IV), Pu (IV) und Zr (IV) aus salpetersaurer Lösung in Tri-n-butylphosphat (*8*).

Bernström und *Rydberg* untersuchten die Extraktion von Ca (II), sowie La (III), Zr (IV), Th (IV), Pu (IV), Nb (V), U (VI) und Pu (VI) aus Salpetersäure mit Calciumnitrat als Aussalzverbindung (*47*). Zahlreiche Arbeiten sind über die Verwendung von Tri-n-butylphosphat für die Verteilung der Seltenen Erden (*454, 465, 592*), die Abtrennung von Uran (*30, 32, 63, 173, 365, 405, 471, 573, 604*), Thorium (*69, 215, 223, 476, 495*), Americium (*484*), Neptunium (*288, 565*) aus salpetersaurer wäßriger Phase erschienen. Eine umfassende Studie über das Extraktionsverhalten von Neptunium mit verschiedenen Solventien stammt von *Weaver* und *Horner* (*588*). Für die Extraktion von Plutonium setzte man neben Methylisobutylketon (*318*) auch Tributylphosphat ein (*261*). Das Verteilungsverhalten der Aktinidenelemente wurde eingehend untersucht (*172, 236, 362*). Zahlreiche Veröffentlichungen befassen sich mit der Trennung dieser Elemente und der Aufarbeitung von Spaltprodukten (*9, 47, 300, 462, 497*). Weiterhin findet man in der Literatur Angaben über die Extraktion von Silber (*374*), Kupfer (*487*), Hafnium (*326*), Niob (*203*), Rhenium (*37*), Ruthenium (*154, 155*) und Zirkonium (*97, 309, 505*) als Nitrate. Bei der Extraktion von Thorium-, Uranyl- und Plutonylnitrat aus hohen Säurekonzentrationen beobachteten *Mills* und *Logan* die Bildung einer dritten Phase, die weder mit der organischen noch der wäßrigen Ausgangsphase mischbar ist (*377*). Dieses Phänomen trat auch in vielen anderen Extraktionssystemen auf.

Über die Extraktion von Metallperchloraten mit Tri-n-butylphosphat ist relativ wenig bekannt. *Sikierski* beschreibt die Verteilung von Zirkonium, Thorium, Cer, Promethium und Yttrium aus Perchlorsäure (*499*). Darüber hinaus ist die Extraktion von Uranperchlorat mehrfach beschrieben (*222, 486, 490*).

Maiorova und *Fomin* berichten über die Extraktion von Thorium aus schwefelsaurer Lösung mit Tributylphosphat (*341, 342*); weiterhin läßt sich Uranylsulfat aus 3 M Schwefelsäure ausschütteln (*474*). In einer umfassenden Literaturzusammenstellung hat *Wallach* die Fülle der Veröffentlichungen über Tri-n-butylphosphat als Extraktionsmittel, die bis 1963 publiziert wurden, gesammelt (*583*).

Von den übrigen Phosphorsäuren wurde Tri-n-amylphosphat zur Extraktion von Wismutjodid (*292*) und Eisen(III)-chlorid (*517*) sowie Triphenylphosphat (*494*) zum Ausschütteln der Seltenen Erden aus Salpetersäure eingesetzt. Über die Verwendung von Tricaprylphosphat für die Verteilung von Uranylchlorid und -sulfat wurde von *Szabo* u. Mitarb. berichtet (*543*).

Im Vergleich zu den Phosphorsäureestern sind Alkylphosphonate und -phosphinate relativ selten als Extraktionsreagentien eingesetzt worden. Vertreter der ersten Verbindungsklasse eignen sich für die Extraktion von Uran (VI) (*439*), Molybdän (VI) (*407*), Thorium (*344*) und Zirkonium (*607*) aus mineralsaurer Lösung.

Neben Tributylphosphat ist das Tri-n-octylphosphinoxid (TOPO) die am häufigsten verwendete neutrale phosphororganische Verbindung. Die Monographie von *White* und *Ross* erfaßt die bis 1961 über dieses Solvens erschienenen Arbeiten (*595*).

Aufgrund ihrer ausgeprägten Donatoreigenschaften hat diese Verbindung breite Anwendung für radiochemische Untersuchungen gefunden. Die Extraktion von Plutonium (*351*), Thorium (*635*) und anderer Aktinidelemente wird berichtet (*258*).

Die Extraktion von Selen (IV) aus salzsaurer Lösung gelingt ebenfalls mit diesen Solvens (*255*).

Goffart und *Duyckaerts* extrahierten Lanthaniden- und Aktinidennitrate mit Tri-n-butylphosphinoxid (*175*).

Eine Untersuchung mit Tributylphosphinoxid in Tetrachlorkohlenstoff als Extraktionsmittel für Pu (III) und Pu (IV) aus Salpetersäure wurde von *Umezaw* veröffentlicht (*559*).

Cousins und *Hart* setzten Triphenylphosphinoxid (TPPO) als organische Phase ein und erhielten mit Yttrium- und Lanthanidennitraten Komplexe des Typs $M(NO_3)_3(TPPO)_3$ und $[M(NO_3)_2(TPPO)_4]NO_3$ (*51*). Bei Durchführung der Reaktion in Äthanol oder Aceton entstehen Mischkomplexe der Bruttozusammensetzung $M(NO_3)_3(TPPO)_4(Aceton)$. Ein Extraktionsvergleich mit verschiedenen phosphororganischen Verbindungen ergab, daß Uran quantitativ mit 0,1 M Alkylphosphinoxidlösungen in Benzin aus Salpetersäure extrahiert wird (*51*). Dabei gelangten n-Oktyl-, n-Decyl-, n-Dodecyl- und 3,5,5-Trimethylhexylphosphinoxid zur Anwendung. In einer umfassenden Untersuchung setzten *Mann* und *White* Tri-n-oktyl- und 2-Äthyl-n-hexylphosphinoxid zur Extraktion zahlreicher Metallionen ein (*343*).

Als weitere Gruppe neutraler phosphororganischer Solventien sind die Phosphite zu nennen. *Handley* und *Dean* untersuchten die Extrahierbarkeit von Kupfer(I)halogeniden mit Triphenylphosphit $(C_6H_5O)_3P$ in Tetrachlorkohlenstoff (*200*). Das Extraktionsvermögen von Phosphiten ist stärker als das von Phosphinoxiden, jedoch ist der Anwendungsbereich von Phosphiten als Extraktionsmittel sehr begrenzt, da die Vertreter dieser Verbindungsklasse mit Wasser reagieren nach

$$(RO)_3P + HOH \rightarrow (RO)_2(H)PO + ROH \quad (9)$$

Neben den Solventien mit Phosphorylgruppe sind auch phosphororganische Verbindungen mit P=S-Gruppe bekannt, in denen das Schwefel-Atom der Elektronendonator ist. Die Extraktionswirkung dieser Thioverbindungen ist jedoch aufgrund der schwächer polarisierten P=S-Bindung geringer als die der entsprechenden P=O-Vertreter. *Handley* und *Dean* extrahierten Silber- und Quecksilber(II)nitrat mit Triisooktylthiophosphat (TOTP) und erhielten als extrahierte Spezies $Ag(NO_3)(TOTP)$ und $Hg(NO_3)_2(TOTP)_2$ (*199*). Dieselben Autoren setzten unter gleichen Bedingungen Tri-n-butylphosphinsulfid ein und stellten fest, daß diese beiden Solventien Silber und Quecksilber selektiv von 35 anderen Elementen zu trennen vermögen (*226*).

Wish und *Foti* trennten Silber von Rhodium durch Verteilen zwischen Triiso-oktylthiophosphat-CCl_4 und 8 M Salpetersäure (*602*). Andere Autoren untersuchten das Verteilungsverhalten von 20 Elementen zwischen Salz- bzw. Salpetersäure und Tri-n-oktylphosphinsulfid (TOPS) in Cyclohexanon in Abhängigkeit von der Säurekonzentration (*135*).

Phosphororganische Verbindungen mit zwei P=O-Gruppen im Molekül bilden Chelatkomplexe und sind damit sehr wirksame Extraktionsreagentien.

Saisho verwendete Tetra-n-butyläthylendiphosphonat (TBEDP)

$$(X)_2(O)P{-}Y{-}P(O)(X)_2$$

$$X = \text{n-Butyl} \qquad Y = {-}CH_2CH_2{-}$$

zur Extraktion von Zirkonium-, Yttrium- und Lanthanidennitraten (*463*).

Siddal verglich das Extraktionsvermögen von Verbindungen des gleichen Strukturtyps, bei denen jedoch Y aus einer, zwei, drei oder vier CH_2-Gruppen bestand und kam zu dem Ergebnis, daß mit steigender Entfernung der P=O-Gruppen das Verteilungsvermögen der Verbindung für Cernitrat als Lewissäure geringer wird (*498*). Tetra-n-butylmethylendiphosphonat mit $Y{=}CH_2$ bildet stabile sechsgliederige Chelatringe, während die Stabilität mit steigender Gliederzahl abnimmt.

Von den den Phosphinoxiden entsprechenden zweizähnigen Verbindungen wurde bevorzugt das Bis(di-n-hexylphosphinyl)methan $[(C_6H_{13})_2P(O)]_2CH_2$ in Dichlorbenzol zur Extraktion von Uran (VI) aus HCl, $HClO_4$, H_2SO_4 und HNO_3 herangezogen, wobei der Komplex $UO_2(NO_3)_2(HDPM)_2$ in der organischen Phase vorliegt. Das gleiche Solvens wurde zur Extraktion von Zirkonium, Niob und Tantal aus salpetersaurer Lösung eingesetzt (*367*).

3. Saure phosphororganische Solventien

Als erste Verbindungen dieser Gruppe wurden im Jahre 1950 Dibutylphosphorsäure (HDBP) und Monobutylphosphorsäure (H_2MBP) in Dibutyläther zur Extraktion von Uran (VI) aus Mineralsäuren herangezogen (*538*). Nach *Dyrssen* liegt HDBP in n-Hexan, CCl_4, $CHCl_3$, Isopropyläther, MIBK und TBP dimer und in Methylisobutylcarbinol monomer vor (*127, 130*). *Peppard* u. Mitarb. (*140*) fanden, daß Vertreter der allgemeinen Form (RO)(R)PO(OH) in Benzol dimer sind, während nach anderen Autoren Solventien des Typs $(R)_2(PO)OH$ dimer, des Typs (R)(H)PO(OH) trimer und $(R)PO(OH)_2$ polymer vorliegen (*313*).

Die einbasisch sauren Verbindungen haben die allgemeine Form:

$(RO)_2PO(OH)$	HDBP, HDEHP
RO(R)PO(OH)	(HEH[EHP]), (HEH[ClMP])
$R_2PO(OH)$	
(RO)(H)PO(OH)	
(R)(H)PO(OH)	

Von ihnen soll zunächst die Dibutylphosphorsäure (HDBP) erwähnt sein. *Duyckaerts* u. Mitarb. (*121*) lösten die Verbindung in Dibutyläther und extrahierten Seltene Erden nach dem Reaktionsmechanismus.

$$M^{3+} + 3\,(HY)_2 = M(HY_2)_3 + 3\,H^+ \qquad (10)$$

Dem gleichen Verteilungsmechanismus gehorcht die Extraktion von Europiumnitrat (*131*) und Yttriumnitrat (*124*), während Thorium als $Th(NO_3)_2(HY_2)_2$ und $Th(NO_3)(HY_2)_3$ in der organischen Phase vorhanden ist (*120, 132*).

Über die Verwendung von Di-2-äthylhexylphosphorsäure (HDEHP) als Extraktionsmittel sind zahlreiche Arbeiten erschienen. *Peppard* u. Mitarb. setzten die Verbindung zur Extraktion von Lanthaniden aus Salzsäure ein (*443*). Mehrere Autoren berichten über die Verteilung von Uran (VI) zwischen wäßriger Perchlor- (*128*), Schwefel- (*467*) sowie Salpetersäure (*439*) und HDEHP in einem dimerisierenden Lösungsmittel.

Weiterhin diente HDEHP als Solvens für die Verteilung der Aktiniden (*168*), der Erdalkalielemente (*358*), die Verteilung von Uran (*439, 467*) und Thorium (*441*) zwischen mineralsaurer Lösung und organischer

Phase. *Mason* u. Mitarb. lösten HDEHP in n-Decylalkohol und extrahierten verschiedene zwei- und dreiwertige Metalle sowie Thorium aus salzsaurer Lösung (*354*).

In einer vergleichenden Untersuchung über die Extraktion von Strontiumnitrat und -chlorid verwendeten *Kolarik* u. Mitarb. n-Butyl-, n-Amyl-, n-Oktyl- und 2-Äthyl-hexylphosphorsäure als Solventien und stellten fest, daß der erzielte Verteilungsgrad proportional der Kettenlänge zunimmt und vom inerten Verdünnungsmittel beeinflußt wird (*305*, *306*). Für die Verteilung von Pm (III), Cm (III) und Cf (III) mit Verbindungen des Typs (RO)(R)PO(OH) wurden 2-Äthylhexylhydrogen-2-äthylhexylphosphonat (HEP[EHP]), 2-Äthylhexylhydrogenchlormethylphosphonat (HEH[ClMP]) und 2-Äthylhexylhydrogenphenylphosphonat (HEH[ØP]) als Solventien eingesetzt (*438*). Californium läßt sich nach dieser Arbeit mit einem Trennfaktor $\beta = 105$ von Curium abtrennen.

Von den Solventien der allgemeinen Formel $(R)_2PO(OH)$ prüfte man das Extraktionsvermögen von Di-n-oktylphosphinsäure $(n\text{-}C_8H_{17})_2 PO(OH)$ in Benzol und extrahierte aus salzsaurer Lösung Ce (III), Eu (III), Tm (III), Yb (III), Y (III), Am (III), Cm (III) und Uran (*440*). Weitere Versuche über diese Klasse phosphororganischer Verbindungen wurden im Hinblick auf die Länge des Alkylrests, das inerte Verdünnungsmittel, die Art des Kations und unter Zugabe von Synergisten durchgeführt (*23*, *141*, *435*). Eine andere Studie beschäftigt sich mit der extraktiven Trennung der Transurane (*355*). *Peppard* u. Mitarb. (*440*) extrahierten Uran (VI) mit Vertretern verschiedener Klassen phosphororganischer Verbindungen und fanden eine Abstufung der Verteilungsergebnisse in der Reihenfolge

$$(RO)_2PO(OH) > (RO)(R)PO(OH) > R_2PO(OH).$$

Den bisher erwähnten sauren Extraktionsreagentien entsprechenden Thioverbindungen sind ebenfalls untersucht worden; und zwar verwendeten *Handley* und *Dean* 0,0′-Dialkylphosphor-dithiosäuren $(RO)_2PS(SH)$ in Tetrachlorkohlenstoff zur Verteilung von 42 Elementen (*201*).

Die zweite Gruppe saurer phosphororganischer Solventien umfaßt solche Verbindungen, die zwei OH-Gruppen im Molekül enthalten wie $[(RO)P(OH)_2]$, $(RO)PO(OH)_2$ und $(R)PO(OH)_2$. *Blake* u. Mitarb. extrahierten Uranylsulfat mit sieben Solventien vom Typ $(RO)PO(OH)_2$, die in Kerosin gelöst waren (*50*). Die Extraktion der Lanthaniden (III), Aktiniden (III), von Scandium und Yttrium aus wäßrigen Mineralsäuren mit Mono-2-äthylhexylphosphorsäure $(2\text{-}C_2H_5 \cdot C_6H_{12}O)PO(OH)_2$ oder H_2MEHP in Toluol verläuft nach der Reaktion

$$M^{p+} + (H_2Y)_x \rightleftharpoons M(H_{2x-p}Y_x) + pH^+ \quad (11)$$

wobei H_2MEHP wahrscheinlich polymer in der organischen Phase vorliegt (*437*). Nach einer späteren Arbeit in n-Decylalkohol werden Americium- und Europiumchlorid als $M(HY)_3$ in der organischen Phase gelöst (*354*). In weiteren Veröffentlichungen wird die Extraktion von Y (III) und La (III) (*586*) sowie der Seltenen Erden aus Mineralsäuren berichtet (*34*).

Von den zweizähnigen, zweibasischen Phosphorsäuren sind bisher Di-n-oktylpyrophosphorsäure HO-(n-C_8H_{17}O(OP)O(PO)(OC_8H_{17}-n)-OH zur Extraktion von Uran (VI) (*185, 325*) sowie Di-n-oktylmethylendiphosphonat HO-(C_8H_{17}O)(OP)CH_2(PO)(OC_8H_{17})OH für die Verteilung von Uran (VI) (*182*), Niob und Tantal (*115, 117, 181*) sowie Germanium (*184*) herangezogen worden.

Der heutige Stand der Extraktion mit sauren phosphororganischen Solventien wird in einer Übersichtsarbeit von *Peppard* wiedergegeben (*431*).

4. Systeme mit Aminen als organische Phase

Smith und *Page* setzten 1948 als erste Amine mit hohem Molekulargewicht als Extraktionsreagentien ein (*510*). In der Folgezeit nahm die Anwendung dieser Solventien in der analytischen Chemie immer mehr zu (*67, 88, 382*), um schließlich auch auf technische Probleme, besonders die Extraktion von Aktinidenelementen, ausgedehnt zu werden (*28, 548*). In einer Untersuchung von *Coleman* über den Verteilungsmechanismus wurde festgestellt, daß die Aminextraktion einerseits als Anionaustausch mit Ionentransport, andererseits als Ionenassoziation, bei der eine neutrale Verbindung extrahiert wird, aufgefaßt werden kann (*86*). Danach lassen sich folgende Reaktionsmechanismen formulieren:

Säureextraktion

a) $R_3N + H^+X^- + H_2O \rightleftharpoons R_3NHOH + H^+X^- \rightleftharpoons R_3NH^+X^- + H_2O \quad (12)$

b) $R_3N + H^+X^- \rightleftharpoons R_3NH^+X^- \quad (13)$

Anionenaustausch

a) $R_3NH^+X^- + H^+Y^- \rightleftharpoons R_3NH^+Y^- + H^+X^- \quad (14)$

b) $R_3NH^+X^- + H^+Y^- \rightleftharpoons R_3N + H^+ + X^- + H^+Y^- \rightleftharpoons R_3NH^+Y^- + H^+X^- \quad (15)$

Metallextraktion

a) $m\ R_3NH^+X^- + MX^{-m}_{(m+n)} \rightleftharpoons (R_3NH)_m MX_{(m+n)} + m\ X^- \quad (16)$

b) $m\ R_3NH^+X^- + MX_n \rightleftharpoons (R_3NH)_m MX_{(m+n)} \quad (17)$

In allen Fällen sind die durch a) und b) gekennzeichneten Reaktionsformen thermodynamisch gleichwertig. Über die Extraktionsfähigkeit von Aminen läßt sich sagen, daß die Verteilungsergebnisse für Metallchloride und -nitrate in der Regel von quarternären über tertiäre und sekundäre bis zu den primären Aminen abnehmen (*89, 170*). Die Anwendungsbreite von Aminen für die Metallextraktion nach *Coleman* (*86*) ist in Abb. 2 dargestellt.

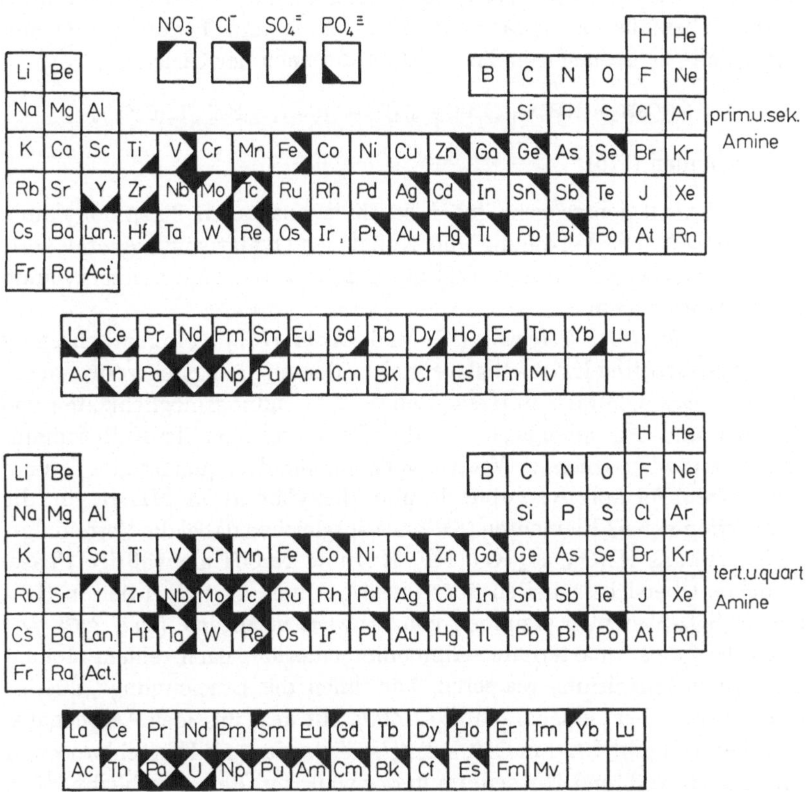

Abb. 2. Übersicht über die Extrahierbarkeit von Metallsalzen mit Aminen

Über die Extraktion von Metallchloriden (*35, 384, 600*), -nitraten (*231, 237, 289, 335, 468, 569, 576*) und -sulfaten (*102*) sind zahlreiche Arbeiten erschienen. Die Verwendung von Trilaurylamin als Solvens für die Extraktion von Eisen, Aktiniden und Lanthaniden aus salzsaurer Lösung ist in Berichten der *Euratom* (*122, 392*) beschrieben. Für den Extraktionsgrad ergab sich dabei die Reihenfolge Cf $>$ Eu $>$ Am $>$ Cm $\gg$ Sc $\gg$ Lanthaniden (*122*). Die Chloride von Wismut und Polonium (*485*) sowie Uran (*283*) wurden ebenfalls mit diesem Reagens extrahiert. Weitere Untersuchungen mit Trilaurylamin behandeln die Extraktion von Zink- (*126*) und Eisenchlorid (*319*) sowie Aktinidennitraten (*566*).

Eines der am häufigsten eingesetzten Amine ist das Tri-n-octylamin, das sich zur Extraktion von Beryllium (*387*), Ruthenium (*419*), Uran (*470*), Kobalt (*472*), Eisen (*404*), Cadmium (*386*), Palladium (*356*) und Rhodium (*137*) aus salzsaurer Lösung eignet. Uran läßt sich aus HNO_3 und H_2SO_4 verteilen (*366, 509*). Molybdän (*315, 612*) und Thorium (*572*) werden ebenfalls als Sulfate extrahiert. Niob und Tantal werden aus oxalathaltiger Lösung von Tri-n-oktylamin nach der Gleichung

$$3\,[(C_8H_{17})_3NH]^+ + [Ta(C_2O_4)_4]^{3-} \rightarrow [(C_8H_{17})_3NH]_3Ta(C_2O_4)_4$$

aufgenommen (*116*).

Als Extraktionsreagens für Eisenthiocyanat wird Tri-n-nonylamin erwähnt (*74*). Die Verteilung von Kobalt als Oxalat sowie Acetat (*451*) und Quecksilber als Formiat (*71*) mit Tributyl- bzw. Methyldioctylamin ist noch zu nennen.

Shevchuk (*491*), *Coleman* (*87*) und *Green* (*187*) veröffentlichten in Übersichtsarbeiten Extraktionsvergleiche der am häufigsten verwendeten Amine. *Leuze* u. Mitarb. untersuchten die Anwendungsmöglichkeiten von Aminen und Phosphonaten für die Trennung von Transplutoniumelementen (*329*). *Maeck* u. Mitarb. verwendeten drei quarternäre Ammoniumsalze (Tetrapropyl-, -butyl- und -hexylamin) in MIBK für die Extraktion von 57 Elementen (*338*). Sie vergleichen dabei die Verteilungsergebnisse aus HNO_3, H_2SO_4, HF, HCl und NaOH als wäßrige Phase. Ähnliche Übersichtsarbeiten über tertiäre Amine als Solventien in HCl- und H_2SO_4-Systemen stammen von *Ishimori* u. Mitarb. (*254, 260*). Die Tatsache, daß quarternäre Ammoniumchloride nach einem Ionenaustauschmechanismus reagieren, hat ihnen die Bezeichnung „flüssige Ionenaustauscher" eingebracht (*314, 600*). Mit dem flüssigen Anionenaustauscher Amberlit LA-1 in $CHCl_3$ läßt sich Osmium als Hexachloroosmat extrahieren, während Ruthenium in der wäßrigen Phase verbleibt (*114*).

Langkettige Alkylammoniumsalze liegen, wie osmometrische und spektroskopische Messungen zeigen, in der organischen Phase assoziiert vor (*350, 477*). Der Einfluß von inerten Lösungsmitteln und Mineralsäuren auf Aminextraktionssysteme ist von *Diamond* eingehend behandelt worden (*112*).

5. Sulfonsäuren als Lewis-Basen

Sulfonsäuren wie zum Beispiel Dinonylnaphthalinsulfonsäure (HD) verhalten sich wie stark saure Kationenaustauscher (*66, 596*). Dinonylnaphthalinsulfonsäure in Heptan extrahiert aus wäßriger Perchlorsäure die Elemente Co (II), Zn (II), Mn (II), Fe (III) und In (III) nach folgendem Verteilungsmechanismus

$$M_a^{+p} + (HD)_x \rightleftharpoons M(H_{x-p}D_x) + p.H_a^+ \tag{18}$$

Ishimori u. Mitarb. verwendeten Dodecylbenzolsulfonsäure (DBSA) in Diäthyläther als Solvens und verteilten 60 Elemente als Chloride (*256, 257*). Mit dem gleichen Solvens, gelöst in einem Gemisch aus Diäthyläther und Äthylacetat, lassen sich Neptunium in vier-, fünf- und sechswertigem Zustand, Thorium (IV), Protaktinium (V) und Uran (VI) aus Mineralsäuren extrahieren (*400*).

6. Extraktion anorganischer Säuren

In einer eingehenden Untersuchung über das Verhalten von Salpeter- und Perchlorsäure bei der Verteilung mit Tri-n-octylphosphinoxid (TOPO) fand *Conocchioli*, daß $HClO_4$ aus verdünnter Lösung ($\leqslant$0,2 M) als $H_3O^+ \cdot 3\,TOPO \ldots ClO_4^-$ in die organische Phase geht (*92, 93*). Im System HNO_3—H_2O/TOPO wird dagegen bei niedriger HNO_3-Konzentration ($\leqslant$0,3 M) die Verbindung TOPO · HNO_3 extrahiert. Benutzt man dagegen TOPO mit Nitrobenzol als Verdünnungsmittel, so werden in beiden Systemen Verbindungen vom Typ

$$H_3O^+ \cdot 3\,TOPO \cdot y\,H_2O + X^- \quad (y = 0\text{–}3)$$

verteilt. Bei einem systematischen Extraktionsvergleich von $HClO_4$, HBr und HCl mit Tributylphosphat stellten *Tuck* und *Diamond* fest, daß nach der Extraktion Mineralsäure und Wasser im Verhältnis 1:4 in der organischen Phase vorliegen (*558*). Es wurde die Spezies TBP · $(H_9O_4)^+Cl^-$ aus salzsaurer Lösung (<7 M) extrahiert. Das bedeutet, daß das Hydroniumion in erster Sphäre von drei Molekeln Wasser umgeben ist, an die sich die Solvensmoleküle anlagern. Ganz allgemein gibt es drei Möglichkeiten der Säureextraktion, je nachdem ob das Solvens, Wasser oder aber das Säureanion die stärkste Base im System ist. Im ersten Fall reagiert das Solvens direkt mit dem Proton und bildet ein Salz wie bei einer normalen Neutralisationsreaktion. Als Beispiel sei die Extraktion von Säuren mit Aminen genannt, bei der sich ein Ammoniumsalz bildet. Im zweiten Fall wird das Proton durch Wasser hydratisiert und als Hydroniumkomplex extrahiert, z.B. $H_3O^+ \cdot 3\,TOPO \cdot y\,H_2O + X^-$. Ist das Solvens im Vergleich zum Wasser eine schwache Base, so umgibt sich das Hydroniumion mit einer Schale von Wassermolekülen, an die sich dann die Solvensmoleküle anlagern, wie es bei der Extraktion verdünnter $HClO_4$ mit TBP der Fall ist (*26, 597*). Bei diesen beiden Verteilungsmechanismen scheint das Anion nicht solvatisiert zu sein. Ist jedoch das Säureanion die stärkste Base im System, so bildet es mit dem Proton ein Säuremolekül, welches extrahiert wird. Hierbei bildet sich eine Wasserstoffbrücke zwischen Säureanion und dem Donatoratom des Solvens aus. Nach diesem Mechanismus reagiert HNO_3 mit TBP zu einer Verbindung der Formel $TBP \cdot HNO_3$, die durch zahlreiche Arbeiten bestätigt wurde (*10, 91, 202, 421, 557*). Die Hydratation des Protons ist in allen erwähnten Systemen natürlich auch eine Funktion der Wasserkonzentration. Von der großen Anzahl von Untersuchungen über die Extraktion von Mineralsäuren sollen nur einige Arbeiten zitiert werden.

In einer vergleichenden Untersuchung fand *Oshima* mit Tributylphosphat als Solvens für verschiedene Säuren die Extraktionsfolge

$$H_2C_2O_4 \sim CH_3COOH > HClO_4 > HNO_3 > H_3PO_4 > HCl > H_2SO_4 \quad (427).$$

In einer ähnlichen Arbeit extrahierte *Sato* HNO_3, $HClO_4$, HCl, H_2SO_4 und H_3PO_4 zwischen wäßriger Phase und Tri-n-oktylamin in Benzol (*469*). An anderer Stelle werden die Reaktion von Salzsäure mit Di-isononylamin (*585*), die Umsetzung von Schwefelsäure mit Tri-n-oktylamin (*599*) sowie die Extraktion von HBr und HNO_3 mit Trilaurylamin beschrieben (*183, 227*).

Die Verteilung von HNO_3 zwischen wäßriger Phase und Tributylphosphat (*2, 493*), Alkylphosphinsäuren (*412*), Phosphinoxiden (*177*) und Bis(di-n-hexylphosphinyl)-alkanen

$$[(C_6H_{13})_2\overset{\overset{\displaystyle O}{\|}}{P}(CH_2)_n\overset{\overset{\displaystyle O}{\|}}{P}(C_6H_{13})_2]$$

wurde am häufigsten untersucht (*176, 391*). Über das System $HCl{-}H_2O/TBP$ berichten mehrere Autoren und bestätigen die extrahierte Verbindung $TBP \cdot HCl$ (*241, 292, 415*). *Fomin* (*158*) und *Korovin* (*310*) analysierten das System $HClO_4{-}H_2O/TBP$, während *Kertes* eine Studie über die Extraktion von HBr mit TBP veröffentlichte (*295*). Rhodanwasserstoffsäure wird von Phosphor- und Phosphonsäureestern als $HSCN \cdot TBP \cdot n\,H_2O$ aufgenommen, wobei n mit steigender Säurekonzentration abnimmt bis zum Wert Null (*316, 317, 506*).

Wasserstoffperoxid läßt sich nach *Tuck* als $TBP \cdot H_2O_2$ extrahieren (*556*). In allen neutralen oder schwach sauren Verteilungssystemen treten Wassermoleküle als Lewissäure an den Phosphorylsauerstoff im Tributylphosphat, und es bildet sich der Komplex $TBP \cdot H_2O$ (*511, 570*).

Bei allen Untersuchungen wurde der Säuregehalt der organischen Phase durch Titration mit NaOH, der Wassergehalt durch Karl-Fischer-Titration bestimmt. Weniger häufig versuchte man die Komplexaufklärung durch kernmagnetische Resonanz (*394*) oder Spektralphotometrie (*90*).

7. Extraktion von Anionen

Tetraphenylarsoniumchlorid bildet mit einer Anzahl komplexer Anionen wie z.B. ReO_4^-, MnO_4^-, $HgCl_4^{2-}$ und $SnCl_6^{2-}$ unlösliche Verbindungen, die zur gravimetrischen und volumetrischen Bestimmung dieser Elemente dienen (*590*). Ein Teil dieser Verbindungen läßt sich mit Chloroform extrahieren. Auf diese Weise gelang die Trennung von Rhenium und Molybdän, da Re (VII) quantitativ im pH-Bereich 8–9 als $(C_6H_5)_4$ $AsReO_4$ in $CHCl_3$ aufgenommen wird (*38, 550*). Mangan (VII) läßt sich ebenso extrahieren (*553*). Die Verteilung anionischer Thiocyanatkomplexe von Fe (III), Co (II), Mo (V) und Cu (II) zwischen wäßriger Tetraphenylarsoniumchlorid-Lösung und o-Dichlorbenzol wird mehrfach beschrieben (*123, 136*). Der entsprechende Goldkomplex ist in Dichloräthan löslich (*11*). Wolfram (*4, 393*) kann man als Thiocyanat, Indium (*492*) als Chloroindat mit $(C_6H_5)_4$ AsCl und $CHCl_3$ ausschütteln.

Bock und *Beilstein* überführten J^-, SCN^-, ClO_3^-, ClO_4^-, MnO_4^-, ReO_4^- und NO_3^- als Tetraphenylarsonium-Verbindungen in eine Benzolphase (*55*). Neben $(C_6H_5)_4$ AsCl sind auch andere komplexe Kationen des Typs R_4Me^+ zur extraktiven Trennung von Anionen eingesetzt worden. *Ziegler* und *Glemser* setzten das Tetraphenylphosphoniumkation mit Phosphat, Arsenat, Vanadat und Polyvanadat um und verwendeten als organisches Solvens Chloroform (*624*). Rhenium läßt sich als ReO_4^- mit $(C_6H_5)_4P^+$ und $(C_6H_5)_3$ $(C_6H_5CH_2)P^+$ in Chloroform lösen (*551, 552*). *Bock* u. Mitarb. fanden, daß J^-, SCN^-, ClO_4^-, MnO_4^-, ReO_4^- und CrO_4^{2-} ebenfalls gut als Tetraphenylphosphoniumsalze von $CHCl_3$ aufgenommen werden (*60*). In weiteren Arbeiten untersuchte der gleiche Autorenkreis die Verteilungs- und Trennmöglichkeiten für mehr als zwanzig organische und anorganische Anionen als Triphenylzinn- (*62*) und Triphenylsulfonium-Komplexe (*59*) mit Chloroform als organischem Solvens.

Eisenthiocyanat (*321*) bildet mit Diphenylguanidiniumchlorid, Molybdänrhodanid mit dem gleichen Reagens sowie mit Triphenylsulfoniumbromid (*75, 307*) extrahierbare Verbindungen.

Mikrogrammgehalte an Bor lassen sich als $(C_6H_5)_4$ $\overset{+}{As}BF_4^-$ (*96*) mit $CHCl_3$ sowie mit Tetrabutylammoniumchlorid (*339*) und MIBK extrahieren. Die Extraktion von Chrom (VI) ist häufig in der Literatur erwähnt; und zwar wird mit Triphenylsulfonium (*59*), Tetraphenylphosphonium (*60*), Triphenylselenonium (*631*) und Di-antipyrylmethan (*618*) als Kationen $Cr_2O_7^{2-}$, mit Tetrabutylammoniumkationen (*340*) $HCrO_4^-$ und $HCr_2O_7^-$, mit Triphenylzinnkationen $HCrO_4^-$ und mit Di-π-cyclopentadienyltitan-Kationen (*601*) CrO_4^{2-} extrahiert.

Hala u. Mitarb. verwendeten Triphenyltetrazolium-, Tetraphenylarsonium- und n-Propyltriphenylphosphonium-Kationen und Chloroform, wobei Chrom (VI) als $HCrO_4^-$ in die organische Phase übergeht (*196, 197*). Die Extraktion von Übergangsmetallen als Tributylammonium-Jodid-Komplexe wird von *Ziegler* beschrieben (*619*). Blei (*622*) läßt sich ebenfalls in dieser Verbindungsform extrahieren, während Rhenium als Perrhenat in die organische Phase geht (*633*). *Ziegler* u. Mitarb. setzten weiterhin Polyäthylenglykole zur Abtrennung von Goldhalogeniden (*621, 630*) und anderen Metallkomplexen (*620, 623*) ein.

8. Lösungsmittelextraktion aus Salzschmelzen

Dieses Teilgebiet der Extraktion gründet sich auf die Beobachtung von *Gruen* u. Mitarb., daß sich Übergangsmetalle wie Co (II), Fe (III), Nd (III) und U (VI) nahezu quantitativ aus einem eutektischen Gemisch von $LiNO_3$—KNO_3 bei 150° C mit Tributylphosphat extrahieren lassen (*189*). Diese Untersuchung wurde mit Tri-n-butylphosphat in inerten Verdünnungsmitteln weitergeführt (*252*).

Bei diesen aus Salzschmelze und organischem Solvens bestehenden Systemen werden an die Systempartner genau definierte thermische Anforderungen gestellt. Da nur wenige organische Verbindungen bei höheren Temperaturen stabil sind, muß der Schmelzpunkt der verwendeten eutektischen Gemische bzw. Einzelsalze möglichst niedrig liegen. Bei *Marcus* findet man eine Zusammenstellung von ungefähr vierzig bisher verwendeten Salzschmelzen (*348*). Die Skala der Schmelzpunkte reicht dabei von 3,5° C für $AsBr_3$—$SnBr_4$ über $LiNO_3$—NH_4NO_3 (98° C) bis zu 352° C für das Gemisch KCl—LiCl.

Eutektische Gemische von Alkalinitraten haben aufgrund ihrer günstigen Schmelzpunkte bisher die weiteste Verbreitung gefunden (*46, 425*). Von den organischen Extraktionsmitteln wird verlangt, daß ihr Siedepunkt oberhalb von 150° C liegt und daß ihr Dampfdruck bei der Arbeitstemperatur gering ist. Andererseits müssen sie bei Zimmertemperatur flüssig sein, um eine günstige Abtrennung von der erstarrten Schmelze zu erreichen. Extraktionen aus Salzschmelzen wurden bisher mit inerten Solventien (*615*), Chelatbildnern (*189*), neutralen (*189*) und sauren phosphororganischen Verbindungen (*63*) sowie mit langkettigen Aminen (*63*) durchgeführt. Häufig wird ein Polyphenyleutektikum, bestehend aus einem Gemisch von Biphenyl, Orthoterphenyl und Metaterphenyl benutzt, das bei 22° C schmilzt (*252*). Mit dieser Mischung lassen sich anorganische Verbindungen aus der Salzschmelze extrahieren, die durch „inerte" Solventien wie Benzol und $CHCl_3$ auch aus wäßriger Lösung extrahierbar sind. So wurde kürzlich die Extraktion von Zink- und Quecksilberhalogeniden aus einem $LiNO_3-KNO_3$-Eutektikum bei 150° C berichtet (*614, 615*). *Gruen* u. Mitarb. verwendeten Tributylphosphat und Kalium-Lithiumnitratschmelzen (*189*), während *Hertzog* aus Lithium-Natriumschmelzen extrahierte (*219*). Kobalt wird in diesen Systemen nach dem Mechanismus

$$Co^{2+} + 2\,NO_3^- + 2\,TBP \rightleftharpoons Co(NO_3)_2 \cdot 2\,TBP$$

in die organische Phase überführt.

Taube u. Mitarb. verwendeten ein Gemisch von Tributylphosphat und Biphenyl als organische Phase und extrahierten Kupfer und Natrium aus einem Kupfer(I)-Natriumchlorid-Eutektikum (*373, 547*). Die theoretische Behandlung der erhaltenen Verteilungsdaten ist bei der Extraktion aus Salzschmelzen leichter als bei Verwendung wäßriger Phasen, wo die Hydratation der Ionen die Verhältnisse kompliziert. Die praktische Bedeutung dieser Systeme liegt auf dem Gebiet der Reaktortechnik, da häufig Kernbrennstoffe wie Uran in einer metallischen Wismutschmelze eingesetzt werden (*348*).

III. Quantitative Beschreibung von Verteilungsvorgängen

1. Die Verteilungsreaktion

Bei allen betrachteten Extraktionssystemen beruht der Verteilungsvorgang auf einer Verdrängung von Wassermolekülen aus der Koordinationssphäre des Metallions. Dabei werden entweder neutrale Moleküle wie z.B. $GeCl_4$ oder Metallchelate von inerten Lösungsmitteln ($CHCl_3$, CCl_4) aufgenommen, oder aber ein aktives Solvens mit Lewis-Base-Charakter assoziiert mit dem Metallion, der gebildete Komplex wird hydrophob und geht in die organische Phase.

Die quantitative Erfassung des Verteilungsvorganges bei Metallhalogeniden oder Halogenometallaten bietet einige Schwierigkeiten. Da es sich hierbei um zusammengesetzte Lösungen starker Elektrolyte handelt, sind die Aktivitäten bzw. Aktivitätskoeffizienten der Komponenten von großem Einfluß, der jedoch bisher nur in wenigen Fällen genau erfaßbar ist.

Das Massenwirkungsgesetz kann daher nur zu bedingt gültigen Gleichgewichtskonstanten führen.

Daneben besteht aufgrund der großen Anzahl von Einzelgleichgewichten in der wäßrigen Phase, sowie infolge der Tatsache, daß das organische Solvens selbst als Reaktionsteilnehmer auftritt, ein komplizierter Zusammenhang zwischen den verschiedenen Extraktionsparametern. Es läßt sich praktisch nur das Gesamtreaktionsgleichgewicht beobachten, so daß gewöhnlich nur Aussagen über den unter den Versuchsbedingungen jeweils ausschließlich oder hauptsächlich extrahierten Komplex gemacht werden.

Zu Beginn der Extraktion liegen in der wäßrigen Phase ein Metallsalz MB_n und ein Alkalihalogenid AL vor, die gewöhnlich vollständig in hydratisierte Ionen dissoziiert sind. Das Anion B^- und das Kation A^+ sollen praktisch nicht extrahierbar sein. Das organische Solvens S, das als Donatoratom koordinationsfähigen Sauerstoff enthält, wird gewöhnlich mit einem Inertlösungsmittel, z.B. Isooktan verdünnt. Da die Anlagerung von L^- an die Schwermetallkationen M^{m+} in der wäßrigen Phase stufenweise erfolgt, entstehen aufeinanderfolgend kationische, neutrale und anionische Halogenidkomplexe ($n \lesseqgtr m$), so daß eine ganze Anzahl von Einzelgleichgewichten berücksichtigt werden muß. Nach *Babko* sind in wäßrigen Eisenrhodanidlösungen die Verbindungen $Fe(SCN)_n^{+3-n}$ mit $n = 1$–5 enthalten (*21*). Für die in der wäßrigen Phase möglichen Komplexbildungsreaktionen lautet die Bruttogleichung

$$M^{m+} + nL^- \rightleftharpoons [ML_n]^{m-n} \tag{19}$$

Gewöhnlich wird aufgrund seiner Elektroneutralität der ungeladene Komplex $[ML_n]^{m-n}$ ($m = n$) extrahiert. Die Tatsache, daß auch geladene Halogenokomplexe [$(BiJ_4)^-$, $(FeCl_4)^-$], namentlich bei hoher Halogenidkonzentration und schwacher Lewis-Base als Solvens, als neutrale Gebilde extrahiert werden, beruht auf der Assoziation von Alkalikationen bzw. Protonen (*48*, *163*, *248*). Derartige „Ionenpaare“ $(A^+)_z\,[ML_n]^{z-}$ sind in organischen Lösungsmitteln infolge der niedrigen Dielektrizitätskonstante des Mediums nur sehr wenig dissoziiert. Das Verteilungsschema für einen solchen Komplex läßt sich wie folgt schreiben:

$$zA^+ + M^{m+} + nL^- \rightleftharpoons zA^+ + [ML_n]^{m-n} \tag{20}$$

$$A_z\,[ML_n]^{m+z-n} + rS \rightleftharpoons (A_z\,[ML_n]^{m+z-n} \cdot rS)_o \tag{21}$$

$$(A_z\,[ML_n]^{m+z-n} \cdot rS)_o \rightleftharpoons A_z\,[ML_n]^{m+z-n} + rS \tag{22}$$

Gl. (20) umfaßt die in der wäßrigen Phase ablaufenden Gleichgewichte, Gl. (22) mögliche Dissoziations- oder Assoziationsgleichgewichte in der organischen Phase. Für die eigentliche Verteilungsreaktion Gl. (21) gilt die Bildungskonstante der extrahierten Verbindung

$$K_v = \frac{[A_z\,(ML)_n^{m+z-n} \cdot S_r]_o}{[A_z\,(ML)_n^{m+z-n}]_w\,[S]_o^r} \tag{23}$$

Faßt man die Einzelschritte des vorstehenden Schemas vereinfacht zusammen, so erhält man für die Verteilung einer Verbindung als Bruttoreaktion:

$$z\,(A^+)_w + (M^{m+})_w + n\,(L^-)_w + r\,(S)_o \rightleftharpoons \{(A^+)_z\,[ML_n]^{z-} \cdot S_r\}_o$$

Für die Gleichgewichtskonstante folgt:

$$K_D = \frac{[A_zML_nS_r]_o}{[A]_w^z\,[M]_w\,[L]_w^n\,[S]_o^r} \tag{24}$$

oder für die Extraktion von Eisenrhodanid mit TBP als Beispiel

$$K_D = \frac{[Fe(SCN)_3(TBP)_3]_o}{[Fe^{3+}]_w\,[SCN]_w^3\,[TBP]_o^3} \tag{25}$$

Unter der Annahme, daß in der organischen Phase bevorzugt nur ein Komplex ML_m extrahiert wird, folgt:

$$D = \frac{[ML_m]_o}{\sum\limits_{n=0}^{n} [(ML_n)^{m-n}]_w} \tag{26}$$

Geht man weiter davon aus, daß in verdünnten Lösungen in der wäßrigen Phase praktisch nur hydratisierte Metallionen M^{m+} vorliegen, so ergibt sich für den Verteilungskoeffizienten

$$D = \frac{[ML_m]_o}{[M^{m+}]_w} \tag{27}$$

und für die heterogene Gleichgewichtskonstante:

$$K_D = \frac{D}{[A^+]_w^z\,[L^-]_w^n\,[S]_o^r} \tag{28}$$

Diese Gleichung ist wichtig für die Anwendung einiger Methoden zur Bestimmung der Ligandenzahlen n und r extrahierter Komplexe. Zum anderen kann man bei Kenntnis des K_D-Wertes einer extrahierten Verbindung, der nach der logarithmischen oder Geraden-Methode bestimmt wird, nach Gl. (27) berechnen, welche Ligandenkonzentration in der organischen Phase vorhanden sein muß, um einen bestimmten Extraktionsgrad des Elementes zu erreichen:

$$[L^-]_w = \sqrt[n]{\frac{D}{K_D \cdot [S]_o^r}} \tag{29}$$

Nach Untersuchungen von *Specker* u. Mitarb. muß in diese Gleichung ein additives Glied eingeführt werden, das die stöchiometrische Zusammensetzung der extrahierten Verbindung und die vorgegebene Konzentration des Kations berücksichtigt (*532*). Man erhält

$$[L^-]_w = \sqrt[n]{\frac{D}{K_D\,[S]_o^r}} + n \cdot E \cdot (M)_{ges} \tag{30}$$

wobei E der geforderte Extraktionsgrad und (M) die gesamte vorgegebene Metallkonzentration bedeuten.

Die Gl. (30) wurde mit Erfolg auf die Extraktion von Spurenelementen neben großen Eisengehalten angewendet (*529*). Wie Gl. (28) zeigt, ist zur Berechnung der Verteilungskonstanten die Kenntnis der extrahierten Verbindung unerläßlich. Die Methoden, mit denen sich die Ligandenzahlen n und r und damit die Zusammensetzung des Komplexes ermitteln lassen, sollen im folgenden kurz erläutert werden.

2. Aufklärung der Zusammensetzung extrahierter Verbindungen

Die beschriebenen Methoden wurden häufig zunächst zur Ermittlung der Komplexzusammensetzung in einphasigen Systemen entwickelt und nachträglich auf Zweiphasensysteme übertragen (*208*). Als Meßgröße für die Konzentration des extrahierten Komplexes dient sehr oft der photometrisch bestimmte Extinktionswert, wobei die Gültigkeit des Lambert–Beerschen Gesetzes vorauszusetzen ist. Der systematische Einsatz dieser Methoden zur Klärung einer Komplexstruktur soll im folgenden gezeigt werden.

Analyse der organischen Phase: Die Analyse der organischen Phase liefert das Konzentrationsverhältnis $C_L : C_M$ von Liganden- zu Metallionen. Dieses Verhältnis ist gleich der gesuchten Ligandenzahl, wenn L (und auch M) nicht merklich blind extrahiert wird. Häufig ist die Blindextraktion des Liganden nicht ganz zu vermeiden, insbesondere bei der Extraktion aus sauren halogenid- oder rhodanidhaltigen Lösungen. Mit Hilfe einer Korrekturrechnung kann der Einfluß der Blindextraktion auf die Ergebnisse beseitigt werden (*266*).

Vergleich von Absorptionsspektren: Die im sichtbaren und im UV-Bereich gemessenen Absorptionsspektren der organischen Phasen in Verteilungssystemen werden mit den entsprechenden Spektren gelöster Metallhalogenide bzw. den Spektren entsprechender einphasiger Gleichgewichtsmischungen verglichen. Abb. 3 zeigt die Absorptionsspektren von Kobaltrhodaniden in Tributylphosphat (*531*). Danach tritt $Co(NCS)_2$ (Kurve 1, $\varepsilon_{max} \approx 250$) nur in verdünnten Lösungen und $(NH_4)_2[Co(NCS)_4]$ (Kurve 3) nur bei hohen Rhodanidüberschüssen auf.

Die konduktometrische Extraktion: Mit dieser Methode gelingt es, die anorganische Ligandenzahl *n* zu bestimmen, indem man bei variabler Anionenkonzentration und konstanter Metallkonzentration in der wäßrigen Phase die Leitfähigkeit des organischen Extrakts bestimmt. Werden z. B. elektrisch neutrale Moleküle extrahiert, so erfolgt nach Überschreiten des Äquivalenzpunktes eine Leitfähigkeitszunahme infolge der Blindextraktion der Halogenidkomponente. Ein Anwendungsbeispiel dieser

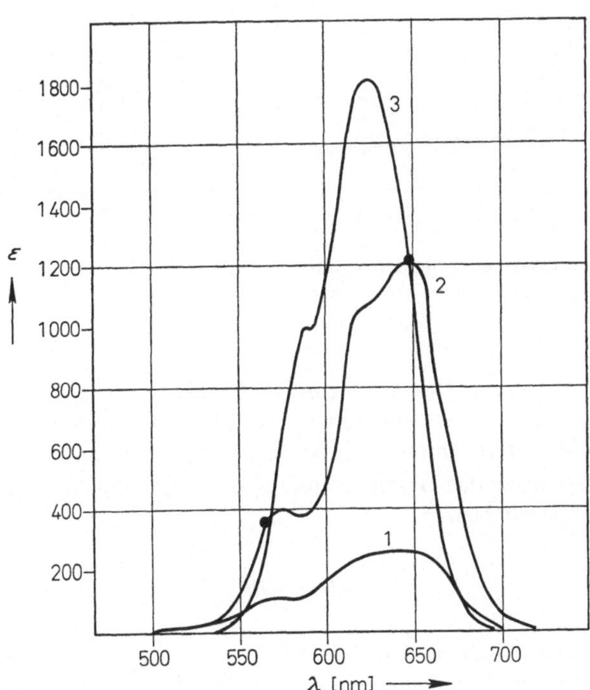

Abb. 3. Absorptionsspektren von Kobalt-thiocyanaten in Tri-n-butylphosphat.
Kurve 1: Spektrum von $Co(NCS)_2$
Kurve 2: Spektrum von $NH_4[Co(NCS)_3]$
Kurve 3: Spektrum von $(NH_4)_2[Co(NCS)_4]$
● Isosbestische Punkte

Methode ist in Abb. 4 dargestellt, wo die Leitfähigkeitsänderung der organischen Phase bei der Extraktion von Quecksilberjodid mit Cyclohexanon gegen die zutitrierte Jodidmenge aufgetragen ist (*524*).

Methode der kontinuierlichen Variation: Das klassische Verfahren zur Ermittlung der Zusammensetzung eines Komplexes ML_n in Lösung ist die auf dem Prinzip der „kontinuierlichen Variation" beruhende

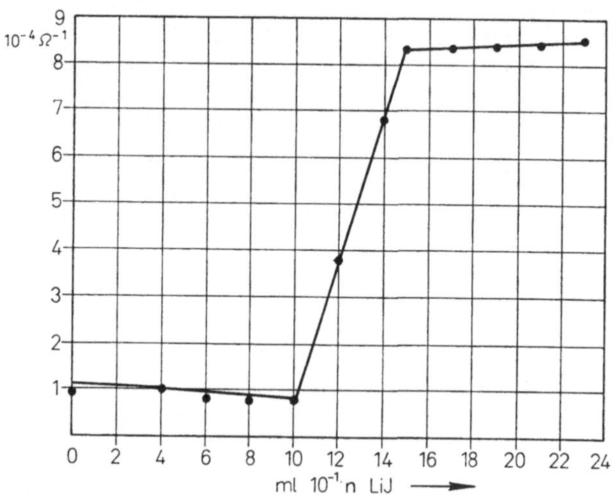

Abb. 4. Leitfähigkeitsänderung der organischen Phase bei der Extraktionstitration von Quecksilber(II)jodid mit Cyclohexanon

Methode nach *Ostromisslenski* und *Job* (*276, 277, 428*). Hierbei werden äquimolare Lösungen der beiden komplexbildenden Komponenten, etwa ein Kation M mit n Anionen L, so vermischt, daß unabhängig vom Mischungsverhältnis das Gesamtvolumen, d.h. auch die Gesamtkonzentration C, konstant bleibt:

$$C_M + C_L = C_{ges} \tag{31}$$

Die Gleichgewichtskonzentration an ML_n ist dann am größten, wenn M und L in einem Verhältnis zusammengebracht werden, welches der Zusammensetzung der Komplexverbindung entspricht. Dieses Verfahren wurde von *Vosburgh* und *Cooper* zur spektral-photometrischen Untersuchung farbiger Komplexverbindungen herangezogen, wobei man als Meßgröße für C_{ML} die Extinktion bei geeigneter Wellenlänge benutzt (*578*). Man trägt also die Extinktionswerte als Funktion des Molenbruchs der Komponente auf und erhält eine dreiecksförmige Kurve mit einem Maximum bei dem der Gleichung

$$\frac{C_L}{C_M} = \frac{x}{1-x} = n \tag{32}$$

genügenden Abzissenwert x.

Der Anwendungsbereich dieser Methode wurde von mehreren Autoren kritisch untersucht (*18, 279, 603*).

Pilipenko (*448*) sowie *Umland* (*561*) übertrugen die Job-Methode auf Zweiphasensysteme, nämlich die Bestimmung extrahierter Chelate, während *Specker* u. Mitarb. Ionenassoziationskomplexe untersuchten (*273, 524*).

Die theoretische Ableitung für Zweiphasensysteme erfolgte durch *Irving* und *Pierce* (*249*). Das Verfahren liefert gute Werte, wenn ein hoher Verteilungskoeffizient erreicht und nur eine Verbindung extrahiert wird.

Variiert man bei konstantem Rhodanidüberschuß die Eisenkonzentration in der wäßrigen und die Tributylphosphatkonzentration in der organischen Phase, so erhält man ein Diagramm, das auf ein Verhältnis von Fe : TBP = 1 : 3 und damit auf den Komplex $Fe(NCS)_3 \cdot 3\,TBP$ hinweist. Dieses Ergebnis wird durch die Variationsreihe SCN : TBP = 1 : 1 noch gestützt.

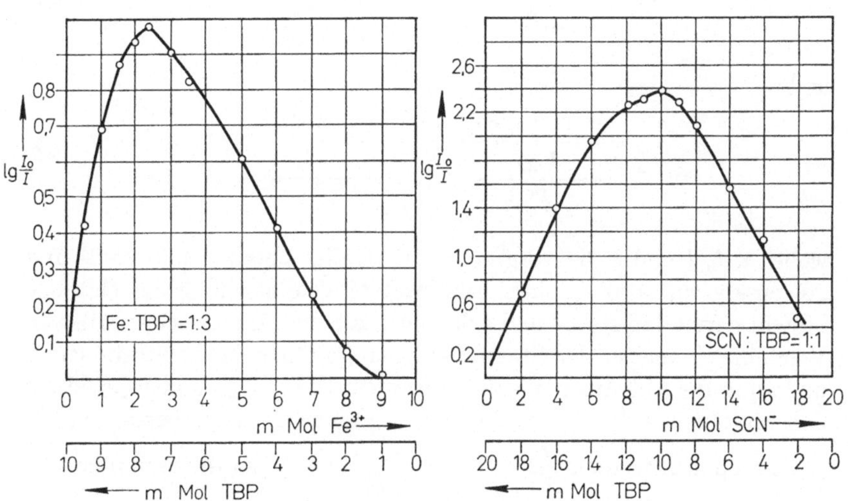

Abb. 5. Eisen und Tri-n-butylphosphat in kontinuierlicher Variation. Thiocyanat und Tri-n-butylphosphat in kontinuierlicher Variation

Die Geradenmethode zur Bestimmung der Ligandenzahlen n und r: Die Bestimmung der anorganischen Ligandenzahl n in stärker dissoziierten Komplexen ist nach *Asmus* in Einphasensystemen nach der sog. Geradenmethode möglich (*17*). Das Verfahren ist auch als Methode von *Edmonds* und *Birnbaum* in der Literatur bekannt (*134*). Diese Methode wurde von *Specker* und *Werding* erstmalig auf zweiphasige Systeme übertragen, und zwar auf die Extraktion von $UO_2(NO_3)_2$, $Fe(SCN)_3$ und von Kobaltrhodaniden mit Tributylphosphat als Solvens (*532, 591*). Die Geradenmethode ist anwendbar unter der Voraussetzung, daß bei den gewählten Versuchsbedingungen nur ein einziger Komplex extrahiert wird, der wenig dissoziiert ist. Die Arbeitsweise ist so, daß zur Bestimmung der Halogenidligandenzahl n die Konzentration des Halogenids variiert wird unter Konstanthaltung der Konzentrationen aller anderen Komponenten. Entsprechend wird zur Ermittlung der Solvensligandenzahl nur die Solvenskonzentration variiert. Die Gleichgewichtskonzentration des gebildeten Komplexes erkennt man am einfachsten, indem man bei einer charakteristischen Wellenlänge die Extinktion E als Proportionalgröße mißt. Bei der Untersuchung farbiger Komplexe kann bei Gültigkeit des Lambert–Beerschen Gesetzes statt der Komplexkonzentration die Extinktion E bzw. der Extinktionsmodul $m = \frac{E}{d} = \varepsilon \cdot c$ direkt in die mathematische Ableitung eingesetzt werden (*532*). Danach gelangt man zu den Endgleichungen

$$\frac{1}{V_l^n} = \underbrace{\frac{a^z\, b\, s^r\, K_D\, l_0^n}{V_w^n}}_{P'} \cdot \frac{\varepsilon}{E} - \underbrace{\frac{a^z \cdot l_0^n\, s^r \cdot K_D \cdot V_{\mathrm{org}}}{V_w^{n+l}}}_{Q'} \qquad (33)$$

und

$$\frac{1}{V_s^r} = \underbrace{\frac{a^z \cdot b \cdot l^n\, s_0^r\, K_D}{V_{\mathrm{org}}^r}}_{P''} \cdot \frac{\varepsilon}{E} - \underbrace{\frac{a^z\, l^n\, s_0^r\, K_D}{V_w \cdot V_{\mathrm{org}}^{r-1}}}_{Q''} \qquad (34)$$

wobei a, b, l und s die vorgegebenen Alkali-, Metall-, Halogenid- und Solvenskonzentrationen sind. Eine weitere Vereinfachung der Methode besteht darin, daß statt l und s die innerhalb der Meßbereiche variierten Volumina v_l und v_s der Stammlösungen (mit den Konzentrationen l_0 und s_0) in die Ableitung eingeführt werden. Unter V_{org} und V_w sind die Gesamtvolumina der organischen und wäßrigen Phase zu verstehen.

Gewöhnlich werden $\frac{1}{V_l^n} \cdot 10^n$ oder $\frac{1}{V_s^r} \cdot 10^r$ gegen die reziproke Extinktion $\frac{1}{E}$ bzw. $\frac{1}{m}$ für verschiedene ganzzahlige Exponenten n und r aufgetragen. Dabei erhält man eine Schar parabolisch gekrümmter, sich beim Ordinatenwert 1 ($v = 10\ ml$) schneidender Kurven. Eine Gerade resultiert dann, wenn der Exponent n bzw. r mit dem gesuchten Koeffizienten des Komplexes übereinstimmt.

Bei der Extraktion von Eisenrhodanid bestätigte die Geradenmethode die Existenz des Komplexes $Fe(NCS)_3 \cdot 3$ TBP. Abb. 6 zeigt das Diagramm zur Ermittlung der Solvensligandenzahl r.

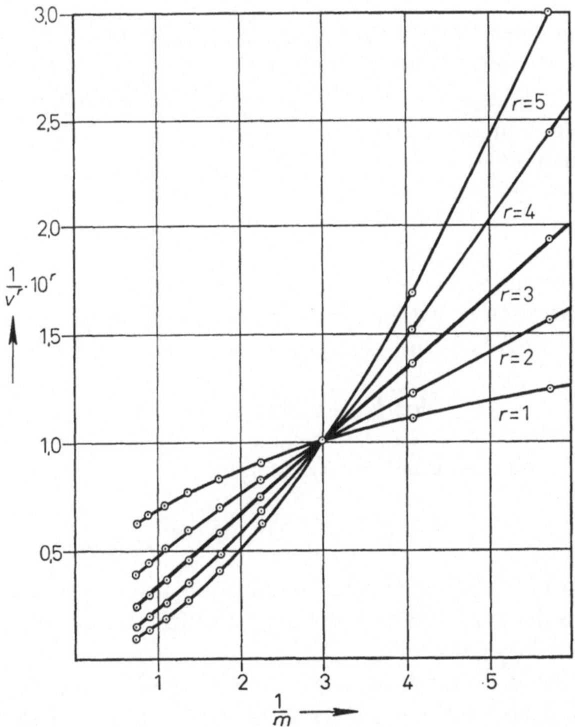

Abb. 6. Bestimmung der Solvensligandenzahl r nach der Geradenmethode im Zweiphasensystem $Fe(NO_3)_3$—$NH_4(NCS)$—H_2O/Tri-n-butylphosphat-Isooktan

Untersuchungen nach der logarithmischen Methode: Diese Methode wurde zuerst von *Bent* und *French* auf die Untersuchung von Eisen(III)-rhodaniden im wäßrigen Medium angewandt (*41*). *Huffmann* und *Beaufait* übertrugen dieses Untersuchungsverfahren als erste auf Zweiphasensysteme (*235*). Von *Umland* und *Meckenstock* wurde die logarithmische Methode zur Bestimmung der Ligandenzahl bei Metalloxinaten für Zweiphasensysteme modifiziert (*563, 564*). *McKay* ermittelte bei der Extraktion von Aktiniden- und Lanthanidennitraten nach dieser Methode die Zahl der gebundenen Tributylphosphatmoleküle (*221, 361*). In einer mathematisch etwas abgewandelten Form wendet *Irving* das Verfahren auf Extraktionssysteme zur Bestimmung von Halogenid- und Solvensligandenzahlen an (*241*).

Die Methode beruht auf folgenden mathematischen Überlegungen: Geht man von Gl. (28) auf Seite 35 aus, so ergibt sich nach Umformung und Logarithmierung

$$\log D = \log K_D + n \log [L^-]_w + r \log [S]_o \tag{35}$$

Wählt man die Versuchsbedingungen so, daß nur wenig der Komponenten L und S zum Reaktionsablauf benötigt wird, so kann man ihre Gleichgewichtskonzentrationen $[L^-]_w$ und $[S]_o$ mit guter Näherung durch die Gesamtkonzentration ersetzen.

Man erhält somit

$$\log D = \log K_D + n \log (c_L)_w + r \log (c_S)_o \tag{36}$$

Zur Bestimmung der anorganischen Ligandenzahl n wird die Halogenidkonzentration c_L variiert, während die Konzentrationen aller anderen Komponenten konstant gehalten werden. Die Summe

$$\log K_D + r \log (c_S)_o = A \tag{37}$$

ist konstant, und man erhält die Gleichung

$$\log D = A + n \log c_L \tag{38}$$

n ergibt sich als Steigung einer Geraden, die resultiert, wenn man den Logarithmus des gemessenen Verteilungskoeffizienten für das Metall als Funktion von $\log c_L$ darstellt.

Entsprechend ermittelt man die Solvensligandenzahl r durch eine Meßreihe, bei der nur die Solvenskonzentration c_S in einem inerten Lösungsmittel fortlaufend geändert wird.

Aus dem Ordinatenabschnitt A der graphischen Auftragung erhält man Werte für die Gleichgewichtskonstante K_D.

Diese Ableitung gilt streng nur für den Fall, daß man in ideal verdünnten Lösungen arbeitet. Die Anwendung der logarithmischen Methode ist auf Konzentrationsbereiche beschränkt, in denen die Aktivitätskoeffizienten $f = 1$ zu setzen sind. Die zulässige Konzentration an Tributylphosphat ist $<5\%$. Die erzielten Verteilungskoeffizienten sind naturgemäß klein.

Abb. 7 zeigt die Ergebnisse einer Meßreihe zur Bestimmung der Solvensligandenzahl im System Eisenrhodanid-Tributylphosphat. Die Geradensteigung hat den Wert 3, was ebenfalls die Existenz von $Fe(NCS)_3 \cdot 3\,TBP$ beweist.

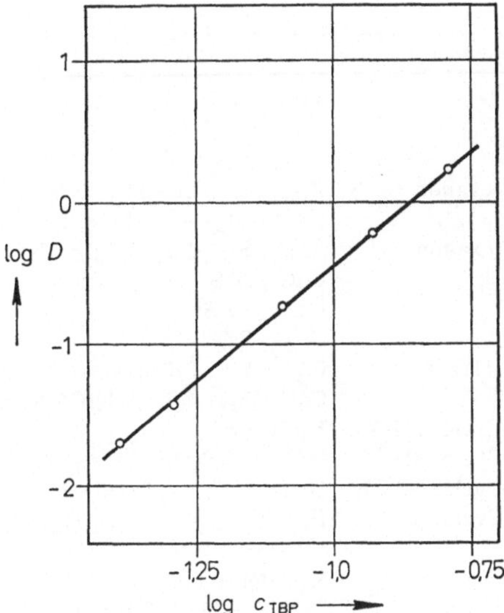

Abb. 7. Bestimmung der Solvensligandenzahl r nach der Logarithmischen Methode. Extrahierte Spezies $Fe(NCS)_3 \cdot 3$ TBP

Zusammenfassung: Zur Aufklärung von extrahierten Verbindungen ist es häufig zweckmäßig, mehrere Verfahren zur Bestimmung der Ligandenzahlen n und r anzuwenden, um sichere Aussagen machen zu können. Außer den im Vorhergehenden besprochenen sollen als weitere Verfahren noch die Molar-Ratio- (*609*) und die Slope-Ratio-Methode (*208*) genannt sein. Kürzlich veröffentlichten *Holme* und *Langmyhr* eine modifizierte und eine neue Geradenmethode zur Aufklärung schwacher Komplexe (*229*). In der Monographie von *Schläfer* sind die Methoden zur Komplexaufklärung für Einphasensysteme, die im allgemeinen auf zwei Phasen übertragen werden können, umfassend dargestellt (*475*). — In Tabelle 1 sind einige nach diesen Methoden bestimmten Formeln für Ionen-Assoziations-Komplexe zusammengefaßt.

Im Fall der als Beispiel gewählten Extraktion von Eisenrhodanid mit Tributylphosphat ergab die Kombination der verschiedenen Methoden, daß unabhängig von den Konzentrationsverhältnissen die Spezies $Fe(NCS)_3 \cdot 3$ TBP extrahiert wird.

3. Berechnung von Verteilungskonstanten

In der mathematischen Ableitung der logarithmischen Methode zur Bestimmung von Ligandenzahlen gelangt man zu dem Ausdruck:

$$\log D = A + n \log c_L \tag{38}$$

Tabelle 1

Metall	Solvens	Komplex	Literatur
Zn (II)	TBP	$ZnCl_2 \cdot 2\,S$	(*514*)
	TBP	$ZnBr_2 \cdot 2\,S$	(*514*)
	TBP	$ZnJ_2 \cdot 2\,S$	(*514*)
	Cyclohexanon	$ZnJ_2 \cdot 2\,S$, $Li[ZnJ_3] \cdot 3\,S$	(*514*)
	TBP	$Zn(NCS)_2 \cdot 4\,S$; $NH_4[Zn(NCS)_3] \cdot 3\,S$	(*514*)
	Cyclohexanon	$Zn(NCS)_2 \cdot 4\,S$; $NH_4[Zn(NCS)_3] \cdot 3\,S$	(*514*)
Cd (II)	TBP	$CdCl_2 \cdot 2\,S$	(*514*)
	TBP	$CdBr_2 \cdot 2\,S$	(*514*)
	TBP	$CdJ_2 \cdot 2\,S$	(*514*)
	Cyclo, MIBK	$CdJ_2 \cdot 2\,S$; $Li[CdJ_3] \cdot 3\,S$	(*514*)
	TBP	$Cd(NCS)_2 \cdot 4\,S$; $NH_4[Cd(NCS)_3] \cdot 3\,S$	(*514*)
Hg (II)	TBP; Cyclo; MIBK	$HgCl_2 \cdot 2\,S$	(*514*)
	TBP; Cyclo; MIBK	$HgBr_2 \cdot 2\,S$; $Li[HgBr_3] \cdot S$	(*514*)
	TBP; Cyclo; MIBK	$HgJ_2 \cdot 2\,S$; $Li[HgJ_3] \cdot S$	(*514*)
	TBP; Cyclo; MIBK	$Hg(NCS)_2 \cdot 4\,S$; $NH_4[Hg(NCS)_3] \cdot 3\,S$	(*514*)
Sc (III)	TBP	$Sc(NO_3)_3 \cdot 3\,S$	(*220*)
S.E.	TBP	$M(NO_3)_3 \cdot 3\,S$	(*220*)
Zr (IV)	TBP	$Zr(OH)_2Cl_2 \cdot 2\,(TBP \cdot HCl)$	(*327*)
	TBP	$[ZrO(NCS)_2 \cdot 2\,TBP]_x$	(*327*)
Hf (IV)		$Hf(OH)_2Cl_2 \cdot 2\,(TBP \cdot HCl)$	(*327*)
	TBP	$[HfO(NCS)_2 \cdot 2\,TBP]_x$	(*327*)
V (V)	TBP	$HVO_2Cl_2 \cdot 2\,S$	(*514, 16*)
Cr (VI)	TBP, MIBK	$HCrO_3Cl \cdot 2\,S$	(*514, 16*)
	TBP	$H_2Cr_2O_7 \cdot 2\,S$	(*514, 16*)
	MIBK	$H_2Cr_2O_7 \cdot x\,S$	(*514, 16*)
Mo (VI)	TBP	$MoO_2Cl_2 \cdot 2\,TBP$	(*514, 16*)
W (VI)	TBP	$WO_2Cl_2 \cdot 2\,S$	(*514, 16*)
Fe (III)	TBP	$FeCl_3 \cdot 3\,S$; $H[FeCl_4] \cdot 2\,S$	(*517*)
	TBP, MIBK	$Fe(NCS)_3 \cdot 3\,S$	(*517*)
Co (II)	TBP	$CoJ_2 \cdot x\,S$; $Li[CoJ_3] \cdot x\,S$	(*513, 514*)
	MIBK	$CoJ_2 \cdot x\,S$; $Li_2[CoJ_4] \cdot x\,S$	
	TBP	$Co(NCS)_2 \cdot 2\,S$; $Co(NCS)_2 \cdot 3\,S$; $NH_4[Co(NCS)_3] \cdot 3\,S$	(*513, 514*)
Ga	TBP; Cyclo; MIBK	$[GaCl_4]^- \cdot 2\,S$	(*522*)
	TBP	$Ga(NCS)_3 \cdot 3\,S$; $[Ga(NCS)_4]^- \cdot 2\,S$	(*522*)
In	TBP	$[InCl_4]^- \cdot 2\,S$	(*522*)
	TBP	$[InBr_4]^- \cdot 2\,S$	(*522*)
	TBP; Cyclo; MIBK	$[InJ_4]^- \cdot 2\,S$	(*522*)
	TBP	$In(NCS)_3 \cdot 3\,S$	(*522*)
	TBP; MIBK	$(In(NCS)]_4^- \cdot 2\,S$	(*522*)
Tl (III)	TBP	$TlCl_3 \cdot S$	(*522*)
	TBP; Cyclo; MIBK	$[TlCl_4]^- \cdot 2\,S$	(*522*)
	TBP	$TlBr_3 \cdot S$	(*522*)
	TBP; Cyclo; MIBK	$[TlBr_4]^- \cdot 2\,S$	(*522*)
Bi (III)	TBP; Cyclo	$BiJ_3 \cdot 3\,S$	(*296*)
	MJBK; Äther	$Li[BiJ_4] \cdot 2\,S$	(*296*)
UO_2^{2+}	TBP	$UO_2(NO_3)_2 \cdot 2\,TBP$	(*215*)
Aktiniden	TBP	$M(NO_3)_3 \cdot 3\,S$; $M(NO_3)_4 \cdot 2\,S$; $MO_2(NO_3)_2 \cdot 2\,S$	(*361*)

Die Konstante A, die in der graphischen Auftragung durch den Ordinatenabschnitt wiedergegeben wird, setzt sich nach Gl. (37) zusammen aus der Gleichgewichtskonstanten und der konstant gehaltenen Solvenskonzentration. Da der Abschnitt A durch Ausgleichsrechnung ermittelt und c_S bekannt ist, läßt sich K_D auf diese Weise ausrechnen.

Auch aus den Ordinatenabschnitten Q' und Q'' sowie aus den Geradensteigungen P' bzw. P'' der Gl. (33) und (34) ergibt sich der Wert der Gleichgewichtskonstanten, wenn man die Werte für P und Q in die bei der Ableitung der Geradenmethode erhaltenen Endgleichungen

$$K_{D(n)} = \frac{P' \cdot V_w^n}{b \cdot l^n \cdot s^r \cdot \varepsilon} = -\frac{Q' \cdot V_w^{n+1}}{l^n \cdot s^r \cdot V_0} \tag{39}$$

und

$$K_{D(r)} = \frac{P'' \cdot V_0^r}{b \cdot s^r \cdot l^n \cdot \varepsilon} = -\frac{Q'' \cdot V_w \cdot V_0^{r-1}}{s^r \cdot l^n} \tag{40}$$

einsetzt.

Die folgende Tabelle enthält auf diese Weise gefundene Werte für K_D

Tabelle 2. *K_D-Werte aus:*

Komplex	Geradenmethode	log-Methode	Literatur
$BiJ_3 \cdot 3$ TBP	$6 \cdot 10^8$	$4{,}3 \cdot 10^8$	(*296*)
$BiJ_3 \cdot 3$ TAP	$4{,}5 \cdot 10^7$	$1{,}5 \cdot 10^7$	(*296*)
$BiJ_3 \cdot 3$ Cyclo	$2{,}8 \cdot 10^4$	—	(*296*)
$Li[BiJ_4] \cdot 2$ MIBK	$5 \cdot 10^1$	—	(*296*)
$Fe(SCN)_3 \cdot 3$ TBP	$1 \cdot 10^9$	$7{,}3 \cdot 10^8$	(*296*)
$CdJ_2 \cdot 2$ TBP	—	$8 \cdot 10^4$	(*532*)
$HgJ_2 \cdot 2$ TBP	$5{,}8 \cdot 10^{11}$	$7{,}3 \cdot 10^{11}$	(*532*)
$HgJ_2 \cdot 2$ Cyclo	—	$8{,}2 \cdot 10^8$	(*532*)
$HgJ_2 \cdot 2$ MIBK	$1{,}1 \cdot 10^8$	$2{,}4 \cdot 10^8$	(*532*)
$HgBr_2 \cdot 2$ TBP	$2{,}3 \cdot 10^9$	$3{,}3 \cdot 10^9$	(*532*)
$HAuBr_4 \cdot 3$ TBP	—	$1{,}9 \cdot 10^4$	(*532*)

Die Bestimmung von K_D-Werten ist dann von besonderem Interesse, wenn das Extraktionsvermögen verschiedener Solventien in bezug auf einen bestimmten extrahierbaren Komplex verglichen werden soll (*528*). Die gefundenen K_D-Werte sind aus Meßreihen abgeleitet, die in verdünnten Lösungen gewonnen wurden. Betrachtet man daher die Verteilungskonstanten als thermodynamische Größen, die ein Maß für die Komplexstabilität darstellen, so darf man diese Größe dennoch nicht auf höhere Konzentrationsbereiche übertragen, da man nur geringe Kenntnisse über die Aktivitätsverhältnisse der wäßrigen und der organischen Phase hat.

Die organische Phase besteht aus dem aktiven Solvens, z.B. TBP, dem inerten Verdünnungsmittel sowie mindestens einer Metallkomplexverbindung. Außerdem befinden sich bei der Extraktion aus saurer Lösung komplexgebundene Säuremoleküle sowie in jedem Fall der Komplex TBP · H_2O in der organischen Phase. Die Anwesenheit ionischer Komplexe wie $(BiJ_4)^-$ · 2 MIBK oder $(FeCl_4)^-$ · 2 TBP wird die Gesamtaktivität der organischen Phase besonders stark beeinflussen. In der wäßrigen Phase befinden sich das Metallsalz, Alkalihalogenid, daneben in vielen Fällen Protonen, Säureanionen und Ionen von Aussalzverbindungen. Auch für die in Wasser gelösten Verbindungen sind nur in wenigen Fällen Aktivitätskoeffizienten gemessen worden. Zahlreiche Autoren haben sich bemüht, die Aktivitätsverhältnisse bei der Extraktion von Uranylnitrat mit TBP zu erforschen, um einen thermodynamisch exakten Wert für die Gleichgewichtskonstante zu bekommen. *McKay* u. Mitarb. ermittelten Aktivitätskoeffizienten für $UO_2(NO_3)_2$, HNO_3 sowie für Erdalkalinitrate, die als Aussalzverbindungen dienten, aus Verteilungsergebnissen (*173, 221, 360*). In einem kürzlich veröffentlichten Vortrag verglichen *Davis* und *Mrochek* die Ergebnisse anderer Autoren mit eigenen Untersuchungen über die Aktivitätsverhältnisse im System $UO_2(NO_3)_2$—HNO_3—TBP (*105*). In weiteren Arbeiten untersuchten *Roddy* und *Mrochek* die Aktivitätsverhältnisse in den Systemen TBP—HNO_3 H_2O (*106*) und TBP—H_2O (*455*). Sie bestimmten Aktivitätskoeffizienten für TBP sowie die Addukte TBP · HNO_3 und TBP · H_2O aus Verteilungsmessungen, wobei sie die Gibbs-Duhem-Beziehung zur Berechnung heranzogen, sowie aus Dampfdruckmessungen. In der Literatur sind weiterhin Untersuchungen über die Verteilungskonstanten bei der Extraktion von Cer (*411*) sowie Plutonium und Uran (*209*) aus salpetersaurer, Rhenium (VII) (*445*) aus salzsaurer und Tantal (*414*) aus fluorwasserstoffsaurer Lösung veröffentlicht. Eingehende physikalisch-chemische Behandlungen von Verteilungsgleichgewichten findet man bei *Rozen* (*460*) sowie *Sekina* und *Hasegawa* (*479*).

Viele Forscher beschreiben den Einfluß von Aussalzverbindungen auf die Aktivitätsverhältnisse in Extraktionssystemen (*275, 459, 512*). Danach ist die Aussalzstärke einer Verbindung um so größer, je höher ihr Aktivitätskoeffizient ist. Dieser wird aber im wesentlichen durch die Hydratationsfähigkeit des Kations bestimmt. In einer umfassenden Arbeit übertrug *Rozen* (*459*) die Theorie von *Harned* auf die Extraktion von Uranyl- und Aktinidennitraten und gelangt zu dem Ausdruck

$$1/2\,(\log f_U - \log f_U^0) = (\delta_U - \delta_A)\,J_A \tag{41}$$

worin unter $\log f_U^o$ der Aktivitätskoeffizient einer Lösung von reinem Uranylnitrat bei entsprechender Ionenstärke, unter δ_U und δ_A die

Harned-Koeffizienten für Uranyl- bzw. Aussalznitrat zu verstehen sind. Wenn $\delta_A < \delta_U$ ist, wächst $f_{UO_2(NO_3)_2}$ bei Zugabe einer Aussalzverbindung (z.B. $LiNO_3$, $NaNO_3$), bei $\delta_A = \delta_U$ erfährt $f_{UO_2(NO_3)_2}$ keine Veränderung (z.B. bei Zugabe von NH_4NO_3). Die Wirksamkeit eines Aussalzers wird also vom Harned-Koeffizienten bestimmt, der von den Eigenschaften des Aussalzerkations und der Gesamtionenstärke der Lösung abhängt. Kationen mit großer Hydratationsfähigkeit haben einen kleinen Koeffizienten. Bei diesen Untersuchungen liegen nur drei verschiedene Ionenarten in der wäßrigen Phase vor. In der Regel sind die wäßrigen Phasen dagegen viel komplizierter zusammengesetzt und damit die Aktivitätsverhältnisse wesentlich verwickelter. Dennoch lassen sich die von uns gefundenen K_D-Werte zur Charakterisierung von Verteilungssystemen heranziehen, wie die folgenden Beispiele zeigen.

Bei der analytischen Anwendung von Extraktionsverfahren erhebt sich die Frage, welche Halogenidkonzentration erforderlich ist, um einen bestimmten Verteilungskoeffizienten bzw. Extraktionsgrad E zu erreichen. Bei Kenntnis der extrahierten Verbindung, ihres K_D-Wertes sowie der vorliegenden Metallkonzentration M_{ges} läßt sich die gesuchte Konzentration nach Gl. (30) ermitteln. Will man also z.B. Eisen (III) aus einer 0,01 m $Fe(NO_3)_3$-Lösung als Rhodanid zu $E = 99{,}9\%$ $(D = 1000)$ mit einer 1 m Lösung von Tributylphosphat in i-Oktan extrahieren, so ergibt sich:

$$\begin{aligned}(SCN) &= \sqrt[3]{\frac{D}{K_D \cdot (TBP)^3}} + n.E.(M)_{ges} \\ &= \sqrt[3]{\frac{10^3}{10^9 \cdot (1)^3}} + 3 \cdot 0{,}999 \cdot (0{,}01) \qquad (30) \\ &= 10^{-2} + 3 \cdot 10^{-2} = 0{,}04 \text{ m}\end{aligned}$$

Der bei der Anwendung einer 0,04 m Rhodanidlösung praktisch gefundene Wert ist $E = 99{,}7\%$.

In Abb. 8 sind die für einen vorgegebenen Verteilungskoeffizienten berechneten und experimentell bestimmten Rhodanidkonzentrationen aufgetragen.

Erst bei $5 \cdot 10^{-2}$ m Rhodanidlösung weichen die experimentellen Werte von den berechneten ab.

Die Tatsache, daß die nach verschiedenen Methoden und damit auch in verschiedenen Konzentrationsverhältnissen ermittelten Werte für Verteilungskonstanten (Tabelle 2) gut übereinstimmen, erlaubt ihre Verwendung als charakteristische Größe für die Extraktionsfähigkeit eines Solvens bzw. die Stabilität extrahierter Komplexe. Arbeitet man bei

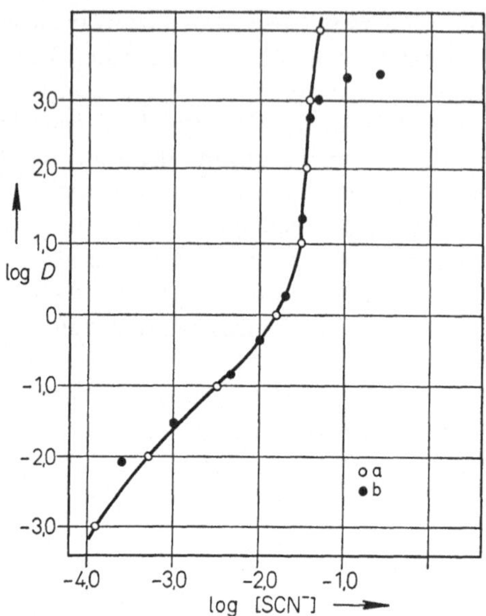

Abb. 8. Extraktion von Eisen(III)thiocyanat aus 0,01 m Fe^{3+}-Lösung mit 1 m Tri-n-butylphosphat in Isooktan.
a) berechnete Werte nach Gl. (30) b) gefundene Werte

Gesamtionenstärken $J \leq 0{,}001$, so stellen sie sicher thermodynamische Konstanten dar. Ihre Anwendung auf höhere Konzentrationsbereiche hängt von der Kenntnis der Aktivitätsverhältnisse ab. Jedoch kann man vermuten, daß sich die Verteilungskonstanten für Komplexe vom gleichen Formeltyp wie z.B. $HgJ_2 \cdot 2\,TBP$, $CdJ_2 \cdot 2\,TBP$ und $ZnJ_2 \cdot 2\,TBP$ in Abhängigkeit von der Ionenstärke der wäßrigen Phase gleichsinnig ändern, so daß die in verdünnten Lösungen erhaltenen Werte zu Schlußfolgerungen für Systeme mit analytischen Konzentrationen berechtigen.

4. Abschätzung der Komplexstabilität auf Grund von spektroskopischen und thermochemischen Messungen

Ein Vergleich der IR-Spektren von Metallextrakten mit denen der reinen Lewis-Basen zeigt bei phosphororganischen Verbindungen eine Verschiebung der P=O-Valenzschwingung zu kleineren Wellenzahlen hin. Das beweist, daß die Komplexbildung auf der Wechselwirkung zwischen Metallion und freiem Elektronenpaar am Phosphorsauerstoff beruht. *Nadig* und *Smutz* (*399*) lösten Nitrate der Seltenen Erden und Aktiniden in TBP und Trioctylphosphinoxid und stellten fest, daß eine lineare Beziehung zwischen dem Ionenpotential (Ladung des Kations/Ionenradius) des gelösten Nitrats und der Verschiebung der P=O-Bande besteht. Mit steigendem Ionenpotential nimmt die Bindungsfestigkeit zwischen Solvens und gelöstem Metallnitrat zu und damit auch die Verschiebung der P=O-Valenzschwingung zu größeren Wellenlängen hin.

Andere Autoren lösten Alkali-, Erdalkali- und Schwermetallnitrate (*285*), Neodymnitrat (*64*, *65*), Uranylnitrat (*418*), Nitrate von Nebengruppenelementen (*139*, *286*, *579*) sowie Mineralsäuren (*376*) und Wasser (*85*) in TBP und erhielten ähnliche Ergebnisse. *Horton* und *White* untersuchten die Spektren von Tributylphosphinoxidkomplexen (*233*). *Burger* extrahierte Uranylnitrat mit Phosphor-, Phosphon- und Phosphinsäureestern sowie Phosphinoxiden und verglich die IR-Spektren der organischen Phasen (*72*). Die Extrakte von Galliumhalogeniden mit Äthern und Thioäthern wurden ebenfalls IR-spektroskopisch untersucht (*332*). *Günzler* und *Mühl* extrahierten Vanadium, Eisen, Mangan und Kobalt aus salzsaurer Lösung mit Tri-n- und Tri-isobutylphosphat und verglichen die IR-Spektren der Extrakte (*193*). Wir fanden bei der Extraktion von Mineralsäuren mit TBP, daß die Verschiebung der P=O-Valenzschwingung zu längeren Wellenlängen hin kleiner wird mit abnehmenden Verteilungskoeffizienten, während bei der Verteilung von Metallhalogeniden die gefundenen Verschiebungen den Verteilungskonstanten der betreffenden Systeme proportional sind, wie Tabelle 3 zeigt (*296*).

Tabelle 3

Komplex	$\nu_{P=O}$ (cm^{-1})	K_D
$HgJ_2 \cdot 2$ TBP	1235	$5{,}8 \cdot 10^{11}$
$Fe(NCS)_3 \cdot 3$ TBP	1235	$1 \cdot 10^{9}$
$BiJ_3 \cdot 3$ TBP	1240	$6 \cdot 10^{8}$
$CdJ_2 \cdot 2$ TBP	1250	$8 \cdot 10^{4}$
TBP	1278	—

Je größer die Frequenzverschiebung der $\nu_{P=O}$-Schwingung ist, um so stärker ist die Wechselwirkung zwischen Metall und dem Sauerstoffatom der Phosphorylgruppe. Die Verschiebung ist also ein relatives Maß für die Stabilität der extrahierten Verbindung.

Eine weitere Möglichkeit, die Stabilität eines extrahierten Komplexes abzuschätzen, besteht in der Bestimmung der Verteilungsenthalpie. Das gelingt einmal nach der Vant Hoffschen Gleichung aus der Temperaturabhängigkeit des Verteilungskoeffizienten und zum anderen durch kalorimetrische Messungen.

In früheren Arbeiten über die Verteilung von Metallhalogeniden wurde festgestellt, daß der Verteilungskoeffizient mit steigender Temperatur kleiner wird (*54*, *228*, *381*, *556*). *Siddall* (*496*) sowie *Healy* u. Mitarb. (*214*) errechneten aus der Temperaturabhängigkeit von *D* die Verteilungsenthalpie der Umsetzung von Uranylnitrat mit TBP und anderen Phosphorsäureestern. Danach sind die ΔH-Werte ein relatives Maß für die Bindungsfestigkeit zwischen Solvensmolekel und Metall. Denn *Siddall* fand, daß bei Verwendung von Estern mit Gruppen, die die Elektronendichte am Phosphorsauerstoff erniedrigen, die gemessenen Verteilungsenthalpien kleiner sind als bei Estern mit elektronenschiebenden Gruppen.

Für die Extraktion von Zink aus rhodanidhaltiger Lösung wurden in gleicher Weise die Reaktionsenthalpien ermittelt (*228*).

Demgegenüber sind nur selten kalorimetrische Messungen zur Bestimmung von Verteilungsenthalpien herangezogen worden. *Afanasjev* und *Nikolaev* (*3*) untersuchten den Wärmeeffekt, der beim Vermischen von TBP mit Wasser auftritt und erhielten Werte von $\Delta H = 50$–230 cal Mol^{-1} je nach der Wassermenge, die mit einem Mol TBP vermischt wurde. Die gleichen Autoren ließen die Umsetzung von Uranylnitrat mit TBP im Kalorimeter ablaufen und geben einen Mittelwert aus drei Messungen zu $\Delta H = -6300$ cal Mol^{-1} an (*410*). *Fomin* und *Rudenko* (*159*) berichten über die Lösungswärmen von TBP in nicht polaren organischen Lösungsmitteln.

Wir haben bei unseren Untersuchungen ein anisotherm arbeitendes Kalorimeter verwendet und die Mischungswärmen von TBP, Cyclohexanon und MIBK mit Wasser und Mineralsäuren bestimmt (*297*). Die ermittelten Verteilungsenthalpien für die Extraktion von Eisen- und Kobaltrhodanid, Wismut-, Quecksilber-, Cadmium- und Zinkjodid sowie Uranylnitrat sind in Tabelle 4 zusammengefaßt.

Tabelle 4

Extr. Verb.	$-\Delta H_{293}$ (Kcal Mol^{-1})	Extr. Verb.	$-\Delta H_{293}$ (Kcal Mol^{-1})
$BiJ_3 \cdot 3$ TBP	$6{,}8 \pm 0{,}1$	$HgJ_2 \cdot 2$ TBP	$10{,}1 \pm 0{,}2$
$BiJ_3 \cdot 3$ Cyclo	$4{,}9 \pm 0{,}15$	$HgJ_2 \cdot 2$ Cyclo	$7{,}0 \pm 0{,}1$
$[BiJ_4]^- \cdot 2$ MIBK	$3{,}4 \pm 0{,}1$	$HgJ_2 \cdot 2$ MIBK	$5{,}9 \pm 0{,}1$
$Fe(NCS)_3 \cdot 3$ TBP	$8{,}3 \pm 0{,}2$	$CdJ_2 \cdot 2$ TBP	$5{,}5 \pm 0{,}2$
$Fe(NCS)_3 \cdot 3$ Cyclo	$6{,}8 \pm 0{,}1$	$ZnJ_2 \cdot 2$ TBP	$4{,}7 \pm 0{,}2$
$Fe(NCS)_3 \cdot 3$ MIBK	$6{,}7 \pm 0{,}2$	$UO_2(NO_3)_2(TBP)_2$	$6{,}2 \pm 0{,}2$

Diese Werte stimmen gut mit den Ergebnissen überein, die wir unter Benutzung der Van't Hoffschen Gleichung aus Verteilungsmessungen erhielten. Ein Vergleich der Verteilungsenthalpien mit den K_D-Werten dieser Systeme zeigt, daß man die ΔH-Werte als relatives Maß für die Stabilität extrahierter Verbindungen betrachten kann. Die Unterschiede in der Donatorstärke der Lewis-Basen gehen ebenfalls aus den gemessenen Verteilungsenthalpien hervor.

IV. Steuerung der Verteilungsreaktion

1. Extraktion mit gemischten Solventien: Synergismus-Antisynergismus

Bei Verteilungsproblemen ist die Wahl des organischen Solvens von entscheidender Bedeutung für das Verteilungsverhalten eines Ions bzw. einer Verbindung. Bei Solventien, die zur Chelatbildung befähigt sind, steht der Einfluß der sterischen Hinderung im Vordergrund, während bei den Extraktionsmitteln mit Donatoreigenschaften die Stärke der Lewis-Base, d.h. die Elektronendichte am Donatoratom, die Verteilungsergebnisse entscheidend, sterische Effekte und die Wahl des inerten Verdünnungsmittels dagegen die Extraktion weniger stark beeinflussen.

Eine weitere Möglichkeit, durch die Zusammensetzung der organischen Phase eine Verteilungsreaktion zu beeinflussen, besteht in dem Zusammenwirken zweier aktiver Solventien. Man setzt dabei Solventien mit schwachem Säurecharakter wie β-Diketone oder phosphororganische Säuren zusammen mit Lewis-Basen wie z.B. Phosphorsäureester, Phosphinoxide oder Amine ein. Ist in einem solchen System das erzielte Verteilungsergebnis besser als die Summe der Verteilungsergebnisse mit den beiden Solventien allein, so spricht man von einem „synergistischen Effekt", im umgekehrten Fall dagegen vom „antagonistischen" oder „antisynergistischen" Effekt. Diese Beobachtungen lassen sich nur bei idealen Konzentrationsverhältnissen machen, da sonst nicht erfaßbare Aktivitätseinflüsse und die Änderung der Solvatationsenergie des Komplexes, die eine Funktion der Dielektrizitätskonstanten und damit der Konzentration der organischen Phase ist, die Ergebnisse verfälschen (*165*). Die Metallkonzentration ist in der Regel $<10^{-5}$ m, so daß die Verwendung radioaktiver Tracer erforderlich wird.

Wie zahlreiche Untersuchungen ergaben, liegt die Erklärung für den synergistischen Effekt wahrscheinlich darin, daß der Chelatbildner (HA) mit dem Metallion zunächst einen stabilen Komplex bildet, an den entweder undissoziierte Moleküle des Chelatbildners oder aber Wassermoleküle angelagert sind.

$$M^{+2} + (2+m)\,HA = MA_2(HA)_m + 2\,H^+$$

$$M^{+2} + 2\,HA + mH_2O = MA_2(H_2O)_m + 2\,H^+$$

An diesen Komplex tritt das zweite Solvens (S) heran, indem es die koordinierten Moleküle verdrängt, die Verbindung völlig hydrophob macht und somit das Verteilungsergebnis verbessert, so daß sich summarisch die Gleichung

$$M^{+2} + 2\,HA + mS = MA_2S_m + 2\,H^+$$

schreiben läßt. Die Gesamtzahl aller Liganden wird durch die Koordinationszahl und die Geometrie des Zentralatoms bestimmt. Die Extraktion von Uran (VI) mit einem Gemisch von Di(2-äthylhexyl)phosphorsäure und TBP kann durch die Gleichung

$$\begin{matrix}HA\\HA\end{matrix}\!\!> UO_2 < (> A)_2 \xrightarrow{2S} \begin{matrix}S\\S\end{matrix}\!\!> UO_2 < (> A)_2 + 2\,HA$$

ausgedrückt werden (*613*).

Der synergistische Effekt wurde zum erstenmal 1954 von *Cuninghame* u. Mitarb. beobachtet, als sie Nd (III) und Pr (III) mit Thenoyltrifluoraceton (HTTA) in Gegenwart von Tributylphosphat extrahierten (*103*). *Blake* u. Mitarb. verwendeten Dialkylphosphorsäuren als Chelatbildner (HA) und neutrale phosphororganische Verbindungen als Lewis-Basen für die Extraktion von U (VI) aus Mineralsäuren (*50*). Der erzielte synergistische Effekt nahm zu in der Reihenfolge

$$(RO)_3PO < R(RO)_2PO < R_2(RO)PO < R_3PO,$$

d.h. mit zunehmender Basizität dieser Verbindungen.

Die Vielzahl bisher vorliegender Arbeiten läßt sich unterteilen nach den Verbindungsklassen der synergistischen Partner:

a) Dialkylphosphorsäuren (HA) mit neutralen phosphororganischen Verbindungen (S).
b) Chelatbildner (HA) und neutrale phosphororganische Verbindungen.
c) Synergismus mit Aminen.

In der ersten Gruppe wurden als Chelatbildner (HA) Dibutylphosphat (HDBP), Monobutylphosphat (HMBP), Diisoamylphosphat (HDIAP), Di-(2-äthylhexyl)phosphat (HDEHP) und als Lewis-Basen (S) Tributylphosphat (TBP), Phosphonsäureester $(RO)_2RPO$, Tributylphosphinoxid (TBPO) in Tri-n-octylphosphinoxid (TOPO) verwendet. In Tabelle **5** sind Systeme dieser Art zusammengefaßt.

Tabelle 5

Metall	HA—S	Komplex	Literatur
Np (IV)	HDEHP—TBP		(*444*)
Pu (IV)	HDEHP—TBP, TBPO, $(RO)_2RPO$		(*52*)
	HDBP—TBP		(*546*)
S.E.	HDEHP—TBP, TOPO		(*353*)
UO_2^{2+}	HDIAP—TBP, $(RO)_2RPO$, TBPO		(*489*)
	HDEHP—TBP, TBPO, $(RO)_2RPO$		(*52*)
	HDEHP—TOPO		(*238*)
	HDBP—TBP	$UO_2A_2(HA)S$, $UO_2A_2S_2$	(*129*)
	HDBP—MIBK	$UO_2A_2S_2$	(*346*)
	HDBP—TBP	$UO_2(NO_3)_2AS$	(*194*)

In einer zusammenfassenden Arbeit über die Abhängigkeit des synergistischen Effekts von der Struktur des Chelatbildners (HA) in Gegenwart von TBP verglich man die Wirkung von Furoyltrifluoraceton (HFTA), Thenoyltrifluoraceton (HTTA), Benzoyltrifluoraceton (HBTA), Acetylaceton (HAA), Benzoylaceton (HBA) und Dibenzoylmethan (HDM) und stellte fest, daß mit steigender Acidität der Ketone die Verteilungsergebnisse für UO_2^{2+} günstiger werden (*33*). In einer ähnlichen Untersuchung setzten *Wang* u. Mitarb. HHFA, HBTA und HTTA zusammen mit Tri-n-oktylphosphinoxid ein und extrahierten Kobalt und Europium (*584*). Caesium wird mit HDEHP und 4-Butyl-2-(α-methylbenzyl)phenol als Synergisten extrahiert (*634*). *Hala* beschreibt das Zusammenwirken von N-Benzoyl-N-phenylhydroxylamin und TBP bei der Extraktion von Hafnium (IV) (*195*). Als weitere Chelatbildner der Gruppe b) sollen β-Isopropyltropolon (HIPT), Hexafluoracetylaceton (HHFA) und Trifluoracetylaceton erwähnt werden, während als Lewis-Basen vorwiegend TBP, TOPO, TBPO, MIBK eingesetzt wurden. Tabelle 6 bringt einen Überblick über diese Systeme.

Tabelle 6

Metall	HA—S	Komplex	Literatur
Ca (II)	HTTA—TBP, TOPO, MIBK	CaA_2S_2	(*210, 482*)
Co (II)	HTTA—TBP, TBPO	CoA_2S, CoA_2S_2	(*247*)
Cu (II)	HTTA, HHFA, HTFA, HAA—TOPO	CuA_2S	(*78, 582*)
	HTTA, IPT—TBP, MIBK	CuA_2S	(*481*)
	HTTA—TBP, TBPO	CuA_2S	(*247*)
Eu (III)	HTTA, IPT—TBP, MIBK	EuA_3S, EuA_3S_2	(*483*)
Fe (III)	HAA—TOPO		(*6*)
Np (V)	HTTA—TBP	$HNpO_2A_2S$	(*244*)
Pu (VI)	HTTA—TBP	PuO_2A_2S	(*244*)
Sc (III)	8-Oxychinolin-$(RO)_3PO$	$ScClA_2S_2$	(*345*)
Sr (II)	HTTA—TBP, TOPO, MIBK	SrA_2S_2	(*482*)
Th (IV)	HTTA, IPT—TBP, MIBK	ThA_4S	(*483*)
	HTTA—TBP, TOPO	ThA_4S	(*210*)
UO_2^{2+}	HFTA, HTTA, HBTA, HAA, HDM—TBP	UO_2A_2S	(*33*)
	HTTA—TOPO	UO_2A_2S	(*333*)
	HTTA—TBP, TBPO	UO_2A_2TBP $UO_2A_2(TBPO)_3$	(*242, 243*)
Zn (II)	HTTA—TOPO	ZnA_2S	(*582*)
	HTTA—TBP, TBPO	ZnA_2S	(*247*)
Aktin. (III)	HTTA—TBP	MA_3S_2	(*245*)
	HTTA—TBP, TBPO	MA_3TBPO, $MA_2NO_3(TBPO)_3$ $MA_3(NO_3)TBP$	(*246, 383*)
Lanth.	HTTA—TBP		(*210*)

In einer Reihe von Arbeiten, die in der folgenden Tabelle enthalten sind, setzte man Amine wie Tributyl- und Trioctylamin (TBA, TOA) und Pyridin als Solvens ein.

Tabelle 7

Metall	HA—S	Komplex	Literatur
Co (II)	HTFA—TBA	CoA_2S_2	(*478*)
Cr (III)	HDBP—TOA		(*110*)
Cu (II)	HAA-4-Methylpyridin	CuA_2S	(*240*)
Ni (II)	HTFA—TBA	CoA_2S_2	(*478*)

Akaiwa und *Kawamoto* untersuchten die Extrahierbarkeit von Co(II)-acetylacetonat in Gegenwart aromatischer Basen und fanden einen synergistischen Effekt, dessen Größe in der Reihenfolge γ-Picolin > β-Picolin > 2,4-Lutidin > 2,6-Lutidin > α-Picolin abnimmt (*7*). Dabei wird in allen Fällen die Spezies CoA_2S_2 extrahiert. In einer ähnlichen Arbeit über Cu(II)-acetylacetonat nimmt der synergistische Effekt vom 4-Äthylpyridin über Isochinolin > Chinolin > 4-Cyanopyridin > 2-Benzoylpyridin bis zum 4-Hydroxipyridin ab, wobei ebenfalls Komplexe vom Typ CuA_2S_2 gebildet werden (*80*).

Beim Zusammenwirken von Monoalkylphosphorsäuren mit Lewis-Basen wird ein antisynergistischer Effekt beobachtet (*49*), z.B. bei der Extraktion von Np (IV), Y (III), Am (III), Cm (III), Th (IV) und U (VI) aus salzsaurer Lösung mit Mono-2-äthylhexylphosphorsäure und TBP (*353, 444*). Die Verteilungskoeffizienten für die Extraktion von Pt (IV) aus schwefelsaurer Lösung mit Tri-n-octylamin nehmen bei Zugabe von steigenden Mengen Di-n-butylphosphorsäure ab (*109*). Der Grund für diesen antagonistischen Effekt liegt in der Reaktion der beiden organischen Solventien begründet, bei der sich nach

$$R_3N + HDBP = R_3N \ldots HDBP$$

ein Addukt bildet, und sie somit der Verteilungsreaktion entzogen werden (*130*).

Nach *Healy* hängt der synergistische Effekt auch von der Art des inerten Verdünnungsmittels ab, er wird kleiner in der Reihenfolge: Cyclohexan > Hexan > CCl_4 > C_6H_6 > $CHCl_3$ (*211*).

Zur Aufklärung der extrahierten Spezies wurden UV- und IR-Spektren (*212*), NMR-Untersuchungen (*582*) sowie das Jobsche Verfahren (*165*) und die logarithmische Methode herangezogen.

Die bisherigen Kenntnisse über den synergistischen Effekt sind kürzlich von *Irving* zusammenfassend dargestellt worden (*239*).

2. Einfluß der wäßrigen Phase auf den Extraktionsgrad: Aussalzeffekt – Verbesserung der Selektivität

Eine nicht unwesentliche Rolle bei der Verteilung von Metallen spielt die Zusammensetzung der wäßrigen Phase. Der Extraktionsgrad läßt sich in fast allen Verteilungssystemen durch die Wahl des pH-Bereiches verändern. Die Verteilung eines Metallchelats ist einmal infolge der Dissoziation des Chelatbildners in wäßriger Lösung, zum andern infolge der Bildung von Hydroxokomplexen des Zentralatoms pH-abhängig. Mit steigenden Werten für die Stabilität des Chelats und die Säuredissoziationskonstante des Chelatbildners verschiebt sich der Extraktionsbeginn zu kleineren pH-Werten hin.

Bei der Extraktion von Ionenassoziationskomplexen hingegen kann einerseits der Reaktionsmechanismus und damit die Zusammensetzung der Komplexe von der Acidität der wäßrigen Phase bestimmt werden — hier sei an die Extraktion von $FeCl_3 \cdot 3\,TBP$ und $H(FeCl_4) \cdot 2\,TBP$ erinnert —, andererseits kann durch Mitextraktion anorganischer Säuren ein Teil der Solvensmoleküle blockiert werden und damit der Extraktionsgrad der Metallverteilung herabgesetzt werden. Die günstigsten Verteilungsbedingungen ändern sich von System zu System und müssen jeweils experimentell ermittelt werden.

Durch Zugabe von Aussalzverbindungen läßt sich, besonders bei der Extraktion von Lewis-Säure-, Lewis-Base-Komplexen, das Extraktionsergebnis verbessern. Unter Aussalzverbindungen versteht man dabei anorganische Salze wie z.B. Alkali- oder Erdalkalinitrate, die nicht von den organischen Solventien extrahiert werden, sondern nur die Ionenstärke der wäßrigen Phase erhöhen. Die Tatsache, daß nicht nur die Nitrat-Konzentration, sondern auch die Art des Kations eine Rolle spielt (*164*), deutet auf eine Beeinflussung der Aktivitätsverhältnisse in der wäßrigen Phase durch die verschieden großen (hydratisierten) Kationen der Aussalzer hin. Gerade die Fähigkeit dieser Kationen, Wassermolekeln zu binden, ist von Bedeutung, da sie in der Lage sind, die Schale orientierter Wasserdipole, die das zu extrahierende Schwermetallkation umgibt, abzubauen und so den Angriff des organischen Solvens zu erleichtern. Da außerdem bei steigender Salzkonzentration die Dielektrizitätskonstante der wäßrigen Phase abnimmt, wird die Bildung von Ionen-Assoziationskomplexen begünstigt. Da Nitrate mit zwei- oder dreiwertigen Kationen, z.B. $Al(NO_3)_3$, $Fe(NO_3)_3$ wirksamer als Alkalinitrate sind, muß bei einem Vergleich von Aussalzeffekten die Ionenstärke J der wäßrigen Phase berücksichtigt werden. Man versteht darunter die halbe Summe der Produkte aus den Ionenkonzentrationen und den Quadraten der Wertigkeiten:

$$J = 1/2\, \Sigma c_i z_i^2 \qquad (35)$$

Hecht und *Grünwald* führten schon 1943 die ersten Untersuchungen über Aussalzeffekte durch und stellten fest, daß bei Zugabe von Ammoniumnitrat zur wäßrigen Phase die Extraktion von Uran (VI) verbessert wird (*217*). Auch in der Folgezeit war es die Extraktion von Uranyl- und Aktinidennitraten, bei der systematisch der Einfluß von Aussalzverbindungen studiert wurde (*56*, *221*, *275*, *409*, *459*, *571*).

Das Verteilungsverhalten von Indiumchlorid in Gegenwart verschiedener Alkalichloride (*111*), die Extraktion von Eisenrhodanid unter Zusatz von $Mg(NO_3)_2$, $Cd(NO_3)_2$ und $Al(NO_3)_3$ (*568*) sowie das System $Cd(NO_3)_2$–KJ–$NaNO_3$ (*567*) und die Extraktion von Wismutjodid mit TBP in Abhängigkeit von Strontium-, Lithium-, Natrium- und Ammoniumnitrat (*296*) wurden ebenfalls untersucht.

Vorwiegend bei der Extraktion von Ionenassoziationskomplexen, aber auch bei der Verteilung von Metallchelaten finden Solventien Anwendung, die nicht spezifisch sind und daher eine Anzahl von Elementen gleichzeitig erfassen. Sie stellen Gruppenreagentien dar. Die Zugabe von Aussalzverbindungen würde das Verteilungsverhalten einer solchen Elementgruppe gleichsinnig beeinflussen. Um in solchen Fällen analytische Bestimmungen oder Trennungen durchführen zu können, müssen die Arbeitsbedingungen so gewählt werden, daß ein Element selektiv extrahiert wird. Die Selektivitätsänderung bei Verteilungssystemen erreicht man:

1. durch Wahl eines bestimmten pH-Bereiches,
2. durch sterische Hinderung und Dosierung des aktiven Solvens,
3. durch Kombination von mehreren Extraktionsgängen,
4. durch Änderung der Kationenwertigkeit,
5. durch Zugabe von Maskierungsmitteln zur wäßrigen Phase,
6. durch Verdrängungsreaktionen.

Bei der Extraktion von Chelatkomplexen sind alle angeführten Möglichkeiten wirksam, während bei der Extraktion von Ionenassoziationskomplexen Verdrängungsreaktionen unmöglich sind. Ebenso unwirksam ist in diesen meist sauren Systemen die Zugabe von Maskierungsmitteln.

Die Wahl einer geeigneten Chloridkonzentration führte bei der extraktiven Trennung von Zinn und Eisen zu guten Ergebnissen (*518*). Extrahiert man mit Tri-n-butylphosphat aus 10,5 m Salzsäure, so werden Eisen (III) zu 99,0%, Zinn (IV) dagegen nicht meßbar in die organische Phase überführt. Bei der Extraktion aus konzentrierter Salzsäure wird das Verteilungsverhalten von Spurenelementen außerdem noch durch die Konzentration des Eisen als Hauptbestandteil beeinflußt (*529*). Durch Dosierung des aktiven Solvens wird dabei der Verteilungsgrad des Eisens vorgegeben. Allgemein erreicht man bei der Extraktion von Eisen(III)-

chlorid mit Lewis-Basen eine größere Selektivität, wenn man aus Lithiumchloridlösung und nicht aus salzsaurer Lösung extrahiert (*27*).

Am Beispiel verschieden substituierter Cyclohexanone als Extraktionsreagentien konnte gezeigt werden, daß die Länge des Alkylrestes in α-Stellung zur Carbonylgruppe die Selektivität der Verteilung von Uran und Thorium entscheidend beeinflußt (*525*).

Weiterhin gelingt es, mit Lösungen von langkettigen tertiären Aminen in inerten Lösungsmitteln Kationen selektiv abzutrennen. Daß durch Änderung des Valenzzustandes von Metallionen die Extraktion eines Elements vollständig verhindert werden kann, sei am Verteilungsverhalten von Fe(II)- und Fe(III)-ionen in salzsauren und von Ce(III)- und Ce(IV)-Ionen in salpetersauren Systemen gezeigt. Eisen(III)-chlorid und Cer(IV)-nitrat lassen sich quantitativ mit organischen Elektronendonatoren extrahieren, während Fe(II)- und Cer(III)-ionen unter diesen Bedingungen in der wäßrigen Phase verbleiben. Durch Hintereinanderschalten von Extraktionsgängen mit verschiedenen Solventien oder aber durch Rückextraktion in die wäßrige Phase lassen sich unter bestimmten Bedingungen Elementgruppen oder auch Einzelelemente abtrennen. Man kann so zur selektiven Abtrennung von Elementen gelangen und dem analytischen Problem entsprechende Trennungsgänge ausarbeiten (*520*, *594*). Bei der Rückextraktion lassen sich entweder die Störelemente oder das Hauptelement mit frischer wäßriger Phase, welcher Säure, Lauge, Puffer oder Maskierungsreagens zugesetzt ist, abtrennen. Die Anwendung von Maskierungsmitteln zur Selektivitätsänderung ist auf Metallchelatextraktionen beschränkt, da sie in sauren Lösungen ohne wesentliche Wirkung sind. Sie bilden ebenso wie die Extraktionsreagentien mit den Metallen Komplexe. Die am häufigsten eingesetzten Maskierungsmittel sind Tartrate, Citrate, Cyanide, Fluoride, Thiosulfate, Thiocyanate und Komplexone (ÄDTE). Störelemente werden auf diese Weise durch Komplexierung gebunden und der Verteilungsreaktion entzogen.

V. Anwendungsbeispiele

Aus der Vielzahl der Möglichkeiten seien einige Beispiele herausgegriffen.

Mit Hilfe der Extraktion lassen sich sowohl größere Metallmengen trennen als auch Spuren im Extrakt anreichern. Die ersten Bemühungen gingen dahin, Elemente möglichst quantitativ und selektiv aus Gemischen abzutrennen. So gelang die Trennung von Calcium und Strontium durch Extraktion mit Di(p-1,1,3,3-Tetramethyl-butyl-phenyl)phosphat (*334*). Oberhalb von pH 4 wird Mg extrahiert und Ca mit ÄDTA in der wäßrigen Phase zurückgehalten. Cadmium und Zink lassen sich in Form ihrer Jodide mit verschiedenen Lösungsmitteln trennen (*206*). Kobalt kann aus Salzsäure durch Extraktion mit TBP quantitativ von Nickel getrennt werden (*20, 395*). Indiumjodid ist vollständig extrahierbar mit Cyclohexanon und wird auf diese Weise von Gallium getrennt (*205, 207*). Durch Verteilung von Galliumthiocyanat zwischen Äther-Tetrahydrofuran und wäßriger Phase ist eine ausreichende Abtrennung von Aluminium möglich (*515*). *Günzler* beschreibt die Trennung von Vanadium (IV) und (V) durch Extraktion aus salzsaurer Lösung mit Triisobutylphosphat (*191*). Der gleiche Autor berichtet die Reinstdarstellung von Eisen aus Eisenoxidhydrat-Schlamm über die Extraktion von Eisen(III)-chlorid mit TBP (*192*). Hafnium und Zirkonium wurden durch Extraktion der Rhodanide mit Cyclohexanon getrennt (*264*). Die extraktive Trennung mit Tri-n-butylphosphinoxid (*560*), Di-n-butylphosphonsäure (*1*) aus salpetersaurer sowie mit Tribenzylamin (*424*) aus salzsaurer Lösung wird ebenfalls beschrieben.

Di-(2-Äthylhexyl)phosphorsäure eignet sich für die selektive Abtrennung des Strontiums von Calcium und wurde sowohl in der radiochemischen Analyse (*76*) als auch im technischen Maßstab hierzu verwendet (*359*). Die Trennung des Silbers von Blei gelingt durch Extraktion als Tributylammonium-silberrhodanid (*632*), während Eisen als Tri-n-butylammonium-hexarhodanoferrat(III) (*625*) von Aluminium entfernt wird.

Eine weitere Aufgabe in der modernen Analyse ist die Spurenbestimmung in Rein- und Reinstmetallen. Hier liegen Konzentrationsverhältnisse von Hauptbestandteil zu Spuren in der Größenordnung von 10^4 bis 10^8 zu 1 vor. Bei derartig hohem Überschuß einer Probenkomponente und der äußerst geringen Menge der Spuren versagen wegen des starken Untergrunds spezifische Reagentien. Die Photometrie und andere physikalische Meßverfahren sind nur bedingt anwendbar. In diesen Fällen ist eine Anreicherung notwendig, d.h. der Hauptbestandteil muß entfernt und die absolute Menge der Spuren erhöht werden. Für diese Aufgabe ist die Extraktion am besten geeignet. Dabei ergeben sich zwei Wege, entweder läßt man den Hauptbestandteil in der wäßrigen Phase und extrahiert selektiv die Spuren, oder aber man überführt den Hauptbestandteil in die organische Phase. Man benötigt dazu selektive Solventien, um die Trennung in einem Schritt zu erreichen, da die Einschleppung von Spuren und Verunreinigungen mit der Zahl der chemischen Operationen zunimmt. Die Abtrennung von Eisen als Hauptbestandteil läßt sich durch Extraktion aus Salzsäure oder Lithiumchlorid mit TBP erreichen. Man kann so etwa 25 Elemente aus der Eisenmatrix in der wäßrigen Phase zurückhalten (*513*). Die Spurenelemente können in der wäßrigen Phase bestimmt werden (*529*). Die Abtrennung und Bestimmung kleiner Mengen Zinn in Stahlproben wurde nach diesem Verfahren durchgeführt (*518*). Eine interessante Methode zur hochselektiven Spurenanreicherung gründet sich auf die fraktionierte Extraktion von Metalljodiden. *Jackwerth* und *Specker* erkannten, daß bei sukzessiver Zugabe von Kaliumjodid aus einem Gemisch der Elemente zunächst Hg, dann Bi, Cd, In und Zn als Jodide extrahiert werden (*274*). Es ist demnach möglich, aus einer Lösung mit mehreren Kationen einzelne Elemente fraktioniert zu extrahieren wie aus Abb. 9 hervorgeht.

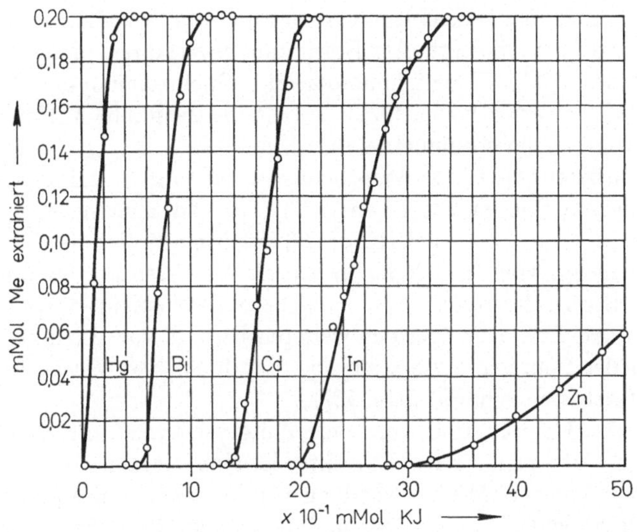

Abb. 9. Fraktionierte Extraktion von Metalljodiden

Jackwerth entfernte auf diese Weise durch einen Verteilungsschritt 99,9999% einer 10 g-Einwaage Quecksilber von Mikro- und Nanogramm-Mengen anderer Elemente (*267*, *268*). Die in der wäßrigen Phase angereicherten Spurengehalte wurden photometrisch und polarographisch ermittelt. Voraussetzung für diese Trennmethode ist, daß der Verteilungsmechanismus und die Zusammensetzung der extrahierten Verbindung für das Hauptelement bekannt sind, um die erforderliche Jodidmenge genau dosieren zu können. In weiteren Untersuchungen wurde Wismut als Hauptbestandteil von Fe, Cu, Ni, Pb, Zn und As abgetrennt, die photometrisch, voltammetrisch und polarographisch bestimmt wurden (*270*). Die gleichen Spuren lassen sich bei der fraktionierten Extraktion von Cadmiumjodid anreichern (*271*). Der umgekehrte Weg, d.h. die Extraktion der Spuren wurde bei der Abtrennung von 10—30% Arsen aus Erzen beschritten (*138*). Als wäßrige Lösung diente 12 n HCl, als Solvens Tetrachlorkohlenstoff. Durch Extraktion als Eisenrhodanid werden

10 μg Eisen von 1 g Nickel abgetrennt (*269*). Die organische Phase wird mit 0,5 m HCl gewaschen, um mitextrahiertes Nickel zu entfernen. Ebenso lassen sich Kobaltspuren aus Nickel entfernen (*272*). *Wunderlich* schüttelte hochreines Germaniumtetrachlorid mit 6 m HCl und reicherte die Verunreinigungen in der Salzsäure an (*606*). *Pohl* entfernte Spuren aus Aluminium durch Fällung mit Ammoniumpyrrolidin-dithiocarbamidat und Thionalid und anschließende Lösungsmittelextraktionen (*449*).

Allgemein läßt sich sagen, daß eine Anreicherung von Spuren die Nachweisgrenze des nachfolgenden Bestimmungsverfahrens um zwei Zehnerpotenzen verbessert. Als Bestimmungsverfahren bieten sich die Photometrie (*520*), Flammenphotometrie, Spektralanalyse, Röntgenfluoreszenz, Tracermethoden (*372*) und elektrochemische Verfahren wie Polarographie und Voltammetrie an.

Als Vorbereitung für spektrochemische Verfahren wurden die Anreicherung von Spuren aus Eisen (*452*) und von Spurenelementen als Diäthyldithiodicarbamate in $CHCl_3$ (*544*) beschrieben. Für die Extraktion von Spurenelementen aus Bodenproben als Vorbereitung für die nachträgliche Spektralanalyse sind Anreicherungsschemata veröffentlicht (*119, 536*). Als Literatur über den weiteren Einsatz von Extraktionsverfahren in der Spurenanalyse seien das Handbuch von *Koch* (*303*) und Übersichtsarbeiten genannt (*519, 521*).

Über die Kombination von Verteilungsverfahren mit der photometrischen Untersuchung des Extraktes ist eine Vielzahl von Veröffentlichungen erschienen. Die Verwendung von Chelaten in der photometrischen Analyse wurde von *Umland* und *Janssen* an dieser Stelle beschrieben (*562*). Im folgenden soll daher nur die Extraktion mit Lewis-Basen in Verbindung mit optischen Verfahren behandelt werden. Grundsätzlich lassen sich im Fall quantitativer und selektiver Extraktion die organischen Phasen für die photometrische Bestimmung eines Elements verwenden, sofern das Lambert-Beersche Gesetz erfüllt ist. Bei der Extraktion von Uran (*308*) und Eisen aus rhodanidhaltiger und Wismut (*296*) aus jodidhaltiger Lösung mit TBP sind diese Bedingungen erfüllt. Niob läßt sich als $[(C_6H_5)_4A_s]^+$ $[Nb(SCN)_2Cl]^-$ mit $CHCl_3$-Aceton extrahieren und photometrisch bestimmen (*5*). Palladium wird mit Tri-n-octylamin extrahiert und der gelbe Extrakt bei $\lambda = 410$ nm photometriert (*298*). Spektralphotometrische Bestimmungen an Extrakten im UV-Bereich werden ebenfalls berichtet (*380, 406*). Die Bestimmung von 0,1 μg Eisen wird ermöglicht durch Extraktion des Tributylammonium-Ferron-Eisen(III)-Komplexes mit Isoamylalkohol und Photometrierung der organischen Phase bei $\lambda = 600$ nm (*628*). Photometrische Bestimmungsverfahren für Titan als Tributylammonium-Titan-Sulfosalizylat (*626, 627*) sowie für Kobalt als Tributylammonium-rhodano-kobaltat(II) (*629*) sind ebenfalls bekannt. In den letzten Jahren werden aufgrund der Erkenntnisse, die man bei einstufigen Extraktionen gewonnen hatte, Lewis-Basen in steigendem Maße bei chromatographischen Verfahren sowohl als mobile als auch als stationäre Phase eingesetzt.

Die erste Veröffentlichung über die Verwendung von Tributylphosphat als stationäre Phase, adsorbiert an Silikagel, geht auf *Siekierski* und *Kotlinska* zurück (*501*). Sie benutzten verdünnte Salpetersäure als Eluierungsmittel und trennten auf diese Weise Niob und Zirkonium. Die Trennung der Seltenen Erden (*142, 500*) und die Beseitigung von Calcium aus großen Scandiumüberschüssen (*503*) gelingt ebenfalls unter diesen Bedingungen. Andere Autoren benutzten Polyvinylchlorid oder -acetat getränkt mit Di(2-äthylhexyl)phosphorsäure als Säulenmaterial und eluierten die dreiwertigen Lanthaniden mit wäßriger Perchlorsäure (*446, 447*). Ähnliche Untersuchungen wurden mit Kieselgur (*504*) und Teflon (*390*) als Trägermaterial gemacht. *Martynenko* u. Mitarb. extrahierten die Seltenen Erden als Nitrate mit TBP und schickten den Extrakt über eine Silikagelsäule, wobei frisches TBP als Eluierungsmittel diente (*352*). *Stronski* u. Mitarb. verwendeten Polytetrafluoräthylen als Säulenmaterial zur radiochemischen Trennung von Ni—Cu, Cu—Zn, Sr—Y, Pb—Bi, Th—U und Cd—TB—U (*541*). Das Säulenmaterial war mit Tri-n-octylphosphinoxid präpariert. Eluiert wurde mit Salzsäure.

Marhol stellte einen Anionenaustauscher auf der Basis von Polystyrol-Phosphonsäure her, der selektiv UO_2^{2+}- und Th^{4+}-Ionen adsorbiert (*349*).

Auch in der Papierchromatographie wurden neutrale und saure phosphororganische Verbindungen als stationäre Phase verwendet (*589*). Die Seltenen Erden lassen sich mit Mineralsäuren vom Papier eluieren und auftrennen (*81*). Mit Tri-n-octylphosphinsulfid (TOPS) als stationäre Phase lassen sich Ag (I), Hg (I) und Pd (II) selektiv aus HNO_3 abtrennen (*135*). Eine vergleichende Untersuchung über die Trennwirkung mit Papieren, die mit TBP, TOPO und Di(2-äthylhexyl)phosphorsäure getränkt wurden, veröffentlichen *O'Laughlin* und *Banks* (*422*). Sie trennten Chloride und Perchlorate von Übergangsmetallen. Die Verwendung von TBP auf Cellulose als Trägermaterial in der Dünnschichtchromatographie wird in der Literatur berichtet (*31*). Eine Mikromethode zur Trennung von Metallionen durch Extraktion in Verbindung mit der Ringofenmethode wird von *West* beschrieben (*594*). Eine der Chromatographie verwandte Methode stellt die „Gel Liquid Extraction" dar. Hierbei wird ein Kopolymerisat von Styrol und Divinylbenzol in eine Säule gefüllt, mit TBP behandelt und damit zur Quellung gebracht. Wäßrige Metallsalzlösungen wie z.B. $UO_2(NO_3)_2$, $Th(NO_3)_4$ oder $Fe(NO_3)_3$ werden auf die so präparierten Säulen gegeben (*42, 507*). In einer Variante dieser Methode benutzt man wassergequollene Ionenaustauschharze, über die Extrakte von Lanthanidennitraten mit Di(2-äthylhexyl)phosphorsäure (*508*) oder salzsaure Uransalzlösungen geschickt werden (*290*).

Die Verwendung langkettiger Amine als flüssige Ionenaustauscher für die selektive Abtrennung von Metallen wurde schon an anderer Stelle erwähnt. Viele der im Labormaßstab entwickelten Trennmethoden wurden später auf die Trennung großer Metallmengen übertragen. Die Arbeitsmethodik entwickelte sich dabei von der chargenweisen Mehrstufenextraktion zu kontinuierlichen Methoden, besonders dann, wenn die Trennfaktoren nur ungenügend groß waren (*534*). Als technisch wichtigste Prozesse (*44*) sind die Trennung der Seltenen Erden (*312*) und Platinmetalle sowie die Aufarbeitung von Spaltprodukten (*304*) und Aktinidenelementen (*13, 34*) sowie die Reindarstellung chemisch verwandter Elemente wie Zirkon und Hafnium zu nennen (*160, 180*).

Einen Einblick in diese Probleme liefern die Monographien von *Treybal* (*549*) sowie *McKay* u. Mitarb. (*364*).

VI. Literatur

1. *Acadden, E. M.*, and *N. E. Ballou:* Anal. Chem. *25*, 1602 (1953).
2. *Adamskiĭ, N. M., S. M. Karpacheva, I. N. Mel'nikov*, and *A. M. Rozen:* Radiokhimiya *2*, 9 (1960).
3. *Afanasev, J. A.*, and *A. V. Nikolaev:* Izv. Sibirsk. Otd. Akad. Nauk SSSR, Ser. Khim. Nauk. *11*, 118 (1963).
4. *Affsprung, H. E.*, and *J. W. Murphy:* Anal. Chim. Acta *32*, 381 (1965).
5. —, and *J. L. Robinson:* Anal. Chim. Acta *37*, 81 (1967).
6. *Aggett, J.:* Chem. Ind. (Düsseldorf) 27 (1966).
7. *Akaiwa, H.*, and *H. Kawamoto:* J. Inorg. Nucl. Chem. *29*, 1345 (1967).
8. *Alcock, K., F. C. Bedford, W. H. Hardwick*, and *H. A. C. McKay:* J. Inorg. Nucl. Chem. *4*, 100 (1957).
9. —, *G. F. Best, E. Hesford*, and *H. A. C. McKay:* J. Inorg. Nucl. Chem. *6*, 328 (1958).
10. —, *S. S. Grimley, T. V. Healy, J. Kennedy*, and *H. A. C. McKay:* Trans. Faraday Soc. *52*, 39 (1956).
11. *Alimarin, I. P.*, and *G. A. Perezhogin:* Zh. Analit. Khim. *20*, 48 (1965).
12. *Allred, A. L.*, and *E. G. Rochow:* J. Inorg. Nucl. Chem. *5*, 264 (1958).
13. *Andsley, A., R. Lind*, and *P. G. England:* Extract. Refining Rarer Metals, Proc. Symp. London *20*, 351 (1956).
14. *Appleman, E. H.:* J. Phys. Chem. *65*, 325 (1961).
15. *Apraksin, I. A., Yu. M. Glubokov, S. S. Korovin*, and *A. M. Rennik:* Zh. Neorgan. Khim. *9*, 2023 (1964).
16. *Arend, K. H.*, u. *H. Specker:* Z. Anorg. Allgem. Chem. *333*, 18 (1964).
17. *Asmus, E., U. Hinz, K. Ohls* u. *W. Richly:* Z. Anal. Chem. *178*, 104 (1960).
18. —, u. *P. Meyer:* Z. Anal. Chem. *190*, 390 (1962).
19. *Athavale, V. T., R. L. Bhasin*, and *B. L. Jangida:* Analyst *87*, 217 (1962).
20. —, *S. V. Gulavane*, and *M. M. Tillu:* Anal. Chim. Acta *23*, 487 (1960).
21. *Babko, A. K.:* J. Gen. Chem. USSR (Eng. Transl.) *16*, 1549 (1946).
22. —, and *J. A. Shevchuk:* Tr. Komis. po Analit. Khim., Akad. Nauk. SSSR, Inst. Geokhim. i Analit. Khim *14*, 148 (1963).

23. *Baes, C. F.:* J. Inorg. Nucl. Chem. *24,* 707 (1962).
24. *Bagnall, K. W.,* and *D. S. Robertson:* U. K. Report No. AERE-C/R-1795 (19.12.1959).
25. *Bailes, R. H.:* U. S. At. Energy Comm. Rep. Dow-125 (1.1.1955).
26. *Baldwin, W. H., C. E. Higgins,* and *B. A. Soldano:* J. Phys. Chem. *63,* 118 (1959).
27. *Bankmann, E.,* u. *H. Specker:* Z. Anal. Chem. *162,* 18 (1958).
28. *Banks, N. K.:* Mining Congr. J. *45,* 44 (1959).
29. *Baram, I. I., G. E. Kaplan,* and *B. N. Laskorin:* Zh. Neorgan. Khim. *10,* 507 (1965).
30. *Baran, V., M. Tympl,* and *E. Cakrt:* Collection Czech. Chem. Commun. *31,* 2382 (1966).
31. *Bark, L. S., G. Duncan,* and *R. J. Graham:* Analyst *92,* 347 (1967).
32. *Barlett, T. W.:* U. S. At. Energy Comm. Rep. No. K-706 (27.2.1951).
33. *Batzar, K., D. E. Goldberg,* and *L. Newman:* J. Inorg. Nucl. Chem. *29,* 1511 (1967).
34. *Baybarz, R. D.,* and *R. E. Leuze:* Nucl. Sci. Eng. *11,* 90 (1961).
35. —, and *B. S. Weaver:* U. S. At. Energy Comm. Rep. ORNL-3185 (1.12.1961).
36. *Beard, H. C.,* and *L. A. Lyerly:* Anal. Chem. *33,* 1781 (1961).
37. *Beck, A.,* and *A. S. Kertes:* Bull. Res. Council Israel, Sect. A *9,* 249 (1960).
38. *Beeston, J. M.,* and *J. R. Lewis:* Anal. Chem. *25,* 651 (1953).
39. *Belcher, R., C. L. Wilson,* and *T. S. West:* New Methods of Anal. Chemistry, 2nd ed., Chapt. VIII. London: Chapman and Hall 1964.
40. *Bennet, W.,* and *J. W. Irvine:* Mass. Inst. Technol. Lab. Nucl. Sci., Prog. Rep. (Febr. 1953).
41. *Bent, H.,* and *C. French:* J. Am. Chem. Soc. *63,* 568 (1941).
42. *Beranová, H.,* and *M. Novák:* Collection Czech. Chem. Commun. *30,* 1073 (1965).
43. *Berg, E. W.,* and *E. Y. Lau:* Anal. Chim. Acta *27,* 248 (1962).
44. —, and *J. R. Sanders:* Anal. Chim. Acta *38,* 377 (1967).
45. —, and *W. I. Senn:* Anal. Chim. Acta *19,* 12, 109 (1958).
46. *Bergman, A. G.,* and *K. Nogoev:* Zh. Neorgan. Khim *7,* 351 (1962).
47. *Bernström, B.,* and *J. Rydberg:* Acta Chem. Scand. *11,* 1173 (1957).
48. *Bjerrum, N.:* Kg. Danske Videnskab. Selskab 7, 9 (1926).
49. *Blake, C. A., C. F. Baes,* and *K. B. Brown:* Ind. Eng. Chem. *50,* 1763 (1958).
50. — — —, *C. F. Coleman,* and *J. C. White:* Proc. U. N. Intern. Conf. Peaceful Uses At. Energy, 2nd, Genf, 1958, *28,* 289 (1959).
51. —, *K. B. Brown,* and *C. F. Coleman:* U. S. At. Energy Comm. Rep. ORNL-1964 (1955).
52. —, *D. E. Horner,* and *J. M. Schmitt:* U. S. At. Energy Comm. Rep. ORNL-2259 (1959).
53. *Blank, A. B.:* Tr. Komis. po Analit. Khim., Akad. Nauk SSSR, Inst. Geokhim. i Analit. Khim. *15,* 30 (1965).
54. *Bock, R.:* Z. Anal. Chem. *133,* 110 (1951).
55. —, u. *G. Beilstein:* Z. Anal. Chem. *192,* 44 (1963).
56. —, u. *E. Bock:* Z. Anorg. Allgem. Chem. *263,* 146 (1950).
57. —, u. *M. Herrmann:* Z. Anorg. Allgem. Chem. *284,* 288 (1956).
58. —, and *T. Hoppe:* Anal. Chim. Acta *16,* 406 (1957).
59. —, u. *C. Hummel:* Z. Anal. Chem. *198,* 176 (1963).
60. —, u. *J. Jainz:* Z. Anal. Chem. *198,* 315 (1963).
61. —, *H. Kusche* u. *E. Bock:* Z. Anal. Chem. *138,* 167 (1953).
62. —, *H. T. Niederauer* u. *K. Behrends:* Z. Anal. Chem. *190,* 33 (1962).

63. *Borkowska, Z., M. Mielcarsky,* and *M. Taube:* J. Inorg. Nucl. Chem. *26,* 359 (1964).
64. *Bostian, H. E.:* Thesis. Iowa State Univ. of Science and Technology. Ames 1959.
65. —, and *M. Smutz:* J. Inorg. Nucl. Chem. *26,* 825 (1964).
66. *Boyd, G. E.,* and *S. Lindenbaum:* Abstr. 134th Meeting, p. 17-I. Chicago, Ill., 1958. J. Am. Chem. Soc., No. 42 (1958).
67. *Brown, K. B.:* Proc. U. N. Intern. Conf. Peaceful Uses At. Energy, 2nd, Genf, 1958, *3,* 472 (1958).
68. *Brubaker, C. H.,* and *C. E. Johnson:* J. Inorg. Nucl. Chem. *9,* 184 (1959).
69. *Buddery, J. H.,* and *W. D. Jamrack:* Chem. and Ind. (London), p. 235 (1959).
70. *Bulanova, I. D.,* and *A. M. Vorob'ev:* Radiokhimiya *6,* 621 (1964).
71. *Bullock, J. I.,* and *D. G. Tuck:* J. Inorg. Nucl. Chem. *28,* 1103 (1966).
72. *Burger, L. L.:* U. S. At. Energy Comm. Rep. HW-44888 (1957).
73. — J. Phys. Chem. *62,* 590 (1958).
74. *Burkin, A. R., N. M. Rice,* and *M. J. Rogers:* In: Solvent Extraction Chemistry, p. 439. Amsterdam: North-Holland Publish. Comp. 1967.
75. *Busev, A. I.,* and *G. P. Rudzit:* Zh. Analit. Khim. *19,* 569 (1964).
76. *Butler, F. E.:* Anal. Chem. *35,* 2069 (1963).
77. *Casey, A. T., E. Davies, T. L. Meek,* and *E. S. Wagner:* In: Solvent Extraction Chemistry, p. 327. Amsterdam: North-Holland Publ. Comp. 1967.
78. *Casey, R. J., J. M. Fardy,* and *W. R. Walker:* J. Inorg. Nucl. Chem. *29,* 1139 (1967).
79. *Casey, A. T.,* and *A. G. Maddock:* J. Inorg. Nucl. Chem. *10,* 289 (1959).
80. *Casey, R. J.,* and *W. R. Walker:* J. Inorg. Nucl. Chem. *29,* 1301 (1967).
81. *Cerrai, E.,* and *C. Testa:* J. Chromatog. *7,* 112 (1962).
82. *Chatelet, M.,* et *C. Nicaud:* Compt. rend. *242,* 1471 (1956).
83. *Choppin, G. R.,* and *J. Ketels:* J. Inorg. Nucl. Chem. *27,* 1335 (1965).
84. *Claassen, A.,* u. *L. Bastings:* Z. Anal. Chem. *160,* 403 (1958).
85. *Cobb, C. E.:* Trans. Faraday Soc. *52,* 39 (1956).
86. *Coleman, C. F.:* U. S. At. Energy. Comm. Rep. ORNL-3516 (29.11.1963).
87. — At. Energy Rev. *2,* 3 (1964).
88. —, *C. A. Blake,* and *K. B. Brown:* Talanta *9,* 297 (1962).
89. —, *K. B. Brown, J. G. Moore,* and *D. J. Crouse:* Ind. Eng. Chem. *50,* 1756 (1958).
90. *Collopy, T. J.,* and *J. F. Blum:* J. Phys. Chem. *64,* 1324 (1960).
91. —, and *J. H. Cavendish:* J. Phys. Chem. *64,* 1328 (1960).
92. *Conocchioli, T. J.:* Univ. Calif., Radiation Lab. Rept. UCRL-10971 (4.9.1963).
93. —, *M. I. Tocher,* and *R. M. Diamond:* J. Phys. Chem. *69,* 1106 (1965).
94. *Copaux, H.:* Compt. rend. *173,* 656 (1921).
95. *Coryell, C. D., J. W. Irvine,* and *J. D. Roberts:* U. S. At. Energy Comm. Rep. AECU-2494 (28.2.1953), AECU-2616 (31.5.1953).
96. *Coursier, J., J. Hure,* and *R. Platzer:* Anal. Chim. Acta *13,* 379 (1955).
97. *Cox, R. P.,* and *G. H. Beyer:* U. S. At. Energy Comm. Rep. ISC-682 (23.12.1955).
98. *Craig, L. C.:* Anal. Chem. *22,* 1346 (1950).
99. — Anal. Chem. *23,* 41 (1951).
100. —, and *O. Post:* Anal. Chem. *21,* 500 (1949).
101. *Cremer, M.:* Diss. Univ. Münster 1959.
102. *Crouse, D. J., K. B. Brown,* and *F. G. Seeley:* U. S. At. Energy Comm. Rep. ORNL-P-1602 (1965).
103. *Cuninghame, J. G., P. Scargill,* and *H. H. Willis:* Harwell Rept. AERE C/M 215 (1954).

104. *Davies, M.*, and *E. Gwynne:* J. Am. Chem. Soc. *74*, 2748 (1952).
105. *Davis, W.*, and *J. Mrochek:* In: Solvent Extraction Chemistry, p. 283. Amsterdam: North-Holland Publ. Comp. 1967.
106. — —, and *C. J. Hardy:* J. Inorg. Nucl. Chem. *28*, 2001 (1966).
107. *De, A. K.*, and *A. K. Sen:* In: Solvent Extraction Chemistry, p. 343. Amsterdam: North-Holland Publ. Comp. 1967.
108. *Denaro, A. R.*, and *V. J. Occleshaw:* Anal. Chim. Acta *13*, 239 (1955).
109. *Deptula, C.*, and *S. Minc:* J. Inorg. Nucl. Chem. *29*, 1097 (1967).
110. — Nukleonika *6*, 197 (1961).
111. *Diamond, R. M.:* J. Phys. Chem. *63*, 659 (1959).
112. — In: Solvent Extraction Chemistry, p. 349. Amsterdam: North-Holland Publ. Comp. 1967.
113. —, and *D. G. Tuck:* Prog. Inorg. Chem. *2*, 109 (1960).
114. *Dinstl, G.*, u. *F. Hecht:* Mikrochim. Acta 895 (1963).
115. *Djordjevic, C.*, and *H. Goričan:* J. Inorg. Nucl. Chem. *28*, 1451 (1966).
116. — —, and *S. L. Tan:* J. Less-Common Metals *11*, 342 (1966).
117. — — — J. Inorg. Nucl. Chem. *29*, 1505 (1967).
118. *Dodson, R. W., G. J. Forney*, and *E. H. Swift:* J. Am. Chem. Soc. *58*, 2573 (1936).
119. *Doll, W.*, u. *H. Specker:* Z. Anal. Chem. *161*, 354 (1958).
120. *Dreze, P.*, and *G. Duyckaerts:* Euratom Report EUR p. 436 (1963).
121. *Duyckaerts, G., P. Dreze*, and *A. Simon:* J. Inorg. Nucl. Chem. *13*, 332 (1960).
122. —, *J. Fuger*, and *W. Müller:* Contrat. Euratom No. 003-61-2 TPU B (1963).
123. *Dwyer, F. P.*, and *N. A. Gibson:* Analyst *76*, 548 (1951).
124. *Dyrssen, D.:* Acta Chem. Scand. *11*, 1277 (1957).
125. — Nucl. Sci. Eng. *16*, 448 (1963).
126. —, and *M. De Jesus Tavares:* Acta Chem. Scand. *20*, 2050 (1966).
127. —, *S. Ekberg*, and *D. H. Liem:* Acta Chem. Scand. *18*, 135 (1964).
128. —, and *F. Krasovec:* Acta Chem. Scand. *13*, 561 (1959).
129. —, and *L. Kuca:* Acta Chem. Scand. *14*, 1945 (1960).
130. —, and *D. H. Liem:* Acta Chem. Scand. *14*, 1091 (1960).
131. — — Acta Chem. Scand. *14*, 1100 (1960).
132. — — Acta Chem. Scand. *18*, 224 (1964).
133. —, *J. O. Liljenzin*, and *J. Rydberg:* Solvent Extraction Chemistry, Proc. Intern. Conf., Gothenburg Schweden 1966. Amsterdam: North-Holland Publ. Comp. 1967.
134. *Edmonds, S. M.*, and *N. Birnbaum:* J. Am. Chem. Soc. *63*, 1471 (1941).
135. *Elliott, D. E.*, and *C. V. Banks:* Anal. Chim. Acta *33*, 237 (1965).
136. *Ellis, K. W.*, and *N. A. Gibson:* Anal. Chim. Acta *9*, 369 (1953).
137. *Fedorenko, N. V.*, and *T. I. Ivanova:* Zh. Neorgan. Khim. *10*, 721 (1965).
138. *Fejfar, V.*, and *F. Pechar:* Chem. Prumysl *13*, 80 (1963).
139. *Ferraro, J. R.:* J. Inorg. Nucl. Chem. *10*, 319 (1959).
140. —, *G. W. Mason*, and *D. F. Peppard:* J. Inorg. Nucl. Chem. *22*, 285 (1961).
141. —, and *D. F. Peppard:* Nucl. Sci. Eng. *16*, 389 (1963).
142. *Fidelis, I.*, and *S. Siekierski:* J. Chromatog. *5*, 161 (1961).
143. *Fischer, W.:* Angew. Chem. *66*, 319 (1954).
144. —, *K. Biesenberger, J. Heppner* u. *U. Neitzel:* Chem.-Ingr.-Tech. *36*, 85 (1964).
145. —, u. *R. Bock:* Z. Anorg. Allgem. Chem. *249*, 146 (1942).
146. —, u. *K. J. Bramekamp:* D. B. P. 1.028.107 (17.4.1958).
147. — — D. B. P. 1.052.968 (19.3.1959).
148. — —, *M. Klinge* u. *H. P. Pohlmann:* Z. Anorg. Allgem. Chem. *329*, 44 (1964).
149. —, u. *W. Chalybaeus:* Z. Anorg. Allgem. Chem. *254*, 79 (1947).

150. — — u. *C. Zumbusch:* Z. Anorg. Allgem. Chem. *255*, 277 (1948).
151. —, *W. Dietz* u. *O. Jübermann:* Naturwiss. *25*, 348 (1937).
152. —, *W. Harre, W. Freese* u. *K. G. Hackstein:* Angew. Chem. *66*, 165 (1954).
153. —, *H. P. Pohlmann* u. *K. Adam:* Z. Anorg. Allgem. Chem. *328*, 252 (1964).
154. *Fletcher, J. M., I. L. Jenkins, F. M. Lever, F. S. Martin, A. R. Powell,* and *R. Todd:* J. Inorg. Nucl. Chem. *1*, 378 (1955).
155. —, *C. E. Lyon,* and *A. G. Wain:* J. Inorg. Nucl. Chem. *27*, 1841 (1965).
156. —, *D. F. C. Morris,* and *A. G. Wain:* J. Nucl. Chem. *2*, 224 (1957).
157. *Fomin, V. V.:* Chemistry of Extraction Processes. Israel Program for Scientific Translations 1962, PST Cat. No. 802.
158. —, and *E. P. Maĭorova:* Zh. Neorg. Khim. *5*, 1100 (1960).
159. —, and *T. J. Rudenko:* Radiokhimiya *7*, 33 (1965).
160. *Foos, R. A.,* and *H. A. Wilheim:* U. S. At. Energy Comm. Rep. ISC-693 (1.7.1954).
161. *Freiser, H.:* Anal. Chem. *38*, 131 R (1966).
162. —, and *G. H. Morrison:* Ann. Rev. Nucl. Sci. *9*, 221 (1959).
163. *Fuoss, R. M.:* Trans. Faraday Soc. *30*, 967 (1934).
164. *Firman, N. H., R. J. Mundy,* and *G. H. Morrison:* U. S. At. Energy Comm. Rep. AECD-2938.
165. *Gal, I. J.,* and *R. M. Nicolic:* J. Inorg. Nucl. Chem. *28*, 563 (1966).
166. —, and *A. Ruvarac:* Bull. Inst. Nucl. Sci. „Boris Kidrich" (Belgrad) *8*, 67 (1958).
167. *Garwin, L.,* and *A. M. Hixson:* Ind. Eng. Chem. *41*, 2303 (1949).
168. *Gavrilov, K. A., E. Gwozdz, J. Stary,* and *T. S. Wang:* Talanta *13*, 471 (1966).
169. *Giganov, G. P., V. D. Ponomarev,* and *O. A. Khan:* Razdelenie Blizkikh po Svoistvam Redkikh Metal. 79 (1962).
170. *Gindin, L. M., S. N. Ivanova, A. A. Mazurova, A. A. Vasilyeva, L. Ya. Mironova, A. P. Sokolov,* and *P. P. Smirnov:* In: Solvent Extraction Chemistry, p. 433. Amsterdam: North-Holland Publ. Comp. 1967.
171. *Ging, N. S.:* Anal. Chem. *28*, 1330 (1956).
172. *Glueckauf, E.:* Ind. Chim. Belge *23*, 227 (1958).
173. —, *A. R. Mathieson,* and *H. A. C. McKay:* Trans. Faraday Soc. *47*, 437 (1951).
174. *Goble, A. G.,* and *A. G. Maddock:* J. Inorg. Nucl. Chem. *7*, 94 (1958).
175. *Goffart, J.,* and *G. Duyckaerts:* Anal. Chim. Acta *36*, 499 (1966).
176. — — Anal. Chim. Acta *39*, 57 (1967).
177. — — Anal. Chim. Acta *38*, 529 (1967).
178. *Goltermann, H. L.,* and *I. M. Wurtz:* Anal. Chim. Acta *25*, 295 (1961).
179. *Golub, A. M., M. I. Olevinskii,* and *E. F. Latsenko:* Ukr. Khim. Zh. *31*, 12 (1965).
180. *Googin, J. M.:* Progr. Nucl. Energy, Ser III. *2*, p. 194.
181. *Goričan, H.,* and *C. Djordjevic:* Croat. Chem. Acta *37*, 265 (1965).
182. —, and *D. Grdenic:* Proc. Chem. Soc., p. 288 (1960).
183. *Gourisse, D.:* In: Solvent Extraction Chemistry, p. 373. Amsterdam: North-Holland Publ. Comp. 1967.
184. *Grdenic, D.,* and *V. Jagodic:* J. Inorg. Nucl. Chem. *26*, 167 (1964).
185. —, and *B. Korpar:* J. Inorg. Nucl. Chem. *12*, 149 (1959).
186. *Green, H.:* Metallurgia *70*, 143, 201, 254, 299 (1964).
187. — Talanta *11*, 1561 (1964).
188. *Green, M.,* and *J. A. Kafalas:* J. Chem. Phys. *22*, 760 (1954).

189. *Gruen, D. M., S. Fried, P. Graf,* and *R. L. McBeth:* Proc. U. N. Intern. Conf. Peaceful Uses At. Energy, 2nd, Genf, 1958, *28,* p. 112 (1959).
190. *Günzler, G.:* J. Prakt. Chem. *19,* 68 (1963).
191. — Z. Chem. *4,* 233 (1964).
192. —, u. *P. Mühl:* 1. Intern. Symp. Reinstst. Wiss. Techn., Tagungsbericht Seite 193. Dresden 1961.
193. — — J. Prakt. Chem. *23,* 71 (1964).
194. *Hahn, H. T.,* and *E. Van der Wall:* J. Inorg. Nucl. Chem. *26,* 191 (1964).
195. *Hála, J.:* J. Inorg. Nucl. Chem. *29,* 1777 (1967).
196. —, and *O. Navrátil:* Collection Czech. Chem. Commun. *30,* 1813 (1965).
197. — —, and *V. Nechuta:* J. Inorg. Nucl. Chem. *28,* 553 (1966).
198. *Halpern, M., T. Kim, A. S. Kertes,* and *N. C. Li:* Can. J. Chem. *42,* 877 (1964).
199. *Handley, T. H.,* and *J. A. Dean:* Anal. Chem. *32,* 1878 (1960).
200. — — Anal. Chem. *33,* 1087 (1961).
201. — — Anal. Chem. *34,* 1312 (1962).
202. *Hardy, C. J., B. F. Greenfield,* and *D. Scargill:* J. Chem. Soc., 90 (1961).
203. —, and *D. Scargill:* J. Inorg. Nucl. Chem. *13,* 174 (1960).
204. — —, and *J. M. Fletcher:* J. Inorg. Nucl. Chem. *7,* 257 (1958).
205. *Hartkamp, H.,* u. *H. Specker:* Angew. Chem. *68,* 678 (1956).
206. — — Naturwissenschaften *43,* 421 (1956).
207. — — Talanta *2,* 67 (1959).
208. *Harvey, A. E.,* and *D. L. Manning:* J. Am. Chem. Soc. *72,* 4488 (1950).
209. *Havelka, S.,* and *M. Beran:* Rept. Inst. Nucl. Res., Czech. Acad. Sci U. J. V. 938 (1963).
210. *Healy, T. V.:* J. Inorg. Nucl. Chem. *19,* 314 (1961).
211. — J. Inorg. Nucl. Chem. *19,* 328 (1961).
212. —, and *J. R. Ferraro:* J. Inorg. Nucl. Chem. *24,* 1449 (1962).
213. —, and *J. Kennedy:* J. Inorg. Nucl. Chem. *10,* 137 (1959).
214. — —, and *G. M. Waind:* J. Inorg. Nucl. Chem. *10,* 137 (1959).
215. —, and *H. A. C. McKay:* Trans. Faraday Soc. *52,* 633 (1956).
216. — — Rec. Trav. Chim. *75,* 730 (1956).
217. *Hecht, F.,* u. *A. Grünwald:* Mikrochem. ver. Mikrochim. Acta *30,* 279 (1943).
218. *Hecker, E.:* Verteilungsverfahren im Laboratorium. Weinheim: Verlag Chemie 1955.
219. *Hertzog, D.:* French Report CEA-R 2628 (1964).
220. *Hesford, E., E. E. Jackson,* and *H. A. C. McKay:* J. Inorg. Nucl. Chem. *9,* 279 (1959).
221. —, and *H. A. C. McKay:* Trans. Faraday Soc. *54,* 573 (1958).
222. — — J. Inorg. Nucl. Chem. *13,* 165 (1960).
223. — —, and *D. Scargill:* J. Inorg. Nucl. Chem. *4,* 321 (1957).
224. *Hicks, H. G.,* and *R. S. Gilbert:* U. S. At. Energy Comm. Rep. MTA-33.
225. *Hikime, S., H. Yoshida,* and *Y. Uzumasa:* Japan Analyst *8,* 531 (1959).
226. *Hitchcock, R. B., J. A. Dean,* and *T. H. Handley:* Anal. Chem. *35,* 254 (1963).
227. *Högfeldt, E.,* u. *F. Fredlund:* Trans. Roy. Inst. Technol. Stockholm No. 226 (1964).
228. *Hövermann, G.:* Diss. Univ. Münster 1962.
229. *Holme, A.,* and *F. J. Langmyhr:* Anal. Chim. Acta *36,* 383 (1966).
230. *Horn, F.:* Chem.-Ingr.-Tech. *36,* 99 (1964).
231. *Horner, E.,* and *C. F. Coleman:* U. S. At. Energy Comm. Rep. ORNL-3051 (1.2.1961).
232. *Horrocks, D. L.,* and *A. Voigt:* J. Am. Chem. Soc. *79,* 2440 (1957).
233. *Horton, C. A.,* and *J. C. White:* Talanta *7,* 215 (1961).

234. *Hoshino, Y.:* Japan Analyst *11*, 1032 (1962).
235. *Huffmann, E. J.*, and *L. J. Beaufait:* J. Am. Soc. *71*, 3179 (1949).
236. *Hyde, E. K.:* Proc. Intern. Conf. Peaceful Uses At. Energy, Genf, 1955, *7*, 281 (1956).
237. *Ichikawa, F.:* Bull. Chem. Soc. Japan *34*, 183 (1961).
238. *Ihle, H., H. Michael* u. *A. Murenhoff:* Ber. Kernforschungsanlage Jülich 1962.
239. *Irving, H. M.:* In: Solvent Extraction Chemistry, p. 91. Amsterdam: North-Holland Publ. Comp. 1967.
240. —, and *N. Al-Niaimi:* J. Inorg. Nucl. Chem. *27*, 717 (1965).
241. —, and *D. N. Edgington:* J. Inorg. Nucl. Chem. *10*, 306 (1959).
242. — — Proc. Chem. Soc., p. 360 (1959).
243. — — J. Inorg. Nucl. Chem. *15*, 158 (1960).
244. — — J. Inorg. Nucl. Chem. *20*, 314 (1961).
245. — — J. Inorg. Nucl. Chem. *21*, 169 (1961).
246. — — Chem. and Ind. (London), p. *77* (1961).
247. — — J. Inorg. Nucl. Chem. *27*, 1359 (1965).
248. —, and *D. C. Lewis:* Proc. Chem. Soc., p. 222 (1960).
249. —, and *T. B. Pierce:* J. Chem. Soc., p. 2565 (1959).
250. —, and *F. J. C. Rossotti:* Analyst *77*, 801 (1952).
251. —, and *R. J. Williams:* In: Treatise on Analytical Chemistry, Vol. III, Sect. C, Chapt. 31. New York: Wiley 1961.
252. *Isaac, N. M., P. R. Fields*, and *D. M. Gruen:* J. Inorg. Nucl. Chem. *21*, 152 (1961).
253. —, *J. W. Wilkins*, and *P. R. Fields:* J. Inorg. Nucl. Chem. *15*, 151 (1960).
254. *Ishimori, T.*, et. al.: Japan At. Energy Res. Inst. Rept., Res. Rept. 1047 (1963).
255. —, *K. Kimura, T. Fujino*, and *H. Murakami:* Nippon Genshiryoku Gakkaishi 4, 117 (1962).
256. —, *E. Nakamura*, and *H. Murakami:* J. At. Energy Soc. Japan *3*, 193 (1961).
257. — — — J. At. Energy Soc. Japan *3*, 590 (1961).
258. —, *C. T. Rhee*, and *T. Y. Fujino:* J. At. Energy Soc. Japan *4*, 837 (1962).
259. —, and *H. M. Sammour:* J. At. Energy Soc. Japan *3*, 344 (1961).
260. — —, *K. Kimura, H. Murakami*, and *T. Izumi:* J. At. Energy Soc. Japan *3*, 698 (1961).
261. —, *K. Watanabe*, and *T. Fujino:* J. At. Energy Soc. Japan *3*, 507 (1961).
262. — —, and *K. Kimura:* J. At. Energy Soc. Japan *2*, 750 (1960).
263. — —, and *E. Nakamura:* Bull. Chem. Soc. Japan *33*, 636 (1960).
264. *Ito, T.*, and *J. Hoshino:* Bull. Tokyo Inst. Technol. *52*, 9 (1963).
265. *Iwase, E.*, and *T. Isono:* Sci. Papers Inst. Phys. Chem. Res. (Tokyo) *53*, 13 (1959).
266. *Jackwerth, E.:* Diss. Univ. Münster 1959.
267. — Z. Anal. Chem. *202*, 81 (1964).
268. — Z. Anal. Chem. *206*, 269 (1964).
269. — Z. Anal. Chem. *206*, 335 (1964).
270. — Z. Anal. Chem. *211*, 254 (1965).
271. — Z. Anal. Chem. *216*, 73 (1966).
272. —, u. *E. L. Schneider:* Z. Anal. Chem. *207*, 188 (1965).
273. —, u. *H. Specker:* Z. Anal. Chem. *168*, 340 (1959).
274. — — Z. Anal. Chem. *177*, 327 (1960).
275. *Jenkins, I. L.*, and *H. A. C. McKay:* Trans. Faraday Soc. *50*, 107 (1954).
276. *Job, P.:* Compt. Rend. *180*, 928 (1925).
277. — Ann. Chim. Phys. *9*, 113 (1928).
278. *Jofa, B. Z.*, and *G. M. Daker:* Radiokhimiya *6*, 411 (1964).
279. *Jones, M.:* J. Am. Chem. Soc. *81*, 4485 (1959).

280. *Käärik, K.:* Radiometer Polarographics *2,* 105 (1953).
281. *Kakita, Y.,* and *H. Goto:* Sci. Rept. RITU, A-*15,* 1 (1963).
282. *Kanamori, S.,* and *M. Tanaka:* Bunseki Kagaku, Shinpo Sosetsu 110 R (1964).
283. *Kaplan, L., R. A. Hildebrandt* u. *M. Ader:* J. Inorg. Nucl. Chem. *2,* 153 (1956).
284. *Katz, S. A., W. M. McNabb,* and *J. F. Hazel:* Anal. Chim. Acta *27,* 405 (1962).
285. *Katzin, L. I.:* J. Inorg. Nucl. Chem. *20,* 300 (1961).
286. — J. Inorg. Nucl. Chem. *24,* 245 (1962).
287. — In: The Chemistry of Non-Aqueous Solvents, p. 173. New York: Academic Press.
288. *Keder, W. E.:* J. Inorg. Nucl. Chem. *16,* 138 (1960).
289. — *J. C. Sheppard,* and *A. S. Wilson:* J. Inorg. Nucl. Chem. *12,* 327 (1960).
290. *Kennedy, J.,* and *F. Burford:* J. Inorg. Nucl. Chem. *14,* 114 (1960).
291. *Kern, E. F.:* J. Am. Chem. Soc. *23,* 685 (1901).
292. *Kertes, A. S.:* J. Inorg. Nucl. Chem. *14,* 104 (1960).
293. —, and *M. Halpern:* Bull. Res. Council Israel, Sect. A *9,* 248 (1960).
294. — — J. Inorg. Nucl. Chem. *16,* 308 (1961).
295. —, and *V. Kertes:* Can. J. Chem. *38,* 612 (1960).
296. *Kettrup, A.:* Diss. Univ. Münster 1966.
297. —, u. *H. Specker:* Z. Anal. Chem. *230,* 241 (1967).
298. *Khattak, M. A.,* and *R. J. Magee:* Anal. Chim. Acta *35,* 17 (1966).
299. *Khorasani, S. S.:* Pakistan J. Sci. Res. *14,* 80 (1962).
300. *Kiba, T., S. Ohashi,* and *T. Maeda:* Bull. Chem. Soc. Japan *33,* 818 (1960).
301. *Kitahara, S.:* Bull. Inst. Phys. Chem. Res. (Tokio) *24,* 454 (1948).
302. — Bull. Inst. Phys. Chem. Res. (Tokio) *25,* 165 (1949).
303. *Koch, O. G.,* u. *G. A. Koch-Dedic:* Handbuch der Spurenanalyse. Berlin–Göttingen–Heidelberg–New York: Springer 1964.
304. *Köpselmann, R., M. Beer, S. Niese* u. *D. Naumann:* Extraktive Aufarbeitung bestrahlter Kernbrennstoffe. Berlin: Akademie-Verlag 1960.
305. *Kolařík, Z.:* In: Solvent Extraction Chemistry, p. 250. Amsterdam: North-Holland Publ. Comp. 1967.
306. —, *J. Hejna,* and *A. Moravek:* J. Inorg. Nucl. Chem. *29,* 1279 (1967).
307. *Kolling, O. W.:* Anal. Chem. *37,* 436 (1965).
308. *Koppikar, K. S., V. G. Korgaonkar,* and *T. K. S. Murthy:* Anal. Chim. Acta. *20,* 366 (1959).
309. *Korovin, S. S., K. Dedich, A. N. Lebedeva,* and *A. M. Reznik:* Zh. Neorgan. Khim. *7,* 2475 (1962).
310. —, *E. N. Lebedeva, K. Dedich, A. Reznik,* and *A. M. Rozen:* Zh. Neorgan. Khim. *10,* 518 (1965).
311. —, *A. M. Reznik,* and *I. A. Apraksin:* Zh. Neorgan. Khim. *7,* 1483 (1962).
312. *Korpusov, G. V., Y. S. Krylov,* and *E. P. Zhirov:* Redkozem. Elementy, Akad. Nauk SSSR, Inst. Geokhim. Analit. Khim. 211 (1963).
313. *Kosolapoff, G. M.,* and *J. S. Powell:* J. Chem. Soc., p. 3535 (1950).
314. *Kraus, K. A.,* and *F. Nelson:* Proc. Intern. Conf. Peaceful Uses At. Energy, Genf, 1955, *7,* 113 (1956).
315. *Kreevoy, M. M.,* and *K. E. McCaleb:* U. S. Patent 3.239.565 (8.3.1966).
316. *Kubala, J.:* Zeszyty Nauk. Politech. Slask., Chem. *24,* 95 (1964).
317. —, and *D. Mazonska:* Roczniki Chem. *38,* 527 (1964).
318. *Kuča, L.:* Jaderna Energie *8,* 286 (1962).
319. —, *E. Högfeldt,* and *L. G. Sillen:* In: Solvent Extraction Chemistry, p. 454. Amsterdam: North-Holland Publ. Comp. 1967.
320. *Kurina, N. V.:* Tr. Gor'kovsk. Politekhn. Inst. *13,* 85 (1957).
321. *Kuznetsov, V. I.,* and *L. I. Moseev:* Radiokhimiya *6,* 280 (1964).

322. *Kuznetsova, E. M., G. M. Panchenkov,* and *N. A. Kresova:* Zh. Fiz. Khim. *40,* 688 (1966).
323. *Kuznetsova, Yu. S., I. N. Plaksin,* and *N. A. Suvozovskaya:* Izv. Akad. Nauk. SSSR, Otd. Tekhn. Nauk., Met. i Toplivo *4,* 59 (1962).
324. *Kyrs, M.:* Chem. Listy *59,* 193 (1965).
325. *Laskorin, B. W.,* and *V. F. Smirnov:* Zh. Prikl. Khim. *38,* 2439 (1965).
326. *Lebedeva, E. N., S. S. Korovin,* and *A. M. Rozen:* Zh. Neorg. Khim. *9,* 174 (1964).
327. *Lennemann, W.:* Diss. Univ. Bochum 1967.
328. *LeRoux, L. J.:* Tydskr. Naturwetenskappe *3,* 25 (1963).
329. *Leuze, R. E., R. D. Baybarz,* and *B. Weaver:* Nucl. Sci. Eng. *17,* 252 (1963).
330. *Levin, I. S.:* Zh. Prikl. Khim. *35,* 2368 (1962).
331. *Levitt, A. E.,* and *H. Freund:* J. Am. Chem. Soc. *76,* 1545 (1954).
332. *Lewis, J., J. R. Miller, R. C. Richards,* and *A. Thompson:* J. Chem. Soc., p. 5850 (1965).
333. *Li, N. C., S. M. Wang,* and *W. R. Walker:* J. Inorg. Nucl. Chem. *27,* 2263 (1965).
334. *Lieser, K. H.,* u. *K. Hübenthal:* Z. Anal. Chem. *207,* 5 (1965).
335. *Lloyd, P. J.,* and *E. A. Mason:* J. Phys. Chem. *68,* 3120 (1964).
336. *Lueck, C. H.,* and *D. F. Boltz:* Anal. Chem. *28,* 1168 (1956).
337. *Maddock, G.,* and *G. L. Miles:* J. Chem. Soc., p. 253 (1949).
338. *Maeck, W. J., G. L. Booman, M. E. Kussy,* and *J. E. Rein:* Anal. Chem. *33,* 1775 (1961).
339. —, *M. E. Kussy, B. E. Ginther, G. V. Wheeler,* and *J. E. Rein:* Anal. Chem. *35,* 62 (1963).
340. — —, and *J. E. Rein:* Anal. Chem. *34,* 1602 (1962).
341. *Maǐorova, E. P.,* and *V. V. Fomin:* Zh. Neorgan. Khim. *3,* 1937 (1958).
342. — — Russ. J. Inorg. Chem. (English Transl.) *4,* 1156 (1959).
343. *Mann, C. K.,* and *J. C. White:* Anal. Chem. *30,* 989 (1958).
344. *Manning, P. G.:* Can. J. Chem. *40,* 1684 (1962).
345. —, and *C. Pranowo:* Can. J. Chem. *42,* 708 (1964).
346. *Marcus, Y.:* Acta Chem. Scand. *11,* 329 (1957).
347. — Chem. Rev. *63,* 139 (1963).
348. — In: Solvent Extraction Chemistry, p. 555. Amsterdam: North-Holland Publ. Comp. 1967.
349. *Marhol, M.:* Z. Anal. Chem. *231,* 265 (1967).
350. *Markovits, G.,* and *A. S. Kertes:* In: Solvent Extraction Chemistry, p. 390. Amsterdam: North-Holland Publ. Comp. 1967.
351. *Martin, B., D. W. Ockenden,* and *J. K. Forman:* J. Inorg. Nucl. Chem. *21,* 96 (1961).
352. *Martynenko, L. J., G. K. Eremin,* and *A. I. Kamenev:* Russ. J. Inorg. Chem. (English Transl.) *4,* 2639 (1959).
353. *Mason, G. W., S. McCarty,* and *D. F. Peppard:* J. Inorg. Nucl. Chem. *24,* 967 (1962).
354. —, *S. Lewey,* and *D. F. Peppard:* J. Inorg. Nucl. Chem. *26,* 2271 (1964).
355. —, and *D. F. Peppard:* Nucl. Sci. Eng. *17,* 247 (1963).
356. *Mazurova, A. A.,* and *L. M. Gindin:* Zh. Neorgan. Khim. *10,* 489 (1965).
357. *McBryde, W. A.,* and *J. H. Yoe:* Anal. Chem. *20,* 1094 (1948).
358. *McDowell, W. J.,* and *C. F. Coleman:* J. Inorg. Nucl. Chem. *28,* 1083 (1966).
359. *McHenry, R. E.,* and *C. J. Posey:* Ind. Eng. Chem. (Intern. Edition) *53,* 647 (1961).
360. *McKay, H. A. C.:* Chem. and. Ind. (London), p. 1549 (1954).

361. — Progr. Nucl. Energy, Ser. III. *1*, 122 (1956).
362. — Proc. Intern. Conf. Peaceful Uses At. Energy, Genf *7*, 314 (1956).
363. —, and *T. V. Healy:* Progr. Nucl. Energ. Ser. III. *2*. London: Pergamon Press 1958.
364. — —, *I. L. Jenkins*, and *A. Naylor:* In: Solvent Extraction Chemistry of Metals. London: McMillan 1965.
365. —, and *R. J. W. Streeton:* J. Inorg. Nucl. Chem. *27*, 879 (1965).
366. *Medredeva, E.*, and *B. V. Gromov:* Tr. Mosk. Khim.-Tekhnol. Inst. No. *47*, 140 (1964).
367. *Meider-Goričan, H.:* In: Solvent Extraction Chemistry, p. 278. Amsterdam: North-Holland Publ. Comp. 1967.
368. *Meinke, W. W.:* U. S. At. Energy Comm. Rep. AECD-2738.
369. *Melnick, L. M.:* Dissertation Abstr. *14*, 760 (1954).
370. —, and *H. Freiser:* Anal. Chem. *27*, 462 (1955).
371. — —, and *H. F. Beeghly:* Anal. Chem. *25*, 856 (1953).
372. *Mencis, I.*, and *T. R. Sweet:* Anal. Chem. *35*, 1904 (1963).
373. *Mielcarsky, M.*, and *M. Taube:* Nukleonika *9*, 596 (1962).
374. *Mikhailov, V. A.*, and *A. G. Nazin:* Izv. Sibirsk. Otd. Akad. Nauk SSSR, Ser. Khim. Nauk *21* (1964).
375. *Millard, W. R.*, and *R. P. Cox:* U. S. At. Energy Comm. Rep. No. ISC-234 (26.2.1957).
376. *Mills, A. L.*, and *W. R. Logan:* J. Inorg. Nucl. Chem. *26*, 2191 (1964).
377. — — In: Solvent Extraction Chemistry, p. 322. Amsterdam: North-Holland Publ. Comp. 1967.
378. *Milner, G. W. C., G. A. Barnett*, and *A. A. Smales:* Analyst *80*, 380 (1955).
379. —, and *J. W. Edwards:* Anal. Chim. Acta *13*, 230 (1955).
380. *Mishchenko, V. T., R. S. Lauer, N. P. Efrynshina*, and *N. S. Poluektov:* Ukr. Khim. Zh. *31*, 1189 (1965).
381. *Moisenko, E. J.*, and *A. M. Rozen:* Radiokhimiya *2*, 274 (1960).
382. *Moore, F. L.:* U. S. At. Energy Comm. NAS-NS-3101 (1960).
383. — Anal. Chem. *32*, 1075 (1960).
384. — Anal. Chem. *33*, 748 (1961).
385. *Moriyama, J.*, and *J. Kushima:* Trans. Japan. Inst. Metals *5*, 39 (1964).
386. *Morozov, A. A.*, and *N. A. Kisel:* Ukr. Khim. Zh. *31*, 411 (1965).
387. *Morris, D. F. C.*, and *M. W. Jones:* J. Inorg. Nucl. Chem. *27*, 2454 (1965).
388. —, and *E. L. Short:* J. Inorg. Nucl. Chem. *25*, 291 (1963).
389. *Morrison, G. H.*, and *H. Freiser:* Anal. Chem. *36*, 93R (1964).
390. *Moskvin, L. N.:* Radiochemistry (USSR) (English Transl.) *5*, 708 (1963).
391. *Mrochek, J. E.*, and *C. V. Banks:* J. Inorg. Nucl. Chem. *27*, 589 (1965).
392. *Müller, W., G. Duyckaerts*, and *F. Maino:* AEC Acession No. 20038, Rept. No. EUR-2245e (1965).
393. *Murphy, J. W.:* Dissertation Abstr. *25*, 3234 (1964).
394. *Murray, B. B.*, and *R. G. Axtmann:* Anal. Chem. *31*, 450 (1959).
395. *Musil, A.*, u. *G. Weidmann:* Mikrochim. Acta 476 (1959).
396. *Mylius, F.*, u. *C. Hüttner:* Ber. Deut. Chem. Ges. *44*, 1315 (1911).
397. *Nachtrieb, N. H.*, and *J. G. Conway:* J. Am. Chem. Soc. *70*, 3547 (1948).
398. —, and *R. E. Fryxell:* J. Am. Chem. Soc. *71*, 4035 (1949).
399. *Nadig, E. W.*, and *M. Smutz:* U. S. At. Energy Comm. Rep. IS-595, Chem. (UC-4), TID-4500 (1.8.1963).
400. *Nakamura, E.:* J. At. Energy Soc. Japan *3*, 684 (1961).
401. *Namiki, M., Y. Kakita*, and *H. Goto:* Sci. Rept. Res. Inst., Tohoku Univ., Ser. A. *14*, 239 (1962).

402. *Nelidow, J.*, and *R. M. Diamond:* J. Phys. Chem. *59*, 710 (1955).
403. — — J. Phys. Chem. *61*, 1522 (1957).
404. *Nelson, A. D., J. L. Fasching*, and *R. L. McDonald:* J. Inorg. Nucl. Chem. *27*, 439 (1965).
405. *Nemodruk, A. A., Y. P. Novikov, A. M. Lukin*, and *I. D. Kalinina:* Zh. Anal. Khim. *16*, 292 (1961).
406. —, and *I. E. Vorotnickaja:* Zh. Anal. Khim. *17*, 481 (1962).
407. *Nenarokomov, E. A.*, and *I. G. Slepchenko:* Russ. J. Inorg. Chem. (English Transl.) *8*, 1459 (1963).
408. *Nernst, W.:* Z. Physik. Chem. (Frankfurt) *8*, 110 (1891).
409. *Nikolaev, A. V.:* Dokl. Akad. Nauk. SSSR *164*, 1323 (1965).
410. —, and *J. A. Afanas'ev:* Dokl. Akad. Nauk. SSSR *155*, 374 (1964).
411. —, *Yu. A. Afanas'ev, A. I. Ryabinin*, and *T. I. Koroleva:* Dokl. Akad. Nauk. SSSR *159*, 851 (1964).
412. —, *S. M. Shubina*, and *N. M. Sinitsyn:* Dokl. Akad. Nauk. SSSR *127*, 578 (1959).
413. —, *N. M. Sinitsyn*, and *S. M. Shubina:* Gosatomizdat *2*, 63 (1962).
414. *Nishimura, S., J. Moriyama*, and *I. Kushima:* Trans. Japan Inst. Metals *5*, 79 (1964).
415. —, *I. Tokura*, and *Y. Kondo:* Mem. Fac. Eng. Kyoto Univ. *27*, 202 (1965).
416. *Nomura, S.*, and *R. Hara:* Anal. Chim. Acta *25*, 212 (1961).
417. *Norström, A.*, and *L. G. Sillen:* Svensk Kem. Tidskr. *60*, 227 (1948).
418. *Ohwada, K.*, and *T. Ishihara:* J. Inorg. Nucl. Chem. *28*, 2343 (1966).
419. *Oka, Y.*, and *T. Kato:* Nippon Kagaku Zasshi *86*, 1153 (1965).
420. — — Nippon Kagaku Zasshi *87*, 580 (1966).
421. *Olander, D. R.*, and *M. Benedict:* Nucl. Sci. Eng. *15*, 354 (1963).
422. *O'Laughlin, J. W.*, and *C. V. Banks:* Anal. Chem. *36*, 1222 (1964).
423. *Olszer, R.*, and *S. Siekierski:* J. Inorg. Nucl. Chem. *28*, 1991 (1966).
424. *Omori, T.*, and *N. Suzuki:* Bull. Chem. Soc. Japan *36*, 850 (1963).
425. *Oparina, A. F.:* Zh. Neorgan. Khim. *6*, 2364 (1961).
426. *Orlov, Yu. F., B. I. Ionich*, and *V. P. Shvedov:* Zh. Obshch. Khim. *35*, 2046 (1964).
427. *Oshima, K.:* Nippon Genshiryoku Gakkaishi *4*, 166 (1962).
428. *Ostromisslenski, J.:* Ber. *44*, 268, 1189 (1911).
429. *Pauling, L.*, and *J. Sherman:* J. Am. Chem. Soc. *59*, 1450 (1937).
430. *Peligot, E.:* Ann. Chim. Phys. *5*, 1, 7, 42 (1842).
431. *Peppard, D. F.:* Liquid-Liquid Extraction of Metal Ions. In: Advan. Inorg. Nucl. Chem. Vol. 9. New York: Academic Press 1966.
432. —, *J. P. Faris, P. R. Gray*, and *G. W. Mason:* J. Phys. Chem. *57*, 294 (1953).
433. —, *M. M. Markus*, and *P. R. Gray:* Am. Chem. Soc., 124 Meet. Chicago 1953 Abstr. Pap. 56R, No. 131.
434. —, and *G. W. Mason:* U. S. Patent 2.955.913 (10.11.1960).
435. — — Nucl. Sci. Eng. *16*, 382 (1963).
436. — — Argonne Natl. Lab. Rev. *1*, 11 (1964).
437. — —, *W. J. Driscoll*, and *R. J. Sironen:* J. Inorg. Nucl. Chem. *7*, 276 (1958).
438. — —, and *I. Hucher:* J. Inorg. Nucl. Chem. *18*, 245 (1961).
439. — — —, and *F. A. Brandao:* J. Inorg. Nucl. Chem. *24*, 1387 (1962).
440. — —, and *S. Lewey:* J. Inorg. Nucl. Chem. *27*, 2065 (1965).
441. — —, and *S. McCarty:* J. Inorg. Nucl. Chem. *13*, 138 (1960).
442. — —, and *J. L. Maier:* J. Inorg. Nucl. Chem. *3*, 215 (1956).
443. — — —, and *W. J. Driscoll:* J. Inorg. Nucl. Chem. *4*, 334 (1957).
444. — —, and *R. J. Sironen:* J. Inorg. Nucl. Chem. *10*, 117 (1959).

445. *Petrov, A. V., A. V. Karyakin,* and *K. V. Marunova:* Zh. Neorgan. Khim. *10,* 986 (1965).
446. *Pierce, T. B.,* and *P. F. Peck:* Nature *194,* 84 (1962).
447. — —, and *R. S. Hobbs:* J. Chromatog. *12,* 81 (1963).
448. *Pilipenko, A. T.:* Zh. Analit. Khim. *8,* 286 (1953).
449. *Pohl, F. A.:* Z. Anal. Chem. *142,* 19 (1954).
450. —, u. *W. Bonsels:* Z. Anal. Chem. *161,* 108 (1958).
451. *Pyatnitskii, I. V.,* and *R. S. Kharchenko:* Ukr. Khim. Zh. *32,* 503 (1966).
452. *Répás, P., I. Sajo,* u. *E. Gegus:* Z. Anal. Chem. *207,* 263 (1965).
453. *Reznik, A. M., A. M. Rozen, S. S. Korovin,* and *I. A. Apraksin:* Radiochemistry (USSR) (English Transl.) *5,* 40 (1963).
454. *Robinson, F.,* and *V. Topp:* J. Inorg. Nucl. Chem. *26,* 473 (1964).
455. *Roddy, J. W.,* and *J. Mrochek:* J. Inorg. Nucl. Chem. *28,* 3019 (1966).
456. *Rothe, J. W.:* Chem. News *66,* 182 (1892).
457. — Mitt. techn. Versuchsanstalt Berlin *10,* 132 (1892).
458. — Stahl Eisen *12,* 1052 (1892).
459. *Rozen, A. M.:* At. Energ. (USSR) *2,* 455 (1957).
460. — In: Solvent Extraction Chemistry, p. 195. Amsterdam: North-Holland Publ. Comp. 1967.
461. *Rudstam, G.:* Atompraxis *6,* 124 (1960).
462. *Rydberg, J.,* and *B. Bernström:* Acta Chem. Scand. *11,* 86 (1957).
463. *Saisho, H.:* Bull. Chem. Soc. Japan *34,* 859 (1961).
464. *Sakellaridis, P.:* Bull. Soc. Chim. France *18,* 610 (1951).
465. *Samodelov, A. P.:* Zh. Neorgan. Khim. *10,* 2180 (1965).
466. *Santosh, K., S. K. Majumdar,* and *A. K. De:* Talanta *7,* 1 (1960).
467. *Sato, T.:* J. Inorg. Nucl. Chem. *24,* 699 (1962).
468. — J. Inorg. Nucl. Chem. *26,* 1295 (1964).
469. — J. Appl. Chem. (London) *15,* 10 (1965).
470. — Naturwiss. *53,* 37 (1966).
471. — J. Appl. Chem. (London) *16,* 53 (1966).
472. — J. Inorg. Nucl. Chem. *29,* 547 (1967).
473. *Schärf, H. L.,* u. *G. Herrmann:* Z. Elektrochem. *64,* 1022 (1960).
474. *Schiewe, G.:* Diss. Univ. Münster 1964.
475. *Schläfer, H. L.:* Komplexbildung in Lösung. Berlin–Göttingen–Heidelberg: Springer 1961.
476. *Schultz, W. W.,* and *E. E. Voiland:* U. S. At. Energy Comm. Rep. HW-32417 (1954).
477. *Scibona, G.:* J. Phys. Chem. *70,* 1365 (1966).
478. *Scribner, W. G.,* and *A. M. Kotecki:* Anal. Chem. *37,* 1304 (1965).
479. *Sekina, T.,* and *Y. Hasegawa:* Bunseki Kagaku *14,* 851 (1965).
480. — —, *T. Hamada,* and *M. Sakairi:* Bull. Chem. Soc. Japan *39,* 244 (1966).
481. —, and *D. Dyrssen:* J. Inorg. Nucl. Chem. *26,* 1727 (1964).
482. — —, Anal. Chim. Acta *37,* 217 (1967).
483. — — J. Inorg. Nucl. Chem. *29,* 1457 (1957).
484. *Sheppard, J. C.:* U. S. At. Energy Comm. Rep. HW-81166 (1964).
485. —, and *R. Warnock:* J. Inorg. Nucl. Chem. *26,* 1421 (1964).
486. *Shevchenko, V. B., I. V. Shilin,* and *A. S. Solvkin:* Zh. Neorgan. Khim. *3,* 225 (1958).
487. — —, and *Y. F. Zhdanov:* Zh. Neorgan. Khim. *5,* 1366 (1960).
488. —, *I. G. Slepchenko, V. S. Shmidt,* and *E. A. Nenarokomov:* Zh. Neorgan. Khim. *5,* 1095 (1960).
489. —, *V. S. Smelov,* and *A. V. Stzakhova:* Zh. Neorgan. Khim. *7,* 1736 (1962).

490. —, *A. S. Solovkin*, and *I. V. Shilin:* Zh. Neorgan. Khim. *3*, 1965 (1958).
491. *Shevchuk, J. A.:* Tr. Vses. Nauchn.-Issled., Inst. Khim. Reaktivov i Osobo Chistykh Khim., Veshchestv No *27*, 251 (1965).
492. *Shin, J.*, u. *K. Fok:* Dissertation Abstr. *25*, 3815 (1965).
493. *Shvedov, V. P.*, and *Yu.* F. *Orlov:* Zh. Neorgan. Khim. *10*, 277 (1965).
494. — — Zh. Neorgan. Khim. *10*, 693 (1965).
495. *Siddall, T. H.:* U. S. At. Energy Comm. Rep. DP-181 (1956).
496. — J. Am. Chem. Soc. *81*, 4176 (1959).
497. — J. Inorg. Nucl. Chem. *13*, 151 (1960).
498. — J. Inorg. Nucl. Chem. *25*, 883 (1963).
499. *Siekierski, S.:* J. Inorg. Nucl. Chem. *12*, 129 (1959).
500. —, and *I. Fidelis:* J. Chromatog. *4*, 60 (1960).
501. —, and *B. Kotlinska:* At. Energ. (USSR) *7*, 160 (1959).
502. —, and *R. Olszer:* J. Inorg. Nucl. Chem. *25*, 1351 (1963).
503. —, and *R. J. Sochacka:* Polish Acad. Sci., Inst. Nucl. Res., Rept. 262/V (1961).
504. — — J. Chromatog. *16*, 385 (1964).
505. *Sinegribova, O. A.*, and *G. A. Yagodin:* Tr. Mosk. Khim.-Tekhnol. Inst. 32 (1963).
506. — — Russ. J. Inorg. Chem. (English Transl.) *10*, 675 (1965).
507. *Small, H.:* J. Inorg. Nucl. Chem. *18*, 232 (1961).
508. — J. Inorg. Nucl. Chem. *19*, 160 (1961).
509. *Smelov, V. S.*, and *A. V. Strakhova:* Radiokhimiya *7*, 718 (1965).
510. *Smith, E. L.*, and *J. E. Page:* J. Soc. Chem. Ind. (London) *67*, 48 (1948).
511. *Solovkin, A. S.:* Zh. Neorgan. Khim. *5*, 1107 (1960).
512. — Zh. Neorgan. Khim. *9*, 746 (1964).
513. *Specker, H.:* Arch. Eisenhüttenw. *29*, 467 (1958).
514. — Z. Anal. Chem. *197*, 109 (1963).
515. —, u. *E. Bankmann:* Z. Anal. Chem. *149*, 97 (1956).
516. —, u. *M. Cremer:* Z. Anal. Chem. *167*, 110 (1959).
517. — —, u. *E. Jackwerth:* Angew. Chem. *71*, 492 (1959).
518. —, u. *G. Graffmann:* Z. Anal. Chem. *228*, 401 (1967).
519. —, u. *H. Hartkamp:* Angew. Chem. *67*, 173 (1955).
520. — — Z. Anal. Chem. *145*, 260 (1955).
521. — — Z. Erzbergbau Metallhüttenw. *10*, 1 (1957).
522. —, u. *K. Henning:* unveröffentlicht.
523. —, u. *G. Hövermann:* Z. Anorg. Allgem. Chemie *316*, 247 (1962).
524. —, u. *E. Jackwerth:* Z. Anal. Chem. *167*, 416 (1959).
525. — — Naturwiss. *46*, 262 (1959).
526. — —, u. *G. Hövermann:* Z. Anal. Chem. *177*, 10 (1960).
527. —, u. *W. Pappert:* Z. Anorg. Allgem. Chem. *341*, 287 (1965).
528. —, *G. Schiewe* u. *W. Pappert:* Naturwiss. *51*, 405 (1964).
529. —, u. *R. Shirodker:* Z. Anal. Chem. *214*, 401 (1965).
530. —, u. *G. Stephan:* unveröffentlicht.
531. —, u. *G. Werding:* Z. Anal. Chem. *200*, 337 (1964).
532. — — u. *G. Schiewe:* Z. Anal. Chem. *206*, 161 (1964).
533. *Speller, F. N.:* Chem. News *83*, 124 (1901).
534. *Stage, H.*, u. *L. Gemmeker:* Chemiker Z. *88*, 517 (1964).
535. *Starik, J. E.*, and *V. J. Ampelogova:* Radiokhimiya *7*, 658 (1965).
536. *Stetter, A.*, u. *H. Exler:* Naturwiss. *42*, 45 (1955).
537. *Stevenson, P. C.*, and *H. G. Hicks:* Anal. Chem. *25*, 1517 (1953).
538. *Stewart, D. C.*, and *T. E. Hicks:* Univ. Calif. Radiation Lab. Rept. UCRL 861 (1950).

539. *Strickland, E. H.:* Analyst *80*, 548 (1955).
540. *Strónski, J.:* Z. Physik. Chem. *231*, 329 (1966).
541. —, *M. Bittner*, and *J. Kruk:* Nukleonika *11*, 47 (1966).
542. *Swift, E. H.:* J. Am. Chem. Soc. *46*, 2375 (1924).
543. *Szabo, E., A. Balázs*, and *L. Bakos:* In: Solvent Extraction Chemistry, p. 322. Amsterdam: North-Holland Publ. Comp. 1967.
544. *Takeuchi, T., M. Suzuki*, and *M. Yanagisawa:* Anal. Chim. Acta *36*, 258 (1966).
545. *Tanaka, K.:* Japan Analyst *10*, 1087 (1961).
546. *Taube, M.:* Nukleonika *5*, 531 (1960).
547. —, and *Z. Borkowska:* Nature *192*, 745 (1961).
548. *Tremblay, R.*, and *P. Bramwell:* Can. Mining. Met. Bull. *52*, 140 (1959).
549. *Treybal, R. E.:* Liquid Extraction. New York: McGraw-Hill Book Comp. 1963.
550. *Tribalat, S.:* Anal. Chim. Acta *3*, 113 (1949).
551. — Anal. Chim. Acta *4*, 228 (1950).
552. — Anal. Chim. Acta *5*, 115 (1951).
553. —, and *J. Beydon:* Anal. Chim. Acta *8*, 22 (1953).
554. *Trudell, L.*, and *D. F. Boltz:* Anal. Chem. *35*, 2122 (1963).
555. *Tuck, D. G.:* J. Inorg. Nucl. Chem. *11*, 164 (1959).
556. — J. Chem. Soc., p. 218 (1959).
557. — Trans. Faraday Soc. *57*, 1297 (1961).
558. —, and *R. M. Diamond:* J. Phys. Chem. *65*, 193 (1961).
559. *Umezawa, H.:* J. At. Energy Soc. Japan *2*, 478 (1960).
560. —, and *R. Hara:* Anal. Chim. Acta *23*, 267 (1960).
561. *Umland, F.*, u. *W. Hoffmann:* Z. Anal. Chem. *168*, 268 (1959).
562. —, u. *A. Janßen:* Fortschr. Chem. Forsch. *6*, 582 (1966).
563. —, u. *K. U. Meckenstock:* Z. Anal. Chem. *165*, 161 (1959).
564. — — Z. Anal. Chem. *173*, 211 (1960).
565. *Usacher, V. N.*, and *A. A. Chaikhorskii:* Radiokhimiya *8*, 48 (1966).
566. *Van Ooyen, J.:* In: Solvent Extraction Chemistry, p. 485. Amsterdam: North-Holland Publ. Comp. 1967.
567. *Vasilev, V. P.*, and *N. K. Grecina:* Zh. Neorgan. Khim. *9*, 647 (1964).
568. —, and *P. S. Muchina:* Zh. Neorgan. Khim. *8*, 1895 (1963).
569. *Vaughen, V. C. A.*, and *E. A. Mason:* U. S. At. Energy Comm. Rep. TID-12665 (1.7.1960).
570. *Vdovenko, V. M., L. M. Belov*, and *A. A. Chaǐkhorskiǐ:* Radiokhimiya *1*, 439 (1959).
571. —, *T. V. Kovaleva*, and *V. G. Potapov:* Radiokhimiya *4*, 34 (1962).
572. —, *M. P. Kovals'kaya*, and *E. V. Shirvinskii:* Radiokhimiya *3*, 3 (1961).
573. —, *A. A. Lipovskii, S. A. Nikitina*, and *N. E. Yakovteva:* Radiokhimiya *7*, 509 (1965).
574. *Veereswararao, U.:* Bull. Inst. Nucl. Sci. „Boris Kidrich" (Belgrad) *8*, 75 (1958).
575. *Venkateswarlu, K. S.*, and *P. Charan Das:* J. Inorg. Nucl. Chem. *25*, 730 (1963).
576. *Verstegen, J. M.:* J. Inorg. Nucl. Chem. *26*, 1589 (1964).
577. *Vogel, H. W.:* Ber. *8*, 1553 (1875).
578. *Vosburgh, W. C.*, and *G. R. Cooper:* J. Am. Chem. Soc. *63*, 437 (1941).
579. *Vratny, F.:* Appl. Spectry. *13*, 59 (1959).
580. *Wada, I.*, and *R. Ishii:* Sci. Papers Inst. Phys. Chem. Res. (Tokio) *34*, 787 (1938).
581. *Wadelin, C.*, and *M. G. Mellon:* Anal. Chem. *25*, 1668 (1953).
582. *Walker, W. R.*, and *N. C. Li:* J. Inorg. Nucl. Chem. *27*, 411 (1965).
583. *Wallach, K. S.:* Israel At. Energy Comm., Part I und II (1963).

584. *Wang, S. M., D. Y. Park,* and *N. C. Li:* In: Solvent Extraction Chemistry, p. 111. Amsterdam: North-Holland Publ. Comp. 1967.
585. *Warnqvist, B.:* In: Solvent Extraction Chemistry, p. 416. Amsterdam: North-Holland Publ. Comp. 1967.
586. *Warren, C. G.,* and *J. F. Suttle:* J. Inorg. Nucl. Chem. *12*, 336 (1960).
587. *Waterbury, G. R.,* and *C. E. Bricker:* Anal. Chem. *29*, 1474 (1957).
588. *Weaver, B.,* and *D. E. Horner:* J. Chem. Eng. Data *5*, 260 (1960).
589. *Weidmann, G.:* Can. J. Chem. *38*, 459 (160).
590. *Welcher, F. J.:* Organic Anal. Reagents, Vol. IV. New York: Van Nostrand Co. 1947.
591. *Werding, G.:* Diss. Univ. Münster 1963.
592. *Werner, G., H. Giseke,* and *H. Holzapfel:* J. Less-Common Metals *11*, 209 (1966).
593. *West, T. S.,* and *J. K. Carlton:* Anal. Chim. Acta *6*, 406 (1952).
594. *West, P. W.,* and *A. K. Mukherji:* Anal. Chem. *31*, 947 (1959).
595. *White, J. C.,* and *W. J. Ross:* U. S. At. Energy Comm. Rep. NAS-NS 3102 (1961).
596. *White, J. M., P. Tang,* and *N. C. Li:* J. Inorg. Nucl. Chem. *14*, 255 (1960).
597. *Whitney, D. C.,* and *R. M. Diamond:* J. Phys. Chem. *67*, 209 (1963).
598. *Willard, H. H.,* and *G. F. Smith:* J. Am. Chem. Soc. *45*, 286 (1923).
599. *Wilson, A. S.:* In: Solvent Extraction Chemistry, p. 369. Amsterdam: North-Holland Publ. Comp. 1967.
600. *Wilson, A. M., L. Churchill, K. Kiluk,* and *P. Hovsepian:* Anal. Chem. *34*, 203 (1962).
601. *Winkhaus, C.,* and *H. Uhrig:* Z. Anal. Chem. *200*, 14 (1964).
602. *Wish, L.,* and *S. C. Foti:* Anal. Chem. *36*, 1071 (1964).
603. *Woldbye, F.:* Acta Chem. Scand. *9*, 299 (1955).
604. *Woodhead, J. L.,* and *H. A. C. McKay:* J. Inorg. Nucl. Chem. *27*, 2247 (1965).
605. *Wu, H.:* J. Biol. Chem. *43*, 189 (1920).
606. *Wunderlich, E.,* u. *E. Göhring:* Z. Erzbergbau Metallhüttenw. *18*, 121 (1965).
607. *Yagodin, G. A.,* and *O. A. Mostovaya:* J. Appl. Chem. USSR (English Transl.) *33*, 2426 (1960).
608. *Yamauchi, F.,* and *A. Murata:* Japan Analyst *9*, 959 (1960).
609. *Yoe, J. H.,* and *A. L. Jones:* Ind. Eng. Chem. anal. Edit. *16*, 111 (1944).
610. *Yoshida, H.:* J. Inorg. Nucl. Chem. *24*, 4257 (1962).
611. — Japan Analyst *12*, 169 (1963).
612. *Zaitsev, A. A., I. A. Lebedev, S. V. Pirozhkov,* and *G. W. Yakovlev:* Zh. Neorgan. Khim. *8*, 2184 (1963).
613. *Zangen, M.:* J. Inorg. Nucl. Chem. *25*, 581 (1963).
614. — In: Solvent Extraction Chemistry, p. 581. Amsterdam: North-Holland Publ. Comp. 1967.
615. —, and *Y. Marcus:* Israel J. Chem. *2*, 49 (1964).
616. *Zharovskij, F. G.,* and *L. M. Vyazovskaya:* Ukr. Khim. Zh. *31*, 270 (1965).
617. —, and *L. W. Wjasovskaja:* Ukr. Khim. Zh., Anal. Khim. *31*, 840 (1965).
618. *Zhivopiscev, V. P., A. A. Minin, L.L. Milyutina, E. A. Seleznyeva,* and *V. Ch. Aitova:* Tr. Komis. po Analit. Khim., Akad. Nauk SSSR, Inst. Geokhim. i Analit. Khim. *14*, 133 (1963).
619. *Ziegler, M.:* Naturwiss. *45*, 622 (1958).
620. — Z. Anal. Chem. *171*, 111 (1959).
621. — Z. Anal. Chem. *182*, 166 (1961).
622. — Z. Anal. Chem. *180*, 351 (1961).
623. — Angew. Chem. *74*, 515 (1962).

624. —, u. *O. Glemser:* Angew. Chemie *68*, 522 (1957).
625. — — Z. Anal. Chem. *157*, 19 (1957).
626. — —, u. *A. v. Baeckmann:* Z. Anal. Chem. *160*, 324 (1958).
627. — — — Angew. Chemie *70*, 500 (1958).
628. — —, u. *N. Petri:* Mikrochim. Acta 215 (1957).
629. — — u. *E. Preisler:* Z. Anal. Chem. *158*, 358 (1957).
630. —, u. *H. D. Matschke:* Z. Anal. Chem. *184*, 166 (1961).
631. —, u. *K. D. Pohl:* Z. Anal. Chem. *204*, 413 (1964).
632. —, *H. Sbrzesny* u. *O. Glemser:* Z. Anal. Chem. *171*, 250 (1959).
633. —, u. *H. Schroeder:* Z. Anal. Chem. *212*, 395 (1965).
634. *Zingaro, R. A.*, and *C. F. Coleman:* J. Inorg. Nucl. Chem. *29*, 1287 (1967).
635. —, and *J. C. White:* J. Inorg. Nucl. Chem. *12*, 315 (1960).

Eingegangen am 8. Januar 1968

Kinetik und Mechanismus von Austausch- und Substitutionsreaktionen an Metallcarbonylen

Prof. Dr. W. Strohmeier

Physikalisch-Chemisches Institut der Universität Würzburg

Inhalt

A. Bedeutung der Austausch- und Substitutionsreaktionen an Metallcarbonylen für deren katalytische Aktivität 306
B. Typen der Metallcarbonyle 307
C. Austausch- und Substitutionsreaktionen 308
D. Der CO-Austausch 308
E. Substitution von CO durch Liganden D 310
F. Substitution von CO durch mehrzähnige Liganden D_n 313
G. Substitution von CO durch Liganden in substituierten Metallcarbonylen .. 314
H. Ligandenaustausch 316
I. Photochemisch induzierte Austausch- und Substitutionsreaktionen 319
J. Zusammenfassung 320
K. Anhang (Tabellen) 324
L. Literatur 345

A. Bedeutung der Austausch- und Substitutionsreaktionen an Metallcarbonylen für deren katalytische Aktivität

Metallcarbonyle und deren Derivate, in welchen die CO-Gruppen teilweise oder vollständig durch Liganden (D) substituiert wurden, sind Katalysatoren für die Cyclisierung von Acetylenen oder Diolefinen (wie Butadien), für die Polymerisation von Monoepoxiden oder ungesättigten Verbindungen des Types CRH=CHX, wobei X ein funktionelles Atom oder eine Atomgruppe ist. Sie sind auch zur Carbonylierung und Hydroformylierung von Monoepoxiden und Olefinen geeignet.

Bei diesen katalysierten Reaktionen wird der Katalysator entweder als definierte Substanz direkt eingesetzt oder er wird unter den gegebenen Reaktionsbedingungen in situ gebildet. Untersuchungen über den Mechanismus dieser Katalysen zeigten in vielen Fällen, daß zunächst der Reaktant eine oder mehrere CO-Gruppen des Metallcarbonyls oder des Metallcarbonyl-Derivates substituiert und das auf diese Weise gebildete, meist instabile Zwischenprodukt die aktive Verbindung ist, welche die Katalyse startet. So ergab die Kinetik der Polymerisation von Methylmethacrylat (M) mit $Mo(CO)_6$ als Katalysator und CCl_4 als Cokatalysator, daß die Startreaktion nach einem S_N2-Mechanismus (1)

$$Mo(CO)_6 + M \rightleftharpoons M\cdots Mo(CO)_5 + CO \tag{1}$$

unter Substitution eines CO durch das Monomere M verläuft, während mit $Mn_2(CO)_{10}$ als Katalysator die Startreaktion nach (2) in einem S_N1-Mechanismus unter Bildung von $Mn_2(CO)_9$ erfolgt (*2*)

$$Mn_2(CO)_{10} \rightleftharpoons Mn_2(CO)_9 + CO \tag{2}$$

und eine Startreaktion nach (3) auszuschließen ist (*2*).

$$M + Mn_2(CO)_{10} \rightleftharpoons M\cdots Mn_2(CO)_9 + CO \tag{3}$$

Im Prinzip wird der Mechanismus der Startreaktionen dieser Katalysen kontrolliert durch die Geschwindigkeit der Substitutions- bzw. der Dissoziationsreaktion, die sowohl vom Zentralatom als auch vom Liganden des Metallcarbonyls abhängen kann (*3*). Somit ist auch die Reaktivität dieser Katalysatoren eine Funktion der Kinetik der Substitutions- oder Dissoziationsreaktionen.

Da bereits für eine Anzahl von Metallcarbonylen und deren Derivate die Kinetik ihrer Austausch- und Substitutionsreaktionen untersucht wurden, sollen diese im folgenden unter einigen allgemeinen Gesichtspunkten zusammengefaßt und diskutiert werden, um so einen besseren Einblick in den Mechanismus der Katalyse und den Zusammenhang zwischen der Reaktivität des Katalysators und seiner Struktur zu bekommen.

B. Typen der Metallcarbonyle

Wir können die Metallcarbonyle in verschiedene Gruppen einteilen:

1. Unsubstituierte Metallcarbonyle der allgemeinen Formel $Me_y(CO)_x$ und $RMe(CO)_x$; z.B. $Cr(CO)_6$, $Mn_2(CO)_{10}$ und $CH_3CO \cdot Co(CO)_4$.

2. Substituierte Metallcarbonyle $Me_y(CO)_{x-n}D_n$, wobei D ein n- oder π-Donator ist; z.B. $Cr(CO)_5NCR$ oder $Cr(CO)_3C_8H_{10}$.

3. Metallcarbonylderivate $Me_y(CO)_mX_n$, in welchen das Metall nicht im formal 0 wertigen Zustand und X ein Anion ist; z. B. $Mn(CO)_5Cl$ oder $Rh_2(CO)_4Cl_2$.
4. Nitrosylmetallcarbonyle $Me(NO)(CO)_x$; z. B. $Co(NO)(CO)_3$.
5. Cyclopentadienylmetallcarbonyle $CpMe(CO)_x$; z. B. $C_5H_5Mn(CO)_3$.
6. Aromatenmetallcarbonyle $ArMe(CO)_x$; z. B. $C_6H_6Cr(CO)_3$.

C. Austausch- und Substitutionsreaktionen

Definitionsgemäß soll von Austauschreaktion gesprochen werden wenn:

a) eine CO-Gruppe durch eine mit ^{14}C markierte CO-Gruppe ausgetauscht wird, wie z. B. in

$$Cr(CO)_6 + {}^{14}CO \rightleftharpoons Cr(CO)_5({}^{14}CO) + CO \qquad (4)$$

oder

$$Ni(CO)_3P(C_6H_5)_3 + {}^{14}CO \rightleftharpoons Ni(CO)_2({}^{14}CO)P(C_6H_5)_3 + CO \qquad (5)$$

b) ein Ligand D (n- oder π-Donator) gegen den gleichen oder den Liganden D' ausgetauscht wird, wie z. B. in

$$Mo(CO)_4C_8H_{12} + \alpha\alpha'\text{Dipy.} \rightleftharpoons Mo(CO)_4(\alpha\alpha'\text{ Dipy.}) + C_8H_{12} \qquad (6)$$

Reaktionen, bei welchen eine oder mehrere CO-Gruppen des Metallcarbonyls oder dessen Derivat durch Donatoren D ersetzt werden, sollen als Substitutionsreaktionen bezeichnet werden, wie z. B.

$$Cr(CO)_6 + D \rightarrow Cr(CO)_5D + CO\uparrow \qquad (7)$$

oder

$$[Mn(CO)_5]\,Br + D \rightarrow [Mn(CO)_4D]\,Br + CO\uparrow \qquad (8)$$

D. Der CO-Austausch

Für den CO-Austausch in der Gasphase oder in Lösung kann nach (9) ein S_N2- oder nach (10) ein S_N1-Mechanismus diskutiert werden. Es wäre auch denkbar, daß beide Mechanismen

$$M(CO)_6 + {}^{14}(CO) \overset{\mathfrak{K}_2}{\rightleftharpoons} M(CO)_5{}^{14}CO + CO \tag{9}$$

$$M(CO)_6 \overset{\mathfrak{K}_1}{\rightleftharpoons} \{M(CO)_5\} + CO \tag{10}$$

$$\{M(CO)_5\} + {}^{14}CO \xrightarrow[\text{schnell}]{\text{sehr}} M(CO)_5{}^{14}CO \tag{11}$$

nebeneinander ablaufen. Trotzdem nur für eine beschränkte Auswahl von Metallcarbonylen und deren Derivate exakte kinetische Messungen über den CO-Austausch vorliegen, soll versucht werden, die Ergebnisse der Tabelle 10 des Anhanges, in Tabelle 1 in einem summarischen Überblick zusammenzustellen.

Tabelle 1. *Reaktionsordnung des CO-Austausches in Metallcarbonylen*

Metall-carbonyl	Nr.	Beispiele	Temp. des CO-Austausches ~20° C	~120° C	Reakt. Ordng.
$Me_y(CO)_x$	1	$Ni(CO)_4$	+*	+	I
	2	$Co_2(CO)_8$	+	+	I
	3	$Fe(CO)_5$	–**		
	4	$Mn_2(CO)_{10}$	–		
	5	$Me(CO)_6$ (Me=Cr,Mo,W)	–	+	I
	6	$V(CO)_6$	+		
$Me_y(CO)_{x-n}D_n$	7	$Ni(CO)_3P(C_6H_5)_3$	+		I
	8	$Co_2(CO)_7(C_7H_8O_2)$	+		I
$Me_y(CO)_mX_n$	9	$Mn(CO)_5Br$	+		I
	10	$Rh\,[P(C_6H_5)_3]_2(CO)Cl_3$	+		I
$Me(NO)(CO)_x$	11	$Co(NO)(CO)_3$	+		I+II
$CpMe(CO)_x$	12	$CpCo(CO)_2$	+		II
	13	$Cp_2Ni_2(CO)_2$	+		II
	14	$CpMn(CO)_3$	–		
	15	$Cp_2Mo_2(CO)_6$	–		
$ArMe(CO)_x$	16	$CH_3C_6H_5Cr(CO)_3$	–	–	

* + bedeutet: Halbwertszeit τ kleiner als 20 Std.

** kein Austausch beobachtet

In der Tabelle 10 des Anhangs sind dann die entsprechenden Austauschreaktionen unter Angabe der Reaktionsbedingungen und der

Literatur genauer angegeben. Die Tabelle 1 gibt somit zunächst nur eine Orientierung, welcher Mechanismus für den CO-Austausch von noch nicht untersuchten Metallcarbonylen oder deren Derivaten zu erwarten ist und wie die Kinetik vom Typ des Metallcarbonyls abhängt.

Soweit die Metallcarbonyle $Me_y(CO)_x$ und ihre Derivate $Me_y(CO)_{x-n}D_n$ bzw. $Me_y(CO)_mX_n$ Kohlenmonoxid austauschen, erfolgt die Reaktion über einen S_N1-Mechanismus. In der Nitrosylverbindung $Co(NO)(CO)_3$ erfolgt der Austausch nach einem S_N1- und S_N2-Mechanismus, während bei den Cyclopentadienylmetallcarbonylen, wenn überhaupt CO ausgetauscht wird, ein S_N2-Mechanismus beobachtet wurde.

In diesem Zusammenhang ist interessant, daß sowohl $Co_2(CO)_8$ und $Cp_2Ni_2(CO)_2$ als auch $CpCo(CO)_2$ und $Fe(CO)_5$ isoelektronisch sind. Daß trotzdem der Austausch nach verschiedenen Mechanismen (Nr. 2 u. 13) oder in einem Fall (Nr. 12 u. 3) überhaupt nicht stattfindet, zeigt, daß der Typ der Bindung zwischen Zentralatom und Ligand für den Mechanismus des Austausches eine wesentliche Rolle spielt (*8*). Als wichtige Faustregel kann aus Tabelle 1 und 10 noch abgelesen werden, daß der CO-Austausch unter vergleichbaren Bedingungen in den Metallcarbonylderivaten dann schnell erfolgt, wenn er auch im Metallcarbonyl $Me_y(CO)_x$ schnell stattfindet (Tabelle 1 Nr. 1, 7, 13; 2, 8, 11, 12). Umgekehrt tauschen weder $Mn_2(CO)_{10}$ und $CpMn(CO)_3$ sowie $Cr(CO)_6$ und $ArCr(CO)_3$ bei Raumtemperatur CO aus.

E. Substitution von CO durch Liganden D

Da wie eingangs erwähnt, die Metallcarbonyle $Me(CO)_x$ bzw. $RMe(CO)_x$ als solche meist nicht die eigentlichen aktiven Katalysatoren sind, sondern ihre Reaktionsprodukte mit den entsprechenden Reaktanten D die aktiven Verbindungen darstellen, kommt der Kinetik und dem Reaktionsmechanismus der Substitutionsreaktion (12) besondere Bedeutung zu. Wie die bisherigen Untersuchungen zeigten, wird zunächst

$$Me(CO)_x + nD \rightarrow Me(CO)_{x-n}D_n + nCO \tag{12}$$

immer nach (13) das Monosubstitutionsprodukt gebildet, gleichgültig

$$Me(CO)_x + D \rightleftharpoons Me(CO)_{x-1}D + CO \tag{13}$$

ob man von einem Metallcarbonyl, einem Cyclopentadienyl- oder Aromatenmetallcarbonyl ausgeht. Die Reaktion (13) kann entweder über einen S_N2-Mechanismus unter Bildung eines Übergangskomplexes nach (14)

$$Me(CO)_x + D \overset{\mathfrak{K}_2}{\rightleftharpoons} Me(CO)_x \cdot\cdot D \rightarrow Me(CO)_{x-1}D + CO \tag{14}$$

ablaufen, oder über einen S_N1-Mechanismus nach (15), in welchem der

$$Me(CO)_x \overset{\mathfrak{K}_1}{\rightleftharpoons} \{Me(CO)_{x-1}\} + CO \xrightarrow{+D} Me(CO)_{x-1}D \tag{15}$$

geschwindigkeitsbestimmende Schritt die Abdissoziation der CO-Gruppe ist, während die Einlagerung des Elektronendonators D in die Oktettlücke des Metallcarbonyl-Bruchstückes $\{Me(CO)_{x-1}\}$ sehr schnell erfolgt.

Die Ergebnisse der kinetischen Untersuchungen der Bildung der Monosubstitutionsprodukte $Me(CO)_{x-1}D$ nach (13) sind in Tabelle 2 wieder unter allgemeinen Gesichtspunkten zusammengefaßt. Die genauen Daten sowie Reaktionsbedingungen sind in der Tabelle 11 des Anhanges aufgeführt.

Ein Vergleich der Tabelle 1 und 2 zeigt, daß nicht nur der CO-Austausch, sondern auch die Substitution von CO durch Liganden D für die

Tabelle 2. *Reaktionsordnung der CO-Substitution in Metallcarbonylen nach* $Me(CO)_x + D \rightleftharpoons Me(CO)_{x-1}D + CO$ (13)

Metall-carbonyl	Nr.	Beispiele	Reakt. Ordng.	Liganden
	1	$Ni(CO)_4$	I	PPh_3; $P(OR)_3$
	2	$Co_2(CO)_8$	I	PPh_3
$Me_y(CO)_x$	3	$RCOCo(CO)_4$	I	PPh_3, $P(OR)_3$
und	4	π-Allyl-$Co(CO)_3$	I	PPh_3
$R \cdot Me(CO)_x$	5	$RCOMn(CO)_5$	I	PPh_3, H_2NR
	6	$Cr(CO)_6$	I	CNR, PPh_3, $AsPh_3$, $SbPh_3$
	7	$Mo(CO)_6$	I	CNR, PR_3, PPh_3, $AsPh_3$, $SbPh_3$, $P(OR)_3$
	8	$W(CO)_6$	I	CNR, PPh_3, $AsPh_3$
	9	$Mn(CO)_5Cl$	I	PPh_3, $AsPh_3$, $P(OR)_3$, Py
	10	$Mn(CO)_5Br$	I	PPh_3, $AsPh_3$, $SbPh_3$, $PPhCl_2$, Py
$Me(CO)_xX$				PPh_2Cl, CNR, $PhNH_2$, RNH_2, $P(OPh)_3$
	11	$Mn(CO)_5I$	I	PPh_3, $AsPh_3$, Py
	12	$[Mn(CO)_4X]_2$	I+II	Py; 3-Chlorpy; γ-Picolin
	13	$Co(NO)(CO)_3$	II	PR_3, $PRPh_2$, PR_2Ph, PPh_3, $P(OR)_3$
$Me(NO)(CO)_x$				$P(OPh)_3$, PPh_2Cl, $P[N(CH_3)_2]_3$, CNR
				AsR_3, $AsPh_3$, Py
	14	$CpRh(CO)_2$	II	PR_3, PPh_3, $P(OPh)_3$, PR_2Ph, $P(OR)_3$
$CpMe(CO)_x$	15	$CpIr(CO)_2$	II	PPh_3
	16	$CpCo(CO)_2$	II	PPh_3
	17	$CpV(CO)_4$	II	PPh_3

Metallcarbonyle $M_y(CO)_x$ und $Me(CO)_xX$ nach einem S_N1-Mechanismus erfolgt und die Cyclopentadienyl-Metallcarbonyle nach einem S_N2-Mechanismus substituiert werden. Im 2-kernigen Metallcarbonyl $[Mn(CO)_xX]_2$ erfolgt die CO-Substitution jedoch nach I. und II. Ordnung.

Mit $Co(NO)(CO)_3$ wurde, mit einer einzigen Ausnahme (Tabelle 11 Nr. 116) für die Substitutionsreaktion ein S_N2-Mechanismus gefunden, während der CO-Austausch sowohl nach S_N1 als auch S_N2 erfolgt.

Am Beispiel der CO-Substitution in $Mo(CO)_6$ durch Phosphine und Phosphite wurde noch der Einfluß der Konzentration des Liganden D auf den Substitutionsmechanismus untersucht. Für Konzentrationen von D größer $5 \cdot 10^{-2}$ (M/L) ist dann dem S_N1-Mechanismus noch eine bimolekulare S_N2-Reaktion überlagert.

Wie Tabelle 2 weiterhin zeigt, ist der *Mechanismus* der Substitutionsreaktion unabhängig vom Typ des Liganden D.

Erfolgt die Substitutionsreaktion nach S_N1, so ist, wie Tabelle 3 zeigt, bei gleicher Temperatur und gleichem Lösungsmittel die Geschwindigkeitskonstante innerhalb der Meßgenauigkeit praktisch unabhängig vom Donator D. Dies ist eine weitere Stütze für einen S_N1-Mechanismus nach (15), in welchem der geschwindigkeitsbestimmende Schritt die Abdissoziation von CO ist, welche unabhängig vom Reaktanten D sein müßte.

Tabelle 3. *Geschwindigkeitskonstanten* $\mathfrak{K}_1$ *(sec^{-1}) für die CO-Substitutionsreaktion nach* $Me(CO)_x + D \rightleftharpoons Me(CO)_{x-1}D + CO$ (15)

Metallcarbonyl	°C	Lsgsmittel	$\mathfrak{K}_1 \cdot 10^5$ (sec^{-1})	Nr. in Tabelle 11
$Cr(CO)_6$	122,5	$n\text{-}C_{10}H_{22}/C_6H_{12}$	6,82—7,20	43—47
$Mo(CO)_6$	82,5	Dioxan/THF	1,1 —1,3	56—60
$W(CO)_6$	149	$n\text{-}C_{10}H_{22}/C_6H_6$	2,6 — 2,7	61—63
$Mn(CO)_5Cl$	21,8	$CHCl_3$	16,7 —18	64—66
$Mn(CO)_5Br$	30,1	$CHCl_3$	6,6 — 6,7	69—71
$Mn(CO)_5Br$	40,2	$CHCl_3$	26 —33	72—75
$Mn(CO)_5Br$	40,2	Benzol	21 —40	77—82

Eine weitere Frage ist, ob bei gleicher Temperatur die Geschwindigkeitskonstante $\mathfrak{K}_1$ vom Lösungsmittel abhängt. Da nach (15) ein intermediäres Produkt $\{Me(CO)_{x-1}\}$ mit einer Oktettlücke entsteht, das sich durch Anlagerung eines Donatorlösungsmittelmoleküls nach (16) stabilisieren kann, sollte in einem Lösungsmittel guter Donatoreigenschaften die S_N1-Substitutionsreaktion

$$Me(CO)_x \underset{\text{Solv.}}{\rightleftharpoons} Me(CO)_{x-1} \cdot \cdot \text{Solv.} + CO \xrightarrow{+D} Me(CO)_{x-1}D + \text{Solv.} \quad (16)$$

schneller verlaufen. Dieser Effekt wurde bereits qualitativ bei der präparativen Herstellung von substituierten Metallcarbonylen in Lösungsmitteln guter Donatoreigenschaften gefunden und konnte auch quantitativ am System $Mo(CO)_6 + PPh_3 \rightarrow Mo(CO)_5PPh_3 + CO$ bestätigt werden (*12*). Die Geschwindigkeitskonstanten $\mathfrak{K}_1$ sind bei $t = 97{,}8°$ C in Cyclohexan $6{,}0 \cdot 10^{-5}$, in Di-n-butyläther/Diisopropyläther $11{,}8 \cdot 10^{-5}$ und Dioxan/THF $64{,}9 \cdot 10^{-5}$ (Tabelle 11 Nr. 50, 52, 53).

An dem im Gegensatz zu $Mo(CO)_6$ polarem und ionogenem $[Mn(CO)_5]$ Br wurde noch der Einfluß der Dielektrizitätskonstante ε des Lösungsmittels auf die Geschwindigkeit der Substitutionsreaktion untersucht (*19*) (Tabelle 11 Nr. 83—94). Mit zunehmender Dielektrizitätskonstante ε nimmt in diesem Falle die Geschwindigkeitskonstante $\mathfrak{K}_1$ ab. Es ist für die Reaktion $[Mn(CO)_5]Br + SbPh_3 \rightarrow [Mn(CO)_4SbPh_3]Br + CO$ in Heptan ($\varepsilon = 1{,}99$) $\mathfrak{K}_1 = 7{,}4 \cdot 10^{-5}(sec^{-1})$ und in Nitrobenzol ($\varepsilon = 33{,}7$) $\mathfrak{K}_1 = 1{,}1 \cdot 10^{-5}(sec^{-1})$. Es wird angenommen, daß in diesem Fall der aktivierte Komplex weniger polar als die Ausgangsverbindung ist (*19*).

F. Substitution von CO durch mehrzähnige Liganden D_n

Metallcarbonyle bilden mit mehrzähnigen Liganden D_n, welche zwei oder drei funktionelle Atome enthalten, wie z.B. $NH_2 \cdot CH_2CH_2NH_2$ oder $[-CH_2N(CH_3)-]_3$ nach (17)

$$Me(CO)_x + D_n \rightarrow Me(CO)_{x-n}D_n + nCO \tag{17}$$

Di- oder Trisubstitutionsprodukte. Wie Tabelle 4 und Tabelle 12 des Anhangs zeigen, verläuft diese Substitutionsreaktion bei den Metallhexacarbonylen ganz analog wie die Bildung der monosubstituierten Produkte nach einem S_N1-Mechanismus mit den gleichen Geschwindigkeitskonstanten $\mathfrak{K}_1$. Daraus folgt zwingend, daß der geschwindigkeitsbestimmende Schritt die Abdissoziation einer CO-Gruppe nach (15) ist. Der mehrzähnige Ligand D_n wird dann zunächst mit einem seiner funktionellen Atome in die Oktettlücke von $\{Me(CO)_5\}$ eingelagert. Dieser Schritt und die nachfolgende CO-Abspaltung und Bindung des Liganden an das Zentralatom über das zweite bzw. dritte funktionelle Atom erfolgen dann sehr schnell (*12*).

Für die Substitution von CO in Cyclopentadienyl-Metallverbindungen durch mehrzähnige Liganden liegen keine experimentellen Untersuchungen vor. Da aber die Bildung der monosubstituierten Verbindungen nach Tabelle 2 über einen S_N2-Mechanismus erfolgt, wird man auch für die Reaktion mit mehrzähnigen Liganden D_n diesen Mechanismus erwarten können.

Tabelle 4. *Kinetik und Geschwindigkeitskonstanten der CO-Substitution in $Me(CO)_6$ mit ein- und mehrzähnigen Liganden D und D_n*[12]

Metallcarbonyl $Me(CO)_6$	°C	Lsgsmittel	$\mathfrak{K}_1 \cdot 10^5$ für die Liganden: D	D_n
$Cr(CO)_6$	122,5	$C_{10}H_{22}/C_6H_{12}$	7,03	7,23
$Mo(CO)_6$	97,8	$C_{10}H_{22}/C_6H_{12}$	6,01	5,93
$Mo(CO)_6$	82,3	Dioxan/THF	12,3	14,1
$W(CO)_6$	149,0	$C_{10}H_{22}/C_6H_{12}$	2,65	2,84

G. Substitution von CO durch Liganden in substituierten Metallcarbonylen

Bei katalytischen Reaktionen werden nicht immer die reinen Metallcarbonyle, sondern mit Vorteil oft deren Substitutionsprodukte eingesetzt. So konnte gezeigt werden, daß z.B. die Polymerisation von Methacrylsäuremethylester (M) wesentlich schneller verläuft, wenn nicht $Mo(CO)_6$ sondern $Mo(CO)_5Py$ als Katalysator eingesetzt wird (*17*). Das gleiche gilt für die Polymerisation von Acrylsäureäthylester (*30*). Ähnliche Effekte wurden auch durch andere Arbeiten bestätigt (*3, 31*).

Für die Bildung solcher katalytisch aktiver Verbindungen bestehen nun zwei Möglichkeiten. Das Substitutionsprodukt $Me(CO)_{x-1}D$ reagiert mit dem Reaktanten M unter Donatorenaustausch nach (18) zu $Me(CO)_{x-1}M$

$$Me(CO)_{x-1}D + M \rightleftharpoons Me(CO)_{x-1}M + D \quad (18)$$

oder unter CO-Substitution nach (19) zu $Me(CO)_{x-2}M\,D$

$$Me(CO)_{x-1}D + M \rightarrow Me(CO)_{x-2}M\,D + CO \quad (19)$$

So wurde sichergestellt, daß für die Polymerisation von Acetylenen mit $Ni(CO)_2(PPh_3)_2$ ein aktiver Nickelkomplex $Ni(PPh_3)_2(RC{\equiv}CH)$ angenommen werden muß, welcher nach (20) durch CO-Substitution gebildet wird (*32*). Aus diesen Gründen

$$Ni(CO)_2(PPh_3)_2 + RC{\equiv}CH \rightarrow Ni(PPh_3)_2RC{\equiv}CH + 2\,CO \quad (20)$$

interessiert die Frage, ob sich aus den bisherigen experimentellen Erfahrungen auch allgemeine Gesichtspunkte für die Substitutionsreaktionen nach dem Schema (21) bzw. (22) ableiten lassen.

$$Me(CO)_{x-1}D + D \rightarrow Me(CO)_{x-2}D_2 + CO \quad (21)$$

$$Me(CO)_{x-1}D + D' \rightarrow Me(CO)_{x-2}DD' + CO \quad (22)$$

Wie Tabelle 5 und Tabelle 13 des Anhanges zeigen, verläuft die CO-Substitution in monosubstituierten Metallcarbonylen $Me_y(CO)_{x-1}D$ nach einem S_N1-Mechanismus und in Cyclopentadienylmetallcarbonylen $CpMe(CO)_{x-1}D$ und $ONCo(CO)_2D$ nach einem S_N2-Mechanismus.

Die Substitutionsreaktionen nach (22), in welchen der neueintretende Ligand D' verschieden vom Liganden D ist, erfolgen bei $[Re(CO)_4D]X$ ebenfalls nach einem S_N1-Mechanismus (Tabelle 5 und 13).

Tabelle 5. *Kinetik der CO-Substitution in monosubstituierten Metallcarbonylen nach (21) bzw. (22)*

Metallcarbonyl	°C	Lsgsmittel	Reakt.-Ordng.
$Fe(CO)_4P(C_6H_5)_3$	170,1	Dekalin	I
$Co_2(CO)_7C_4H_2O_2$	0	CH_2Cl_2	I
$[Re(CO)_4D]X$	60	CCl_4	I
$ONCo(CO)_2D$	40,4	Toluol	II
$CpRh(CO)D$	40	Toluol	II

Weiterhin wurde die Bildung der Trisubstitutionsprodukte cis $Me(CO)_3D_nD'$ nach (23), in welchen D_n ein zweizähniger Ligand ist, untersucht.

$$\text{cis } Me(CO)_{x-2}D_n + D' \rightarrow \text{cis } Me(CO)_{x-3}D_nD' + CO \quad (23)$$

Diese Ergebnisse der Tabelle 14 des Anhanges sind in Tabelle 6 zusammengefaßt.

Tabelle 6. *Kinetik der CO-Substitution in mehrfachsubstituierten Metallcarbonylen durch Liganden D' nach (23)*
$D' = PR_3$; PPh_3; $P(OR)_3$; $P(OPh)_3$

Metallcarbonyl	°C	Reakt.-Ordng.
$Co_2(CO)_6RC{\equiv}CR$	59,8	I
$Cr(CO)_4$(dipy)	37,8	I
$Cr(CO)_4$(o-phen)	47,9	I
$Mo(CO)_4$(dipy)	37,8	I+II
$Mo(CO)_4$(o-phen)	47,9	I+II
$W(CO)_4$(dipy)	100,0	I+II
$W(CO)_4$(o-phen)	114	I+II

Während diese Substitutionsreaktion nach (23) bei $Cr(CO)_4$(dipy) eindeutig abläuft, wurde für $Mo(CO)_4$(dipy) und $W(CO)_4$(dipy) ein komplizierterer Mechanismus gefunden, welcher durch Reaktion (24) erklärt werden kann.

$$2\,Mo(CO)_4(dipy) + 3\,D' \rightarrow cis\,Mo(CO)_3(dipy)\,D' + trans\,Mo(CO)_4D'_2 + CO + dipy \quad (24)$$

Eine Analyse der kinetischen Daten zeigte (*26*), daß nach einem S_N1-Mechanismus analog zum $Cr(CO)_4$(dipy) nur cis$Mo(CO)_3$(dipy)D′ gebildet wird, während durch einen überlagerten S_N2-Mechanismus über einen aktivierten Komplex {$Mo(CO)_4$(dipy)D′} mit der Koordinationszahl 7 sowohl cis$Mo(CO)_3$(dipy)D′ und trans$Mo(CO)_4D'_2$ entsteht (*26*).

H. Ligandenaustausch

Falls ein katalytisch aktives Metallcarbonylderivat durch *Donatoraustausch* nach (18) gebildet wird, erhebt sich die Frage, nach welchem Mechanismus diese Reaktionen verlaufen und wie die Kinetik vom Typ des Metallcarbonyl-Derivates abhängt. Zur Klärung dieser Frage können zunächst modellmäßig nur Austauschreaktionen untersucht werden, bei welchen der austauschende Ligand M in (18) ein Ligand D′ ist, welcher nicht weiterreagiert und ein stabiles Produkt $Me(CO)_{x-1}D'$ bildet. Am einfachsten liegen die Verhältnisse beim Ligandenaustausch von monosubstituierten Metallcarbonylen nach (25).

Bei mehrfach substituierten Metallcarbonylen $Me(CO)_{x-n}D_n$ und $Me(CO)_{x-n}\mathcal{D}_n$ sollen zunächst nur die Ligandenaustauschreaktionen nach (26)—(30) betrachtet werden.

$$Me(CO)_{x-1}D + D' \rightleftharpoons Me(CO)_{x-1}D' + D \quad (25)$$

$$Me(CO)_{x-2}D_2 + \mathcal{D}'_2 \rightleftharpoons Me(CO)_{x-2}\mathcal{D}'_2 + 2\,D \quad (26)$$

$$Me(CO)_{x-2}D_2 + 2\,D' \rightleftharpoons Me(CO)_{x-2}D'_2 + \mathcal{D}_2 \quad (27)$$

$$Me(CO)_{x-2}\mathcal{D}_2 + \mathcal{D}'_2 \rightleftharpoons Me(CO)_{x-2}\mathcal{D}'_2 + \mathcal{D}_2 \quad (28)$$

$$Me(CO)_3\mathcal{D}_3 + 3\,D' \rightleftharpoons Me(CO)_3D'_3 + \mathcal{D}_3 \quad (29)$$

$$Me(CO)_3\mathcal{D}_3 + \mathcal{D}'_3 \rightleftharpoons Me(CO)_3\mathcal{D}'_3 + \mathcal{D}_3 \quad (30)$$

Die Ergebnisse dieser Untersuchungen (Tabelle 15—20 des Anhanges) sind in Tabelle 7 zusammengefaßt.

Tabelle 7. *Mechanismus des Ligandenaustausches in Metallcarbonylderivaten nach* (25)–(30)

Nr.	Metallcarbonyl	D′	°C	Reakt.-Ordng.	Austausch Gleichung	Daten Tabelle	Daten Nr.
1	$Ni(CO)_3D$	$D' = PR_3$; PPh_3	25	I	(25)	15	1—6
2	$Mo(CO)_4D_2$	$D_2' =$ dipy; diphos	25—60	I	(26)	16	1—10
3	$W(CO)_4D_2$	$D_2' =$ dipy	60—80	I	(26)	16	11, 12
4	$Mo(CO)_4C_8H_{12}$	$D' =$ Py; PPh_3 etc.	25—30	I+II	(27)	17	1—15
5	$Mo(CO)_4C_8H_{12}$	$D_2' =$ dipy, diphos, phen.	30,5	I+II	(28)	18	1—5
6	$Mo(CO)_3D_3$	$D' =$ P-Verbindg.	25—50	II	(29)	19	1—28
7	$Me(CO)_3C_7H_8$	$D' = P(OCH_3)_3$	40	II	(29)	19	29—32
8	$Me(CO)_3$Aromat	$D_3' =$ Aromat	140	II+II	(30)	20	3—8
9	$Cr(CO)_3C_7H_8$	$D_3' = C_7H_8$	140	I+II	(30)	20	1
10	$Cr(CO)_3$Naphthalin	$D_3' =$ Naphthalin	140	I+II	(30)	20	2
11	$Co(NO)(CO)_2D$	$D' = PR_3$; PPh_3; $P(OPh)_3$	40,4	II	(25)	15	16—32
12	$CpMn(CO)_2$Olefin	$D' = SPh_2$, PPh_3, N-Basen	55—80	I	(25)	15	7—15

Mono- und disubstituierte Metallcarbonyle $Me(CO)_{x-1}D$ und $Me(CO)_{x-2}D_2$, in welchen D ein einzähniger Ligand ist, tauschen den Liganden nach einem S_N1-Mechanismus aus (Tabelle 7 Nr. 1, 2, 3).

Ist der Ligand D jedoch ein zweizähniger π-Donator wie 1-5-Cyclooctadien, C_8H_{12}, so erfolgt der Austausch nach einem S_N1- und S_N2-Mechanismus (Tabelle 7 Nr. 4 u. 5).

Ist der Ligand D_3 Benzol, ein Benzolderivat, oder Cycloheptatrien C_7H_8, so erfolgt der Austausch des Aromaten mit einem einzähnigen Liganden D′ nach einem S_N2-Mechanismus (Tabelle 7 Nr. 6 u. 7).

Der Austausch des Aromaten D_3 in $D_3Me(CO)_3$ mit dem C-14 markierten Liganden D_3' erfolgt nach II. Ordnung (Tabelle 7 Nr. 8). Diese Reaktion erfolgt allerdings nach zwei gleichzeitig ablaufenden Mechanismen und ist nach (31) bimolekular in $D_3Me(CO)_3$ und monomolekular in $D_3Me(CO)_3$ und D_3' (*33*, *35*).

$$\mathfrak{R} = \mathfrak{R}_2 \cdot [D_3Me(CO)_3]^2 + \mathfrak{R}_2' \cdot [D_3Me(CO)_3] \cdot [D_3'] \qquad (31)$$

Die analogen Austauschreaktionen von Cycloheptatrien- und Naphthalin-$Cr(CO)_3$ mit den entsprechenden ^{14}C-markierten Liganden D_3' erfolgen allerdings nach einem S_N1- und S_N2-Mechanismus (Tabelle 7 Nr. 9 u. 10). Der Unterschied in der Kinetik zu dem Austausch mit reinen Aromaten wird auf die in diesen Liganden nicht identischen (lokalisierten) Doppelbindungen zurückgeführt (*42*).

Der Ligandenaustausch in $ONCo(CO)_2D$ verläuft analog der CO-Substitution in $ONCo(CO)_3$ nach einem S_N2-Mechanismus (Tabelle 7 Nr. 11). Da, soweit untersucht, die Cyclopentadienyl-metallcarbonyle CO nach einem S_N2-Mechanismus austauschen (siehe Tabelle 1) sollte man für den Donatorenaustausch:

$$CpMn(CO)_2D + D' \rightleftharpoons CpMn(CO)_2D' + D$$

mit D = n-Donator ebenfalls einen S_N2-Mechanismus erwarten. Interessanterweise erfolgt jedoch mit D = π-Donator (Olefin) der Austausch nach I. Ordnung (Tabelle 7 Nr. 12). Da bekannt ist, daß die Verbindungen $CpMn(CO)_2$(Olefin) thermisch wesentlich instabiler als z.B. $CpMn(CO)_2$-PPh_3 sind, könnte der beobachtete S_N1-Mechanismus durch die im Vergleich zu $Mn \rightleftharpoons P$ schwächere $Mn \rightleftharpoons \overset{C}{\underset{C}{\|}}$ Bindung erklärt werden.

Am speziellen Fall des $Ni(CO)_2D_2$ wurde noch die Kinetik des *partiellen* oder stufenweisen Ligandenaustausches nach (32) bzw. (33) untersucht. Da sowohl $Ni(CO)_3D$ und $Mo(CO)_4D_2$ die Liganden nach S_N1 austauschen, war zu erwarten, daß auch der partielle Ligandenaustausch nach (32) und (33) nach einem S_N1-Mechanismus erfolgt. Dies konnte, wie Tabelle 8 zeigt, auch bestätigt werden. Die Austauschgeschwindigkeitskonstante $_{I}\mathfrak{K}_1$ hängt sehr stark vom Liganden D in $Ni(CO)_2D_2$ ab (Tabelle 8 Nr. 1—4) und ist bei gleichem Liganden D in $Ni(CO)_2D_2$ innerhalb der experimentellen Genauigkeit unabhängig vom austauschenden Liganden D' (Tabelle 8 Nr. 5, 6, 7, 8, 9, 10, 11), wie dies für einen S_N1-Mechanismus zu erwarten ist.

$$Ni(CO)_2D_2 + D' \xrightarrow{_{I}\mathfrak{K}_1} Ni(CO)_2DD' + D \qquad (32)$$

$$Ni(CO)_2DD' + D' \xrightarrow{_{II}\mathfrak{K}_1} Ni(CO)_2D_2' + D \qquad (33)$$

Tabelle 8. *Kinetik des partiellen Ligandenaustausches in* $Ni(CO)_2D_2$ *nach* (32) *und* (33) *bei* $t = 25°$ *C* (*Lit. 15*)

Nr.	Metallcarbonyl	D′	Lsgs-mittel	Reakt.-Ordng.	${}_{I}\mathfrak{K}_1 \cdot 10^4$ (sec^{-1})	${}_{II}\mathfrak{K}_1 \cdot 10^4$ (sec^{-1})
1	$Ni(CO)_2[P(OPh_3)_3]_2$	$P(n\text{-}C_4H_9)_3$	C_6H_{12}	I	< 0,001	
2	$Ni(CO)_2[P(OC_2H_5)_3]_2$	$P(n\text{-}C_4H_9)_3$	C_6H_{12}	I	< 0,001	
3	$Ni(CO)_2[PPh_3]_2$	$P(n\text{-}C_4H_9)_3$	C_6H_{12}	I	5,34	4,04
4	$Ni(CO)_2[PCl_3]_2$	$P(n\text{-}C_4H_9)_3$	C_6H_{12}	I	> 100	> 100
5	$Ni(CO)_2[P(CH_2CH_2CN)_3]_2$	PCl_3	CH_3CN	I	17,5	
6	$Ni(CO)_2[P(CH_2CH_2CN)_3]_2$	$P(OPh)_3$	CH_3CN	I	14,2	
7	$Ni(CO)_2[P(CH_2CH_2CN)_3]_2$	$P(n\text{-}C_4H_9)_3$	CH_3CN	I	11,6	2,88
8	$Ni(CO)_2[PPh_3]_2$	$P(OPh)_3$	C_6H_{12}	I	5,36	
9	$Ni(CO)_2[PPh_3]_2$	$P(n\text{-}C_4H_9)_3$	C_6H_{12}	I	5,34	4,04
10	$Ni(CO)_2[P(n\text{-}C_4H_9)_3]_2$	PPh_3	C_6H_{12}	I	0,39	< 0,01
11	$Ni(CO)_2[P(n\text{-}C_4H_9)_3]_2$	$P(OPh)_3$	C_6H_{12}	I	0,32	
12	$Ni(CO)_2[P(n\text{-}C_4H_9)_3]_2$	$P(CH_2CH_2CN)_3$	CH_3CN	I	1,24	

I. Photochemisch induzierte Austausch- und Substitutionsreaktionen

Bei den bisher betrachteten Austausch- und Substitutionsreaktionen handelt es sich um rein thermische Reaktionen, welche zum Teil erst bei 100° C und noch höher mit meßbarer Geschwindigkeit ablaufen. Für die praktische Durchführung katalytischer Reaktionen ist es jedoch oft von Bedeutung, die aktiven Katalysatoren, hier Metallcarbonylderivate, bei relativ niedrigen Temperaturen zu erzeugen, wenn bei höheren Reaktionstemperaturen die Anteile an ungewünschten Reaktionsprodukten größer werden. So nehmen im allgemeinen mit zunehmender Reaktionstemperatur die niedermolekularen Anteile bei katalytischen Polymerisationsreaktionen zu. Da Metallcarbonyle und speziell deren instabile Derivate eine neue Klasse von *Polymerisationskatalysatoren* sind (*36*), interessiert die Frage, ob z.B. das nach (1) zum Start der Polymerisation notwendige Metallcarbonylderivat $M \cdots Mo(CO)_5$ bereits bei Raumtemperatur gebildet werden kann, da die thermische Substitutionsreaktion erst bei $\sim 120°$ C mit meßbarer Geschwindigkeit abläuft (Tabelle 1). Es konnte nun gezeigt werden, daß die Metallhexacarbonyle in Lösung unter UV-Bestrahlung bereits bei Raumtemperatur nach (34) CO abspalten (*37*), wobei der Elektronenacceptor $\{Me(CO)_5\}$ gebildet

$$Me(CO)_6 + h\nu \rightarrow \{Mo(CO)_5\} + CO \qquad (34)$$

wird, dessen Existenz sowohl chemisch (*38*) wie spektroskopisch (*39*) nachgewiesen wurde.

Diese photochemische Reaktion ist jedoch nicht auf die Metallhexacarbonyle beschränkt und läuft mit Metallcarbonylen der allgemeinen Formel $Y_aMe(CO)_x$ ab. Erfolgt diese photochemische CO-Abspaltung in Gegenwart eines Elektronendonators D, so wird zunächst nach (35) das monosubstituierte Produkt $Y_aMe(CO)_{x-1}D$ gebildet, das dann

$$Y_aMe(CO)_x + h\nu \rightarrow \{Y_aMe(CO)_{x-1}\} + CO \xrightarrow{+D} Y_aMe(CO)_{x-1}D \qquad (35)$$

photochemisch zu den di- oder tri-substituierten Produkten weiterreagiert.

Im Prinzip handelt es sich bei diesem Typ der Substitutionsreaktionen immer um einen photochemisch induzierten S_N1-Mechanismus mit welchem eine Vielzahl stabiler und instabiler Metallcarbonylderivate hergestellt wurden. Da diese photochemischen Substitutionsreaktionen bereits zusammenfassend behandelt wurden, kann hier auf die entsprechende Literatur (*40*) verwiesen werden.

J. Zusammenfassung

Trotz der vorliegenden zahlreichen Untersuchungen über die Kinetik der Austausch- und Substitutionsreaktionen an Metallcarbonylen und deren Derivate kann das Material wegen der Vielzahl der möglichen Metallcarbonylderivate nur unvollständig sein. Da jedoch, wie die vorhergehenden Abschnitte gezeigt haben, die Kinetik und Reaktionsordnung der Austausch- und Substitutionsreaktionen in einfacher Weise vom Typ des Metallcarbonyls bzw. des Metallcarbonylderivates abhängen, sollen die gesamten Ergebnisse in der Tabelle 9 zusammengefaßt werden, wobei die Temperaturangaben sich auf den ungefähren Bereich beziehen, in welchem die Untersuchungen durchgeführt wurden. Tabelle 9 zeigt gleichzeitig, für welche typischen Metallcarbonylderivate noch keine Untersuchungen vorliegen.

Für Metallcarbonylderivate, welche als Katalysatoren von Interesse und nicht in Tabelle 9 enthalten sind, kann durch Analogieschluß der Reaktionsmechanismus der Austausch- oder Substitutionsreaktion mit dem Reaktanten und die ungefähre Reaktionstemperatur abgeschätzt werden.

Es ergeben sich aus Tabelle 9 die folgenden allgemeinen Gesichtspunkte:

1. Bei Metallcarbonylen $Me_y(CO)_x$, $RMe(CO)_x$ sowie deren monosubstituierten Verbindungen erfolgt der CO- und Ligandenaustausch sowie die CO-Substitution nach einem S_N1-Mechanismus.

2. Nitrosylmetallcarbonyle tauschen CO nach S_N1- und S_N2-Mechanismen aus, während der Ligandenaustausch und die CO-Substitution nach S_N2 erfolgt.

3. Bei Cyclopentadienyl- und Aromaten-metallcarbonylen und deren Derivaten verlaufen die Austausch- und Substitutionsreaktionen im allgemeinen nach einem S_N2-Mechanismus.

Selbstverständlich wird es von diesen allgemeinen Regeln Ausnahmen geben. So zeigt z.B. Tabelle 11 Nr. 121, daß speziell mit $AsPh_3$ in $ONCo(CO)_3$ CO nach S_N1 und S_N2 substituiert wird, während mit allen anderen untersuchtens Liganden die Substitution nach S_N2 eintritt. Weiterhin können natürlich auch, wie die Erfahrungen bei vielen kinetischen Untersuchungen gezeigt haben, die relativen Konzentrationen der Reaktanten zueinander einen Einfluß auf den Reaktionsmechanismus haben. So wird CO in $Mo(CO)_6$ durch PPh_3 bei niedrigen PPh_3-Konzentrationen nach einem S_N1-Mechanismus substituiert (Tabelle 2 Nr. 50—53), während man bei hohen PPh_3-Konzentrationen sowohl Substitution nach S_N1 und S_N2 beobachtet (*13*).

Tabelle 9. *Zusammenfassung der Kinetik der Austausch- und Substitutionsreaktionen an Metallcarbonylen und Metallcarbonylderivaten*

Zentral-atom	Nr.	Metallcarbonyl	Reaktionstypen: CO-Austausch Reakt.-Ordng.	°C	Tabelle	CO-Substitution Reakt.-Ordng.	°C	Tabelle	Ligandenaustausch Reakt.-Ordng.	°C	Tabelle
Cr	1	$Cr(CO)_6$	I	117	1,10	I	120	2,11,12			
	2	$Cr(CO)_4D_2$				I	40	6,14			
Mo	3	$Mo(CO)_6$	I	116	1,10	I	80	2,11,12			
	4	$Mo(CO)_4D_2$							I	40	7,16
	5	$Mo(CO)_4D_2$				I+II	40	6,14	I+II	30	7,17,18
W	6	$W(CO)_6$				I	150	2,11,12			
	7	$W(CO)_4D_2$							I	70	7,16
	8	$W(CO)_4D_2$				I+II	100	6,14			

Tabelle 9 (Fortsetzung)

Zentralatom	Nr.	Metallcarbonyl	Reaktionstypen: CO-Austausch Reakt.-Ordng.	CO-Austausch °C	CO-Austausch Tabelle	CO-Substitution Reakt.-Ordng.	CO-Substitution °C	CO-Substitution Tabelle	Ligandenaustausch Reakt.-Ordng.	Ligandenaustausch °C	Ligandenaustausch Tabelle
	9	$Mn_2(CO)_{10}$	—	25	1,10						
Mn	10	$RMn(CO)_5$				I	30	2,11			
	11	$Mn(CO)_5X$	I	30	1,10	I	30	2,11			
	12	$[Mn(CO)_4X]_2$				I+II	25	2,11			
Re	13	$[Re(CO)_4D]X$				I	60	5,13			
Fe	14	$Fe(CO)_5$	—	25	1,10						
	15	$Fe(CO)_4D$				I	170	5,13			
	16	$Co_2(CO)_8$	I	0	1,10	I	0	2,11			
	17	$Co_2(CO)_7D$	I	0	1,10	I	0	5,13			
Co	18	$Co_2(CO)_6D_2$				I	60	6,14			
	19	$RCo(CO)_4$				I	0	2,11			
	20	π-Allyl$Co(CO)_3$				I	0	2,11			
Rh	21	$Rh(PPh_3)_2(CO)Cl_3$	I	25	1,10						
	22	$Ni(CO)_4$	I	0	1,10	I	0	2,11			
Ni	23	$Ni(CO)_3D$	I	25	1,10				I	25	7,15
	24	$Ni(CO)_2D_2$							I	25	8
Co	25	$ONCo(CO)_3$	I+II	25	1,10	II	25	2,11			
	26	$ONCo(CO)_2D$				II	40	5,13	II	40	7,15
V	27	$CpV(CO)_4$	—	25	1,10	II	80	2,11			

Tabelle 9 (Fortsetzung)

Zentral-atom	Nr.	Metallcarbonyl	Reaktionstypen: CO-Austausch Reakt.-Ordng.	CO-Austausch °C	CO-Austausch Tabelle	CO-Substitution Reakt.-Ordng.	CO-Substitution °C	CO-Substitution Tabelle	Ligandenaustausch Reakt.-Ordng.	Ligandenaustausch °C	Ligandenaustausch Tabelle
Mn	28	$CpMn(CO)_3$	—	32	1,11						
	29	$CpMn(CO)_2$Olefin							I	70	7,15
Co	30	$CpCo(CO)_2$				II	40	2,11			
Rh	31	$CpRh(CO)_2$				II	40	2,11			
	32	$CpRh(CO)D$				II	40	5,13			
Ni	33	$Cp_2Ni_2(CO)_2$	II	25	1,10						
Cr	34	$Cr(CO)_3C_7H_8$	—	20	10				I+II *	140	7,20
	35	$Cr(CO)_3C_7H_8$	—	20	10				II **	40	7,19
	36	$Cr(CO)_3$Naphthalin							I+II *	140	7,20
	37	$Cr(CO)_3$Aromat	—	20	10				II+II *	140	7,20
Mo	38	$Mo(CO)_3C_7H_8$	—	20	10				II **	40	7,19
	39	$Mo(CO)_3$Aromat	—	20	10				II **	40	7,19
	40	$Mo(CO)_3$Aromat	—	20	10				II+II *	140	7,20
W	41	$W(CO)_3C_7H_8$	—	20	10				II **	40	7,19
	42	$W(CO)_3$Aromat	—	20	10				II+II *	140	7,20

* Austausch Aromat gegen ^{14}C markierten Aromat.
** Austausch gegen einzähnigen Liganden D′

K. Anhang (Tabellen)

Tabelle 10. *Kinetik des CO-Austausches in Metallcarbonylen und deren Derivate*

Nr.	Metallcarbonyl	° C	Lsgsmittel	Reakt.-Ordng.	$\mathfrak{K}_1 \cdot 10^5$ (sec^{-1})	$\mathfrak{K}_2 \cdot 10^5$ ($Mol^{-1} sec^{-1}$)	τ	Δ H Kcal	Δ S eu	Lit.
1	$Ni(CO)_4$	0	Toluol	I	0,7			13		*(9,6)*
2	$Ni(CO)_4$		Acetonitril	I				10	—36	*(24)*
3	$Ni(CO)_4$		Toluol	I				12	—26	*(24)*
4	$Ni(CO)_4$		Heptan	I				10	—36	*(24)*
5	$Ni(CO)_3PPh_3$	25	Toluol	I	1,1					*(9)*
6	$Co_2(CO)_8$	0	Toluol	I	1,5			16		*(9,6)*
7	$Co_4(CO)_{12}$	25	Benzol				80 h			*(6)*
8	$Fe(CO)_5$	25	Benzol				$>$4 y			*(6)*
9	$Fe_3(CO)_{12}$	25	Benzol				300 h			*(6)*
10	$Mn_2(CO)_{10}$	25	Benzol				$>$10 y			*(6)*
11	$Cr(CO)_6$	107	Heptan	I			17 h			*(7)*
12	$Cr(CO)_6$	117	Gasphase	I	2,06		231 s	39,3		*(7)*
13	$Mo(CO)_6$	116	Gasphase	I	7,5		102 m	30,8		*(14)*
14	$V(CO)_6$	10	Heptan				~7 h			*(9)*
15	$Co_2(CO)_7(C_7H_8O_2)$	0	Toluol	I	0,92			20		*(9)*
16	$Co_2(CO)_6PhC{\equiv}CPh$	25	Benzol				240 h			*(6)*
17	$Pt_2(CO)_2Cl_4$	25	Benzol				$<$10 s			*(20)*
18	$Rh_2(CO)_4Cl_2$	0	Toluol				$<$10 s			*(20)*
19	$Rh(PPh_3)_2(CO)Cl_3$	25	$CHCl_3$	I	3,4			14,3		*(10)*
20	$Rh(PPh_3)_2(CO)Cl$	—20	$CHCl_3$				$<$10 s			*(20)*
21	$Fe(CO)_4J_2$	31,8	Toluol	II		1500				*(20)*
22	$Mn(CO)_5J$	31,8	Toluol	I	1,5					*(20)*
23	$Mn(CO)_5Br$	31,8	Toluol	I	12					*(20)*
24	$Mn(CO)_5Cl$	31,8	Toluol	I	300					*(20)*
25	$Fe(NO)_2(CO)_2$	25	Benzol				450 h			*(6)*
26	$Co(NO)(CO)_3$	25,5	Toluol	I+II	0,3					*(11,6)*

Tabelle 10 (Fortsetzung)

Nr.	Metallcarbonyl	°C	Lsgsmittel	Reakt.-Ordng.	$\mathfrak{K}_1 \cdot 10^5$ (sec^{-1})	$\mathfrak{K}_2 \cdot 10^5$ (Mol^{-1}sec^{-1})	τ	ΔH Kcal	ΔS eu	Lit.
27	$Cp_2Ni_2(CO)_2$	25	Toluol	II		6000		20		*(8)*
28	$CpCo(CO)_2$	0	Toluol	II		2200		16		*(8)*
29	$Cp_2Fe_2(CO)_4$	25	C_6H_5Cl				***			*(8)*
30	$CpMn(CO)_3$	32	Toluol				*			*(8)*
31	$CH_3C_5H_4Mn(CO)_3$	32	Toluol				*			*(8)*
32	$Cp_2Mo_2(CO)_6$	32	Toluol				*			*(8)*
33	$CpV(CO)_4$	25	Toluol				*			*(8)*
34	$CH_3C_6H_5Cr(CO)_3$	25	Toluol				*			*(8)*
35	$CH_3C_6H_5Cr(CO)_3$	110	Toluol				*			*(7)*
36	$C_7H_8Cr(CO)_3$	20	C_7H_8				**			*(49)*
37	$C_7H_8Mo(CO)_3$	20	C_7H_8				**			*(49)*
38	$ArMo(CO)_3$	20	Aromat				**			*(49)*
39	$C_7H_8W(CO)_3$	20	C_7H_8				**			*(49)*
40	$ArW(CO)_3$	20	Aromat				**			*(49)*

* kein Austausch in 3 Wochen.
** kein Austausch in 4 Tagen.
*** sehr geringer Austausch in 4 Tagen.

Tabelle 11. *Kinetik der CO-Substitution nach* $Me(CO)_x + D \rightleftharpoons Me(CO)_{x-1}D + CO$ *(13)*

Nr.	Zentral-atom	Metallcarbonyl	D	°C
1		$Ni(CO)_4$	PPh_3	
2		$Ni(CO)_4$	PPh_3	0
3		$Ni(CO)_4$	PPh_3	0
4	Ni	$Ni(CO)_4$	PPh_3	
5		$Ni(CO)_4$	$P(OCH_3)_3$	
6		$Ni(CO)_4$	$P(OCH_3)_3$	
7		$Ni(CO)_4$	$P(OCH_3)_3$	
8		$Co_2(CO)_8$	PPh_3	−72
9		$Co_2(CO)_8$	PPh_3	0
10		$CH_3COCo(CO)_4$	PPh_3	0
11		$CH_3COCo(CO)_4$	PPh_3	0
12		$CH_3COCo(CO)_4$	PPh_3	0
13		$CH_3COCo(CO)_4$	PPh_3	0
14		$CH_3(CH_2)_4COCo(CO)_4$	PPh_3	0
15		$(CH_3)_2CHCOCo(CO)_4$	PPh_3	0
16		$(CH_3)_3CCOCo(CO)_4$	PPh_3	0
17		$(CH_3)_2CHCH_2COCo(CO)_4$	PPh_3	0
18		$(CH_3CH_2)_2CHCOCo(CO)_4$	PPh_3	0
19		$Cl(CH_2)_3COCo(CO)_4$	PPh_3	0
20	Co	$CH_3OCH_2COCo(CO)_4$	PPh_3	0
21		$CF_3COCo(CO)_4$	PPh_3	0
22		$C_6H_5COCo(CO)_4$	PPh_3	0
23		p—$CH_3OC_6H_4COCo(CO)_4$	PPh_3	0
24		m—$CH_3OC_6H_4COCo(CO)_4$	PPh_3	0
25		p—$NO_2C_6H_4COCo(CO)_4$	PPh_3	0
26		p—$CH_3OCOC_6H_4COCo(CO)_4$	PPh_3	0
27		o—$CH_3C_6H_4COCo(CO)_4$	PPh_3	0
28		2,4,6—$(CH_3)_3C_6H_2COCo(CO)_4$	PPh_3	0
29		$C_6H_5CH_2COCo(CO)_4$	PPh_3	0
30		$CH_3COCo(CO)_4$	$P(OCH_3)_3$	0
31		π—$C_3H_5Co(CO)_3$	PPh_3	0
32		2—CH_3—π—$C_3H_4Co(CO)_3$	PPh_3	0
33		2—Br—π—$C_3H_4Co(CO)_3$	PPh_3	0
34		2—Cl—π—$C_3H_4Co(CO)_3$	PPh_3	0
35		2—C_6H_5—π—$C_3H_4Co(CO)_3$	PPh_3	0
36		1—CH_3—π—$C_3H_4Co(CO)_3$	PPh_3	0
37		1—Cl—π—$C_3H_4Co(CO)_3$	PPh_3	0
38		1—CH_3OCO—π—$C_3H_4Co(CO)_3$	PPh_3	0
39		$HCO(CO)_4$	PPh_3	−72
40		$CH_3COMn(CO)_5$	PPh_3	30,5
41	Mn	$CH_3COMn(CO)_5$	$H_2NC_6H_{11}$	30,5
42		$CH_3CoMn(CO)_5$	$H_2NC_4H_9$	30,5

Lgsmittel	Reakt.-Ordng.	$\mathfrak{K}_1 \cdot 10^5$ (sec^{-1})	$\mathfrak{K}_2 \cdot 10^5$ (l · Mol^{-1} sec^{-1})	ΔH Kcal.	ΔS eu	Lit.
Heptan	I			21	2	(*24*)
Toluol	I	43		21	2	(*18, 24*)
$(C_2H_5)_2O$	I	28				(*18*)
Acetonitril	I			21	2	(*24*)
Heptan	I			21	2	(*24*)
Toluol	I			21	2	(*24*)
Acetonitril	I			21	2	(*24*)
CH_2Cl_2	I	54				(*18*)
$(C_2H_5)_2O$	I	$\gg$20000				(*18*)
THF	I	59				(*18*)
$(C_2H_5)_2O$	I	10		20,8	3,4	(*16,18*)
Toluol	I	64		21,7	4,7	(*18*)
CH_2Cl_2	I	53				(*18*)
$(C_2H_5)_2O$	I	107				(*16*)
$(C_2H_5)_2O$	I	211				(*16*)
$(C_2H_5)_2O$	I	8600				(*16*)
$(C_2H_5)_2O$	I	121				(*16*)
$(C_2H_5)_2O$	I	187				(*16*)
$(C_2H_5)_2O$	I	76,5				(*16*)
$(C_2H_5)_2O$	I	28,0				(*16*)
$(C_2H_5)_2O$	I	9,41				(*16*)
$(C_2H_5)_2O$	I	3440				(*16*)
$(C_2H_5)_2O$	I	4960				(*16*)
$(C_2H_5)_2O$	I	1810				(*16*)
$(C_2H_5)_2O$	I	1650				(*16*)
$(C_2H_5)_2O$	I	1950				(*16*)
$(C_2H_5)_2O$	I	2820				(*16*)
$(C_2H_5)_2O$	I	19,80				(*16*)
$(C_2H_5)_2O$	I	132				(*16*)
$(C_2H_5)_2O$	I	110				(*16*)
$(C_2H_5)_2O$	I	33		22,8	7,2	(*18*)
$(C_2H_5)_2O$	I	280				(*17*)
$(C_2H_5)_2O$	I	400				(*17*)
$(C_2H_5)_2O$	I	650				(*17*)
$(C_2H_5)_2O$	I	110				(*17*)
$(C_2H_5)_2O$	I	18				(*17*)
$(C_2H_5)_2O$	I	9,4				(*17*)
$(C_2H_5)_2O$	I	78				(*17*)
$(C_2H_5)_2O/C_5H_{12}$	I	~1000				(*18*)
	I	3,4				(*29*)
2,2-Diäthyl-oxy-	I	3,4				(*29*)
diäthyl-äther	I	3,2				(*29*)

Tabelle 11 (Fortsetzung)

Nr.	Zentral-atom	Metallcarbonyl	D	°C
43		$Cr(CO)_6$	$C_6H_{11}NC$	122,5
44		$Cr(CO)_6$	$P(C_6H_{11})_3$	122,5
45	Cr	$Cr(CO)_6$	PPh_3	122,5
46		$Cr(CO)_6$	$AsPh_3$	122,5
47		$Cr(CO)_6$	$SbPh_3$	122,5
48		$Mo(CO)_6$	$C_6H_{11}NC$	97,8
49		$Mo(CO)_6$	$P(C_6H_{11})_3$	97,8
50		$Mo(CO)_6$	PPh_3	97,8
51		$Mo(CO)_6$	PPh_3	97,8
52		$Mo(CO)_6$	PPh_3	97,8
53		$Mo(CO)_6$	PPh_3	97,8
54	Mo	$Mo(CO)_6$	$AsPh_3$	97,8
55		$Mo(CO)_6$	$SbPh_3$	97,8
56		$Mo(CO)_6$	$P(OC_2H_5)_3$	82,3
57		$Mo(CO)_6$	$P(C_6H_{11})_3$	82,3
58		$Mo(CO)_6$	PPh_3	82,3
59		$Mo(CO)_6$	$AsPh_3$	82,3
60		$Mo(CO)_6$	$SbPh_3$	82,3
61		$W(CO)_6$	$C_6H_{11}NC$	149
62	W	$W(CO)_6$	PPh_3	149
63		$W(CO)_6$	$AsPh_3$	149
64		$Mn(CO)_5Cl$	PPh_3	21,8
65		$Mn(CO)_5Cl$	$AsPh_3$	21,8
66		$Mn(CO_5Cl$	NC_5H_5	21,8
67		$Mn(CO)_5Cl$	$AsPh_3$	40,0
68		$Mn(CO)_5Cl$	$P(OC_4H_9)_3$	30,2
69		$Mn(CO)_5Br$	PPh_3	30,1
70		$Mn(CO)_5Br$	$AsPh_3$	30,1
71		$Mn(CO)_5Br$	$SbPh_3$	30,1
72		$Mn(CO)_5Br$	$AsPh_3$	40,2
73		$Mn(CO)_5Br$	NC_5H_5	40,2
74		$Mn(CO)_5Br$	$P(OPh)_3$	40
75		$Mn(CO)_5Br$	$P(OCH_2)_3CCH_3$	40
76		$Mn(CO)_5Br$	$PPhCl_2$	40
77		$Mn(CO)_5Br$	$PPhCl_2$	40
78		$Mn(CO)_5Br$	CNC_2H_5	40
79		$Mn(CO)_5Br$	$NH_2C_6H_5$	40
80		$Mn(CO)_5Br$	p—$CH_3C_6H_4NH_2$	40
81		$Mn(CO)_5Br$	o—$CH_3C_6H_4NH_2$	40
82	Mn	$Mn(CO)_5Br$	o—$ClC_6H_4NH_2$	40
83		$Mn(CO)_5Br$	$AsPh_3$	40,0
84		$Mn(CO)_5Br$	$AsPh_3$	40,0
85		$Mn(CO)_5Br$	$AsPh_3$	40,0

Lsgsmittel	Reakt.-Ordng.	$\mathfrak{K}_1 \cdot 10^5$ (sec^{-1})	$\mathfrak{K}_2 \cdot 10^5$ (l · Mol^{-1} sec^{-1})	ΔH Kcal.	ΔS eu	Lit.
n—$C_{10}H_{22}/C_6H_{12}$	I	7,2				(*12*)
n—$C_{10}H_{22}/C_6H_{12}$	I	6,92				(*12*)
n—$C_{10}H_{22}/C_6H_{12}$	I	6,95		38,7	17,7	(*12*)
n—$C_{10}H_{22}/C_6H_{12}$	I	7,10				(*12*)
n—$C_{10}H_{22}/C_6H_{12}$	I	6,82				(*12*)
n—$C_{10}H_{22}/C_6H_{12}$	I	5,95				(*12*)
n—$C_{10}H_{22}/C_6H_{12}$	I	5,85				(*12*)
n—$C_{10}H_{22}/C_6H_{12}$	I	6,0		30,8	2,7	(*12, 13*)
Xylol/C_6H_6	I	9,56				(*12*)
$(C_4H_9)_2O/(iC_3H_7)_2O$	I	11,8				(*12*)
Dioxan/THF	I	64,9				(*12*)
n—$C_{10}H_{22}/C_6H_{12}$	I	6,2				(*12*)
n—$C_{10}H_{22}C_6H_{12}$	I	5,8				(*12*)
Dioxan/THF	I	11				(*12*)
Dioxan/THF	I	12,8				(*12*)
Dioxan/THF	I	12		26,8		(*12*)
Dioxan/THF	I	13				(*12*)
Dioxan/THF	I	13				(*12*)
n—$C_{10}H_{22}/C_6H_{12}$	I	2,6				(*12*)
n—$C_{10}H_{22}/C_6H_{12}$	I	2,7		39,6	11,6	(*12*)
n—$C_{10}H_{22}/C_6H_{12}$	I	2,6				(*12*)
$CHCl_3$	I	16,7				(*19*)
$CHCl_3$	I	17,0		27,5	15,7	(*19*)
$CHCl_3$	I	18,0				(*19*)
$C_6H_5NO_2$	I	94				(*19*)
$CHCl_3$	I	65				(*19*)
$CHCl_3$	I	6,7				(*19*)
$CHCl_3$	I	6,6		29,8	18,9	(*19*)
$CHCl_3$	I	6,6				(*19*)
$CHCl_3$	I	33				(*19*)
$CHCl_3$	I	33				(*19*)
$CHCl_3$	I	30				(*19*)
$CHCl_3$	I	26				(*19*)
$C_6H_5NO_2$	I	8,8				(*19*)
Benzol	I	25				(*19*)
Benzol	I	21				(*19*)
Benzol	I	33				(*19*)
Benzol	I	40				(*19*)
Benzol	I	27				(*19*)
Benzol	I	27				(*19*)
C_6H_{12}	I	74				(*19*)
CCl_4	I	54				(*19*)
CS_2	I	47				(*19*)

Tabelle 11 (Fortsetzung)

Nr.	Zentral-atom	Metallcarbonyl	D	°C
86		$Mn(CO)_5Br$	$AsPh_3$	40,0
87		$Mn(CO)_5Br$	$AsPh_3$	40,0
88		$Mn(CO)_5Br$	$AsPh_3$	40,0
89		$Mn(CO)_5Br$	$AsPh_3$	40,0
90		$Mn(CO)_5Br$	$AsPh_3$	40,0
91		$Mn(CO)_5Br$	$AsPh_3$	40,0
92		$Mn(CO)_5Br$	$AsPh_3$	40,0
93		$Mn(CO)_5Br$	$AsPh_3$	40,0
94		$Mn(CO)_5Br$	$AsPh_3$	40,0
95		$Mn(CO)_5I$	PPh_3	29,9
96		$Mn(CO)_5I$	$AsPh_3$	35,1
97		$Mn(CO)_5I$	NC_5H_5	39,2
98		$[Mn(CO)_4I]_2$	3-Chlorpy.	25
99		$[Mn(CO)_4I]_2$	Py	25
100		$[Mn(CO)_4I]_2$	γ-Picolin	25
101		$[Mn(CO)_4Br]_2$	3-Chlorpy	25
102		$[Mn(CO)_4Cl]_2$	3-Chlorpy	25
103		$ONCo(CO)_3$	$P(C_2H_5)_3$	25
104		$ONCo(CO)_3$	$P(C_4H_9)_3$	25
105		$ONCo(CO)_3$	$P(C_2H_5)_2Ph$	25
106		$ONCo(CO)_3$	$P(C_6H_{11})_3$	25
107		$ONCo(CO)_3$	$P(C_2H_5)_2Ph_2$	25
108		$ONCo(CO)_3$	$P(nC_4H_9)Ph_2$	25
109		$ONCo(CO)_3$	PPh_3	25
110		$ONCo(CO)_3$	PPh_3	25,1
111		$ONCo(CO)_3$	PPh_3	25
112		$ONCo(CO)_3$	PPh_3	25
113		$ONCo(CO)_3$	$P(O{-}C_4H_9)_3$	25
114	Co	$ONCo(CO)_3$	$P(O{-}CH_3)_3$	25
115		$ONCo(CO)_3$	$P(OPh)_3$	25
116		$ONCo(CO)_3$	$P(OPh)_3$	25
117		$ONCo(CO)_3$	$P(OCH_2)_3CCH_3$	25
118		$ONCo(CO)_3$	PPh_2Cl	25
119		$ONCo(CO)_3$	$P[N(CH_3)_2]_3$	25
120		$ONCo(CO)_3$	$As(n{-}C_4H_9)_3$	25
121		$ONCo(CO)_3$	$AsPh_3$	25
122		$ONCo(CO)_3$	CNC_6H_{11}	25
123		$ONCo(CO)_3$	4-Picolin	25
124		$ONCo(CO)_3$	Py	25
125		$ONCo(CO)_3$	3-Chlorpy.	25
126		$CpRh(CO)_2$	$P(C_2H_5)_3$	40
127		$CpRh(CO)_2$	$P(n\text{-}C_4H_9)_3$	40
128		$CpRh(CO)_2$	$P(p\text{-}CH_3OC_6H_4)$	40

Lgsmittel	Reakt.-Ordng.	$\mathfrak{K}_1 \cdot 10^5$ (sec^{-1})	$\mathfrak{K}_2 \cdot 10^5$ (l · Mol^{-1} sec^{-1})	ΔH Kcal.	ΔS eu	Lit.
Toluol	I	45				(*19*)
C_6H_6	I	41				(*19*)
$CHCl_3$	I	33				(*19*)
C_6H_5Cl	I	32				(*19*)
2-Butanon	I	18				(*19*)
Aceton	I	18				(*19*)
o—$NO_2C_6H_4CH_3$	I	12				(*19*)
CH_3NO_2	I	12				(*19*)
$C_6H_5NO_2$	I	11				(*19*)
$CHCl_3$	I	0,35				(*19*)
$CHCl_3$	I	0,82		32,2	20,7	(*19*)
$CHCl_3$	I	1,8				(*19*)
CCl_4	I+II	4,1	83			(*45*)
CCl_4	I+II	3,8	340			(*45*)
CCl_4	I+II	5,1	570			(*45*)
CCl_4	I+II	120	1700			(*45*)
CCl_4	I+II	1200	5200			(*45*)
Toluol	II		30000			(*11*)
Toluol	II		9000			(*11*)
Toluol	II		3300			(*11*)
Toluol	II		950			(*11*)
Toluol	II		590	15	−19	(*11*)
Toluol	II		460			(*11*)
Toluol	II		100	15	−24	(*11*)
THF	II		130	11,7	−34	(*11, 18*)
$(C_2H_5)_2O$	II		160			(*18*)
CH_3NO_2	II		260	14	−23	(*11*)
Toluol	II		290			(*11*)
Toluol	II		180			(*11*)
Toluol	II		3,4	19	−14	(*11*)
CH_3NO_2	II		5,8	17	−22	(*11*)
Toluol	II		65			(*11*)
Toluol	II		8,9	17	−19	(*11*)
Toluol	II		3,2			(*11*)
Toluol	II		9,0			(*11*)
Toluol	I+II	0,007	0,23	21	−13	(*11*)
Toluol	II		720			(*11*)
Toluol	II		8			(*11*)
Toluol	II		4			(*11*)
Toluol	II		1			(*11*)
Toluol	II		800			(*4*)
Toluol	II		430			(*4*)
Toluol	II		56			(*4*)

Tabelle 11 (Fortsetzung)

Nr.	Zentral-atom	Metallcarbonyl	D	°C
129		$CpRh(CO)_2$	$P(C_6H_{11})_3$	40
130		$CpRh(CO)_2$	PPh_3	40
131	Rh	$CpRh(CO)_2$	$P(OPh)_3$	40
132		$CpRh(CO)_2$	$P(C_2H_5)_2Ph$	40
133		$CpRh(CO)_2$	$P(C_2H_5)_2Ph$	40
134		$CpRh(CO)_2$	$P(C_2H_5)_2Ph$	40
135		$CpRh(CO)_2$	$P(n\text{-}OC_4H_9)_3$	40
136		$CpRh(CO)_2$	$P(n\text{-}OC_4H_9)_3$	40
137		$CpRh(CO)_2$	$P(n\text{-}OC_4H_9)_3$	40
138	Co	$CpCo(CO)_2$	PPh_3	40
139	Ir	$CprIr(CO)_2$	PPh_3	40
140	V	$CpV(CO)_4$	PPh_3	80,7

Lsgsmittel	Reakt.-Ordng.	$\mathfrak{K}_1 \cdot 10^5$ (sec^{-1})	$\mathfrak{K}_2 \cdot 10^5$ (l · Mol^{-1} sec^{-1})	ΔH Kcal.	ΔS eu	Lit.
Toluol	II		7,7			(*4*)
Toluol	II		29			(*4*)
Toluol	II		7,3			(*4*)
Toluol	II		430	15	−20	(*4*)
THF	II		245	13	−28	(*4*)
CH_3NO_2	II		370	13	−27	(*4*)
Toluol	II		38	18	−16	(*4*)
THF	II		22	16	−23	(*4*)
CH_3NO_2	II		27	15	−26	(*4*)
Toluol	II		3,0			(*4*)
Toluol	II		1,4			(*4*)
Nonan	II		736	23,6	15,3	(*23*)

Tabelle 12. *Kinetik der CO-Substitution durch mehrzähnige Liganden D_n nach $M(CO)_x + D_n \rightarrow Me(CO)_{x-n}D_n + nCO$* (*17*)

Nr.	Metallcarbonyl	Ligand D_n	°C	Lsgsmittel	Reakt.-Ordng.	$\mathfrak{K}_1 \cdot 10^5$ (sec^{-1})	ΔH Kcal	ΔS eu	Lit.
1	$Cr(CO)_6$	$C_2H_4(NH_2)_2$	122,5	$C_{10}H_{22}/C_6H_{12}$	I	7,3			(*12*)
2	$Cr(CO)_6$	$HN(C_2H_4NH_2)_2$	122,5	$C_{10}H_{22}/C_6H_{12}$	I	7,04			(*12*)
3	$Cr(CO)_6$	$[-CH_2N(CH_3)-]_3$	122,5	$C_{10}H_{22}/C_6H_{12}$	I	7,23	37,9	15,8	(*12*)
4	$Mo(CO)_6$	$C_2H_4(NH_2)_2$	97,8	$C_{10}H_{22}/C_6H_{12}$	I	6,0			(*12*)
5	$Mo(CO)_6$	$CH_2[N(C_2H_5)_2]_2$	97,8	$C_{10}H_{22}/C_6H_{12}$	I	5,9			(*12*)
6	$Mo(CO)_6$	$HN(C_2H_4NH_2)_2$	97,8	$C_{10}H_{22}/C_6H_{12}$	I	5,82			(*12*)
7	$Mo(CO)_6$	$[-CH_2N(CH_3)-]_3$	97,8	$C_{10}H_{22}/C_6H_{12}$	I	6,0	31,4	4,3	(*12*)
8	$Mo(CO)_6$	$[-CH_2N(CH_3)-]_3$	82,3	Dioxan/THF	I	14,2			(*12*)
9	$W(CO)_6$	$C_2H_4(NH_2)_2$	149,0	$C_{10}H_{22}/C_6H_{12}$	I	2,88			(*12*)
10	$W(CO)_6$	$HN(C_2H_4NH_2)_2$	149,0	C_6H_{22}/C_6H_{12}	I	2,80			(*12*)
11	$W(CO)_6$	$[-CH_2N(CH_3)-]_3$	149,0	C_6H_{22}/C_6H_{12}	I	2,86	41,2	15,6	(*12*)

Tabelle 13. *Kinetik der CO-Substitution in monosubstituierten Metallcarbonylen nach* $Me(CO)_{x-1}D + D \rightarrow Me(CO)_{x-2}D_2 + CO$ (21) *bzw.* $Me(CO)_{x-1}D + D' \rightarrow Me(CO)_{x-2}D\,D' + CO$ (22)

Nr.	Metallcarbonyl	D	°C	Lsgsmittel	Reakt.-Ordng.	$\mathfrak{K}_1 \cdot 10^5$ sec^{-1}	$\mathfrak{K}_2 \cdot 10^5$ $l \cdot Mol^{-1}$ sec^{-1}	ΔH kcal	ΔS eu	Lit.
1	$Fe(CO)_4PPh_3$	PPh_3	170,1	Dekalin	I	10,7		42,5	+18,4	*(25)*
2	$Co_2(CO)_7C_4H_2O_2$	$C_4H_2O_2$	0	CH_2Cl_2	I	77,9		21,5	4,5	*(18)*
3	$Re(CO)_4ClPy$	Py	40	CCl_4	I	35		28	15	*(44)*
4	$Re(CO)_4ClPPh_3$	PPh_3	60	CCl_4	I	65		28	11	*(44)*
5	$Re(CO)_4ClPPh_3$	Py	60	CCl_4	I	71				*(44)*
6	$Re(CO)_4Br(\gamma\text{-Picolin})$	γ-Picolin	60	CCl_4	I	87				*(44)*
7	$Re(CO)_4BrPy$	Py	60	CCl_4	I	86		29	14	*(44)*
8	$Re(CO)_4BrPy$	PPh_3	60	CCl_4	I	85				*(44)*
9	$Re(CO)_4BrPPh_3$	PPh_3	60	CCl_4	I	14		34	26	*(44)*
10	$Re(CO)_4BrPPh_3$	Py	60	CCl_4	I	15				*(44)*
11	$Re(CO)_4BrPPh_2C_2H_5$	$PPh_2C_2H_5$	60	CCl_4	I	4,4				*(44)*
12	$Re(CO)_4BrPPh_2C_2H_5$	Py	60	CCl_4	I	4,3				*(44)*
13	$Re(CO)_4BrP(nC_4H_9)_3$	PPh_3	60	CCl_4	I	2.9				*(44)*
14	$Re(CO)_4I(\gamma\text{-Picolin})$	γ-Picolin	60	CCl_4	I	9,4				*(44)*
15	$Re(CO)_4IPy$	Py	60	CCl_4	I	9,4		29	10	*(44)*
16	$ONCo(CO)_2P(OCH_3)_3$	$P(OCH_3)_3$	40,4	Toluol	II		0,6			*(22)*
17	$ONCo(CO)_2P(OCH_2)_3CCH_3$	$P(OCH_2)_3CCH_3$	40,4	Toluol	II		0,4			*(22)*
18	$ONCo(CO)_2P(nC_4H_9)_3$	$P(nC_4H_9)_3$	40,4	Toluol	II		0,047			*(22)*
19	$ONCo(CO)_2P(OPh)_3$	$P(OPh)_3$	40,4	Toluol			sehr lg.			*(22)*
20	$ONCo(CO)_2PPh_3$	PPh_3	40,4	Toluol			sehr lg.			*(22)*
21	$CpRh(CO)(p\text{-}CH_3C_6H_4NC)$	$p\text{-}CH_3C_6H_4NC$	40	Toluol	II		16,5			*(4)*
22	$CpRh(CO)P(OCH_2)_3CCH_3$	$P(OCH_2)_3CCH_3$	40	Toluol	II		14			*(4)*
23	$CpRh(CO)CNC_6H_{11}$	CNC_6H_{11}	40	Toluol	II		1,75			*(4)*
24	$CpRh(CO)P(OPh)_3$	$P(OPh)_3$	40	Toluol	II		0,71			*(4)*
25	$CpRh(CO)PR_3$	PR_3	40	Toluol			sehr lg.			*(4)*

Tabelle 14. *Kinetik der CO-Substitution in mehrfachsubstituierten Metallcarbonylen nach*

Nr.	Metallcarbonyl	D	°C	Lsgmittel
1	$Co_2(CO)_6PhC{\equiv}CPh$	PPh_3	59,8	Toluol
2	$Co_2(CO)_6HC{\equiv}CH$	PPh_3	59,8	Toluol
3	$Cr(CO)_4$(dipy)	$P(OCH_2)_3CCH_3$	37,8	Aceton
4	$Cr(CO)_4$(dipy)	$P(OCH_2)_3CCH_3$	37,8	$NO_2C_6H_5$
5	$Cr(CO)_4$(dipy)	$P(OCH_2)_3CCH_3$	37,8	1,2—$C_2H_4Cl_2$
6	$Cr(CO)_4$(dipy)	$P(OCH_2)_3CCH_3$	37,8	ClC_6H_5
7	$Cr(CO)_4$(dipy)	$PO_3C_6H_9$	37,8	1,2—$C_2H_4Cl_2$
8	$Cr(CO)_4$(dipy)	$PO_3C_6H_9$	37,8	ClC_6H_5
9	$Cr(CO)_4$(dipy)	$P(OC_2H_5)_3$	37,8	1,2—$C_2H_4Cl_2$
10	$Cr(CO)_4$(dipy)	$P(OC_2H_5)_3$	37,8	ClC_6H_5
11	$Cr(CO)_4$(o—phen)	$P(OCH_2)_3CCH_3$	47,9	1,2—$C_2H_4Cl_2$
12	$Cr(CO)_4(X_1$—o—phen) *	$P(OCH_2)_3CCH_3$	47,9	1,2—$C_2H_4Cl_2$
13	$Cr(CO)_4(X_2$—o—phen)	$P(OCH_2)_3CCH_3$	47,9	1,2—$C_2H_4Cl_2$
14	$Cr(CO)_4(X_3$—o—phen)	$P(OCH_2)_3CCH_3$	47,9	1,2—$C_2H_4Cl_2$
15	$Cr(CO)_4(X_4$—o—phen)	$P(OCH_2)_3CCH_3$	47,9	1,2—$C_2H_4Cl_2$
16	$Cr(CO)_4(X_5$—o—phen)	$P(OCH_2)_3CCH_3$	47,9	1,2—$C_2H_4Cl_2$
17	$Cr(CO)_4(X_6$—o—phen)	$P(OCH_2)_3CCH_3$	47,9	1,2—$C_2H_4Cl_2$
18	$Cr(CO)_4(X_7$—o—phen)	$P(OCH_2)_3CCH_3$	47,9	1,2—$C_2H_4Cl_2$
19	$Cr(CO)_4(X_8$—o—phen)	$P(OCH_2)_3CCH_3$	47,9	1,2—$C_2H_4Cl_2$
20	$Mo(CO)_4$(dipy)	$PO_3C_6H_9$	37,8	1,2—$C_2H_4Cl_2$
21	$Mo(CO)_4$(dipy)	$P(OC_2H_5)_3$	37,8	1,2—$C_2H_4Cl_2$
22	$Mo(CO)_4$(dipy)	$P(OCH_2)_3CCH_3$	37,8	1,2—$C_2H_4Cl_2$
23	$Mo(CO)_4$(dipy)	$PO_3C_6H_9$	37,8	ClC_6H_5
24	$Mo(CO)_4$(dipy)	$P(OC_2H_5)_3$	37,8	ClC_6H_5
25	$Mo(CO)_4$(dipy)	$P(OCH_2)_3CCH_3$	37,8	ClC_6H_5
26	$Mo(CO)_4$(dipy)	$P(OCH_2)_3CCH_3$	37,9	CH_3COCH_3
27	$Mo(CO)_4$(dipy)	$P(OCH_2)_3CCH_3$	37,9	$NO_2C_6H_5$
28	$Mo(CO)_4$(o—phen)	$P(OCH_2)_3CCH_3$	47,9	1,2—$C_2H_4Cl_2$
29	$Mo(CO)_4$(o—phen)	$PO_3C_6H_9$	47,9	1,2—$C_2H_4Cl_2$
30	$Mo(CO)_4$(o—phen)	$P(OC_2H_5)_3$	47,9	1,2—$C_2H_4Cl_2$
31	$Mo(CO)_4$(o—phen)	PPh_3	47,9	1,2—$C_2H_4Cl_2$
32	$Mo(CO)_4$(o—phen)	$P(OPh)_3$	47,9	1,2—$C_2H_4Cl_2$
33	$Mo(CO)_4(X_3$—o—phen) *	$PO_3C_6H_9$	47,9	1,2—$C_2H_4Cl_2$
34	$Mo(CO)_4(X_3$—o—phen)	$P(OCH_2)_3CCH_3$	47,9	1,2—$C_2H_4Cl_2$
35	$Mo(CO)_4(X_3$—o—phen)	$P(OC_2H_5)_3$	47,9	1,2—$C_2H_4Cl_2$
36	$Mo(CO)_4(X_3$—o—phen)	PPh_3	47,9	1,2—$C_2H_4Cl_2$
37	$Mo(CO)_4(X_1$—o—phen)	$P(OCH_2)_3CCH_3$	47,9	1,2—$C_2H_4Cl_2$
38	$Mo(CO)_4(X_2$—o—phen)	$P(OCH_2)_3CCH_3$	47,9	1,2—$C_2H_4Cl_2$
39	$Mo(CO)_4(X_3$—o—phen)	$P(OCH_2)_3CCH_3$	47,9	1,2—$C_2H_4Cl_2$
40	$Mo(CO)_4(X_4$—o—phen)	$P(OCH_2)_3CCH_3$	47,9	1,2—$C_2H_4Cl_2$
41	$Mo(CO)_4(X_5$—o—phen)	$P(OCH_2)_3CCH_3$	47,9	1,2—$C_2H_4Cl_2$
42	$Mo(CO)_4(X_6$—o—phen)	$P(OCH_2)_3CCH_3$	47,9	1,2—$C_2H_4Cl_2$
43	$Mo(CO)_4(X_7$—o—phen)	$P(OCH_2)_3CCH_3$	47,9	1,2—$C_2H_4Cl_2$
44	$Mo(CO)_4(X_8$—o—phen)	$P(OCH_2)_3CCH_3$	47,9	1,2—$C_2H_4Cl_2$
45	$W(CO)_4$(dipy)	$PO_3C_6H_9$	100,0	ClC_6H_5
46	$W(CO)_4$(dipy)	$P(OC_2H_5)_3$	100,0	ClC_6H_5

$Me(CO)_{x-2}D_2 + D \rightarrow Me(CO)_{x-3}D_2D' + CO$ (*23*)

Reakt.-Ordng.	$\mathfrak{K}_1 \cdot 10^5$ (sec^{-1})	$\mathfrak{K}_2 \cdot 10^5$ ($l \cdot Mol^{-1} sec^{-1}$)	ΔH_1 Kcal	ΔS_1 eu	ΔH_2 Kcal	ΔS_2 eu	Lit.
I	851						(*18*)
I	122		17,0	−23,0			(*18*)
I	17,6						(*5*)
I	14,8						(*5*)
I	13,7		23,4	− 1,1			(*5*)
I	4,90		28,6	13,6			(*5*)
I	11,1		25,4	5,1			(*5*)
I	6,2		24,4	0,5			(*5*)
I	13,5		24,3	1,9			(*5*)
I	5,57		22,6	− 5,4			(*5*)
I	27,1		26,4	7,0			(*48*)
I	13,4						(*48*)
I	11,0						(*48*)
I	26,5						(*48*)
I	27,9						(*48*)
I	48,3						(*48*)
I	61,2						(*48*)
I	71,7						(*48*)
I	460						(*48*)
I+II	5,5	25,4	21,5	− 9,1	18,6	−15,4	(*26*)
I+II	4,3	6,34	24,6	0,48	21,3	− 9,4	(*26*)
I+II	4,43	10,6	23,7	− 2,3	20,8	−10,0	(*26*)
I+II	2,78	24,8	23,9	− 2,5	17,0	−20,5	(*26*)
I+II	1,86	8,74	27,3	7,5	13,6	−33,4	(*26*)
I+II	1,74	10,8	28,9	12,5	12,3	−37,2	(*26*)
I+II	5,30	9,67					(*26*)
I+II	5,20	10,4					(*26*)
I+II	11,4	11,6	25,1	2,4	19,1	−17,0	(*48*)
I+II	11,4	30,4					(*48*)
I+II	11,4	9,4					(*48*)
I+II	11,4	1,3					(*48*)
I+II	11,4	0,57					(*48*)
I+II	10,9	19					(*48*)
I+II	10,9	5,47					(*48*)
I	10,9	5,92					(*48*)
I	10,9	0					(*48*)
I+II	6,10	24,1					(*48*)
I+II	6,0	28,7					(*48*)
I+II	10,9	5,47					(*48*)
I+II	12,3	9,98					(*48*)
I+II	16,8	7,03					(*48*)
I+II	20,1	6,86					(*48*)
I+II	21,9	4,76					(*48*)
I+II	69,3	823					(*48*)
I+II	9,80	42,8	24,6	−12,5	24,2	−10,9	(*26*)
I+II	6,10	20,8	26,1	− 7,5	20,0	−20,8	(*26*)

Tabelle 14 (Fortsetzung)

Nr.	Metallcarbonyl	D	°C	Lsgmittel
47	$W(CO)_4$(o—phen)	$P(nC_4H_9)_3$	114	ClC_6H_5
48	$W(CO)_4$(o—phen)	$P(OCH_2)_3CCH_3$	114	ClC_6H_5
49	$W(CO)_4$(o—phen)	$P(OC_2H_5)_3$	114	ClC_6H_5
50	$W(CO)_4$(o—phen)	PPh_3	114	ClC_6H_5
51	$W(CO)_4$(X_2—o—phen)*	$P(OCH_2)_3CCH_3$	114	ClC_6H_5
52	$W(CO)_4$(X_6—o—phen)	$P(OCH_2)_3CCH_3$	114	ClC_6H_5

* X—o—phen = substituiertes o-Phenanthrolin
X_1 = 5,6-Dichloro;
X_2 = 5-Nitro;
X_3 = 4,7-Diphenyl;
X_4 = 3-Methyl;
X_5 = 3,5,7-Trimethyl;
X_6 = 3,4,7,8-Tetramethyl;
X_7 = 3,4,6,7-Tetramethyl;
X_8 = 1,2-Diamino-2-methylpropan.

Reakt.-Ordng.	$\mathfrak{K}_1 \cdot 10^5$ (sec^{-1})	$\mathfrak{K}_2 \cdot 10^5$ (l · Mol^{-1} sec^{-1})	ΔH_1 Kcal	ΔS_1 eu	ΔH_2 Kcal	ΔS_2 eu	Lit.
I+II	16,3	48,6					(*48*)
I+II	16,3	34,8	33,4	−10,6	23,6	−37,6	(*48*)
I+II	16,3	36,5					(*48*)
I	16,3	0					(*48*)
I+II	10,1	62,2					(*48*)
I+II	37,6	25,1					(*48*)

Tabelle 15. *Kinetik des Ligandenaustausches nach* $Me(CO)_{x-1}D + D' \rightleftharpoons Me(CO)_{x-1}D' + D$ *(25)*

Nr.	Metallcarbonyl	D′	°C	Lsgsmittel	Reakt.-Ordng.	$\mathfrak{K}_1 \cdot 10^5$ (sec^{-1})	$\mathfrak{K}_2 \cdot 10^5$ ($1 \cdot Mol^{-1} sec^{-1}$)	ΔH Kcal	ΔS eu	Lit.
1	$Ni(CO)_3PPh_3$	$P(CH_2CH_2CN)_3$	25	CH_3CN	I	137				*(15)*
2	$Ni(CO)_3PPh_3$	PPh_3	25	CH_3CN	I	134				*(15)*
3	$Ni(CO)_3PPh_3$	PPh_3	25	C_6H_{12}	I	56,6				*(15)*
4	$Ni(CO)_3PPh_3$	$P(nC_4H_9)_3$	25	C_6H_{12}	I	82,3				*(15)*
5	$Ni(CO)_3P(OC_2H_5)_3$	$P(n{-}C_4H_9)_3$	25	C_6H_{12}	I	27,6				*(15)*
6	$Ni(CO)_3PCl_3$	$P(n{-}C_4H_9)_3$	25	C_6H_{12}	I	>1000				*(15)*
7	$CpMn(CO)_2$(Äthylen)	PPh_3	80	$CH_3C_6H_{11}$	I	4,80		34,6	19,1	*(47)*
8	$CpMn(CO)_2$(Norbornadien)	PPh_3	80	$CH_3C_6H_{11}$	I	12,9		37,2	28,7	*(47)*
9	$CpMn(CO)_2$(Norbornylen)	PPh_3	80	$CH_3C_6H_{11}$	I	18,5		38,8	33,5	*(47)*
10	$CpMn(CO)_2$(Cycloocten)	PPh_3	80	$CH_3C_6H_{11}$	I	193		34,9	27,5	*(47)*
11	$CH_3C_5H_4Mn(CO)_2$(Cycloocten)	PPh_3	55	$CH_3C_6H_{11}$	I	5,19		32,3	20,3	*(47)*
12	$CpMn(CO)_2$(Propylen)	PPh_3	55	$CH_3C_6H_{11}$	I	6,43		33,8	25,1	*(47)*
13	$CpMn(CO)_2$(Cyclopenten)	PPh_3	55	$CH_3C_6H_{11}$	I	11,2		33,5	25,1	*(47)*
14	$CpMn(CO)_2$(Penten)	PPh_3	54,8	Hexan	I	19,4		33,2	24,3	*(47)*
15	$CpMn(CO)_2$(Cyclohepten)	PPh_3	55	$CH_3C_6H_{11}$	I	26,6		28,5	11,6	*(47)*
16	$ONCo(CO)_2P(OCH_2)_3CCH_3$	$P(n{-}C_4H_9)_3$	40,4	Toluol	II		410	12	—30	*(22)*
17	$ONCo(CO)_2P(OCH_2)_3CCH_3$	$P(C_6H_{11})_3$	40,4	Toluol	II		24			*(22)*
18	$ONCo(CO)_2P(OCH_2)_3CCH_3$	$PPh_2(C_2H_5)$	40,4	Toluol	II		17			*(22)*
19	$ONCo(CO)_2P(OCH_2)_3CCH_3$	PPh_3	40,4	Toluol	II		1,7			
20	$ONCo(CO)_2P(OCH_3)_3$	$P(n{-}C_4H_9)_3$	40,4	Toluol	II		51	12	—34	*(22)*
21	$ONCo(CO)_2P(OCH_3)_3$	$PPh_2(C_2H_5)$	40,4	Toluol	II		1,6			*(22)*
22	$ONCo(CO)_2P(OCH_3)_3$	PPh_3	40,4	Toluol	II		0,1			*(22)*
23	$ONCo(CO)_2PPh_3$	$P(n{-}C_4H_9)_3$	40,4	Toluol	II		30			*(22)*
24	$ONCo(CO)_2PPh_3$	$P(OCH_3)_3$	40,4	Toluol	II		0,8			*(22)*
25	$ONCo(CO)_2PPh_3$	$P(OPh)_3$	40,4	Toluol	II		0,06			*(22)*

Tabelle 15 (Fortsetzung)

Nr.	Metallcarbonyl	D′	°C	Lsgsmittel	Reakt.-Ordng.	$\mathfrak{K}_1 \cdot 10^5$ (sec^{-1})	$\mathfrak{K}_2 \cdot 10^5$ ($1 \cdot Mol^{-1} sec^{-1}$)	ΔH Kcal	ΔS eu	Lit.
26	$Co(NO)(CO)_2P(OPh)_3$	$P(n-C_4H_9)_3$	40,4	Toluol	II		140			*(22)*
27	$Co(NO)(CO)_2P(OPh)_3$	$PPh_2(C_2H_5)_2$	40,4	Toluol	II		6,8			*(22)*
28	$Co(NO)(CO)_2P(OPh)_3$	PPh_3	40,4	Toluol	II		0,50			*(22)*
29	$Co(NO)(CO)_2AsPh_3$	$P(n-C_4H_9)_3$	40,4	Toluol	II		400			*(22)*
30	$Co(NO)(CO)_2CNC_6H_{11}$	$P(n-C_4H_9)_3$	40,4	Toluol	II		620			*(22)*
31	$Co(NO)(CO)_2CNC_6H_{11}$	$PPh_2(C_2H_5)$	40,4	Toluol	II		59			*(22)*
32	$Co(NO)(CO)_2CNC_6H_{11}$	PPh_3	40,4	Toluol	II		9,0			*(22)*

Tabelle 16. *Kinetik des Ligandenaustausches nach* $Me(CO)_{x-2}D_2 + D'_2 \rightleftharpoons Me(CO)_{x-2}D'_2 + 2\,D$ *(26)*

Nr.	Metallcarbonyl	D'_2	°C	Lsgsmittel	Reakt.-Ordng.	$\mathfrak{K}_1 \cdot 10^5$ (sec^{-1})	ΔH_1 Kcal	ΔS_1 eu	Lit.
1	cis-$Mo(CO)_4(PCl_3)_2$	$Ph_2PC_2H_4PPh_2$	25	Benzol		sehr schnell			*(28)*
2	cis-$Mo(CO)_4(PCl_2Ph)_2$	$Ph_2PC_2H_4PPh_2$	60	Benzol	I	22			*(28)*
3	trans-$Mo(CO)_4(PPh_3)_2$	$Ph_2PC_2H_4PPh_2$	60	Benzol	I	2,9			*(28)*
4	trans-$Mo(CO)_4(PCl_2Ph)_2$	$Ph_2PC_2H_4PPh_2$	60	Benzol		sehr lang.			*(28)*
5	trans—$Mo(CO)_4(PPh_3)_2$	dipy.	60	Toluol	I	2,3	23,9	—8	*(43)*
6	trans—$Mo(CO)_4(PPh_3)_2$	$Ph_2PCH_2CH_2PPh_2$	60	Benzol	I	2,9			*(43)*
7	cis—$Mo(CO)_4(PPh_3)_2$	dipy.	50	Toluol	I	28	26,2	6	*(43)*
8	cis—$Mo(CO)_4(AsPh_3)_2$	dipy.	50	Toluol	I	71	26,8	9,8	*(43)*
9	cis—$Mo(CO)_4(SbPh_3)_2$	dipy.	50	Toluol	I	2,5	22,8	—9	*(43)*
10	cis—$Mo(CO)_4(py)_2$	dipy.	35	Toluol	I	780	23,3	7,4	*(43)*
11	trans-$W(CO)_4(PPh_3)_2$	dipy.	80	Toluol	I	1,1	28,8	0	*(43)*
12	cis—$W(CO)_4(py)_2$	dipy.	60	Toluol	I	300	23,2	—0,5	*(43)*

Tabelle 17. *Kinetik des Ligandenaustausches nach* $Me(CO)_{x-2}D_2 + 2\,D' \rightleftharpoons Me(CO)_{x-2}D'_2 + D_2$ (27)

Nr.	Metallcarbonyl	Ligand	°C	Lsgsmittel	Reakt.-Ordng.	$\mathfrak{K}_1 \cdot 10^5$ (sec^{-1})	$\mathfrak{K}_2 \cdot 10^5$ (l · Mol^{-1} sec^{-1})	ΔH_1 Kcal	ΔS_1 eu	ΔH_2 Kcal	ΔS_2 eu	Lit.
1	$Mo(CO)_4C_8H_{12}$	PPh_3	30,5	C_6H_6	I + II	5	85	25	4	21	− 3	*(27)*
2	$Mo(CO)_4C_8H_{12}$	PCl_2Ph	25	$CHCl_3$	I + II	7	6,4	24	3	20	−10	*(28)*
3	$Mo(CO)_4C_8H_{12}$	$P(n\text{-}C_4H_9)_3$	25	$CHCl_3$	I + II	7	54					*(28)*
4	$Mo(CO)_4C_8H_{12}$	$P(n\text{-}C_4H_9)_3$	25	Benzol	I + II	9	250					*(28)*
5	$Mo(CO)_4C_8H_{12}$	PCl_3	25	$CHCl_3$	I + II	7						*(28)*
6	$Mo(CO)_4C_8H_{12}$	$AsPh_3$	30,5	C_6H_6	I + II	6	80	25	4	17	−17	*(27)*
7	$Mo(CO)_4C_8H_{12}$	$SbPh_3$	30,5	C_6H_6	I + II	6,5	90	25	4	19	−10	*(27)*
8	$Mo(CO)_4C_8H_{12}$	Py	25	$CHCl_3$	I + II	7	23	24	3	18	−12	*(28)*
9	$Mo(CO)_4C_8H_{12}$	Py	25	Benzol	I + II	9	60					*(28)*
10	$Mo(CO)_4C_8H_{12}$	3-4Lutidin	25	$CHCl_3$	I + II	7	38					*(28)*
11	$Mo(CO)_4C_8H_{12}$	4-Picolin	25	$CHCl_3$	I + II	7	30					*(28)*
12	$Mo(CO)_4C_8H_{12}$	3-Picolin	25	$CHCl_3$	I + II	7	25					*(28)*
13	$Mo(CO)_4C_8H_{12}$	3-Picolin	25	Benzol	I + II	9	76					*(28)*
14	$Mo(CO)_4C_8H_{12}$	3-Picolin	25	sym-$C_2H_2Cl_4$	I + II	4	36					*(28)*
15	$Mo(CO)_4C_8H_{12}$	3-Cl-Pyridin	25	$CHCl_3$	I + II	7	12					*(28)*

Tabelle 18. *Kinetik des Ligandenaustausches nach* $Me(CO)_{x-2}D_2 + D'_2 \rightleftharpoons Me(CO)_{x-2}D'_2 + D_2$ (28)

Nr.	Metallcarbonyl	D'_n	°C	Lsgsmittel	Reakt.-Ordng.	$\mathfrak{K}_1 \cdot 10^5$ (sec^{-1})	$\mathfrak{K}_2 \cdot 10^5$ (l · Mol^{-1} sec^{-1})	ΔH_1 Kcal	ΔS_1 eu	ΔH_2 Kcal	ΔS_2 eu	Lit.
1	$Mo(CO)_4C_8H_{12}$	α,α′ Dipyridyl	30,5	C_6H_6	I + II	8	65	25	5	18	−11	*(27)*
2	$Mo(CO)_4C_8H_{12}$	α,α′ Dipyridyl	30,5	$ClCH_2CH_2Cl$	I + II	10	85	25	5	22	−1	*(27)*
3	$Mo(CO)_4C_8H_{12}$	$Ph_2PCH_2CH_2PPh_2$	30,5	C_6H_6	I + II	7	180	24	2	14	−25	*(27)*
4	$Mo(CO)_4C_8H_{12}$	$Ph_2PCH_2CH_2PPh_2$	30,5	$ClCH_2CH_2Cl$	I + II	2	250	28	12	22	0	*(27)*
5	$Mo(CO)_4C_8H_{12}$	1,10 Phenanthrolin	30,5	$ClCH_2CH_2Cl$	I + II	7	550	27	11	20	−3	*(27)*

Tabelle 19. *Kinetik des Ligandenaustausches nach* $Me(CO)_3D_3 + 3\,D' \rightleftharpoons Me(CO)_3D'_3 + D_3$ (29)

Nr.	Metallcarbonyl	D′	°C	Lsgsmittel	Reakt. Ordng.	$\mathfrak{K}_2 \cdot 10^5$ ($1 \cdot Mol^{-1}\, sec^{-1}$)	Δ H_2 Kcal	Δ S_2 eu	Lit.
1	$C_6H_6Mo(CO)_3$	$P(OCH_3)_3$	50	1,2-$C_2H_4Cl_2$	II	1530			(*41*)
2	$C_6H_6Mo(CO)_3$	$P(OCH_3)_3$	50	$C_6H_{11}CH_3$	II	1120			(*41*)
3	$CH_3C_6H_5Mo(CO)_3$	$P(OCH_3)_3$	50	$C_6H_{11}CH_3$	II	876			(*41*)
4	$CH_3C_6H_5Mo(CO)_3$	$P(OCH_3)_3$	50	1,2-$C_2H_4Cl_2$	II	1220			(*41*)
5	$CH_3C_6H_5Mo(CO)_3$	PCl_3	25	Heptan	II	33,3	16	—21	(*27*)
6	$CH_3C_6H_5Mo(CO)_3$	PCl_2Ph	25	Heptan	II	82,6			(*27*)
7	$CH_3C_6H_5Mo(CO)_3$	P-$(nC_4H_9)_3$	25	Heptan	II	4170			(*27*)
8	1,2-$(CH_3)_2C_6H_4Mo(CO)_3$	$P(OCH_3)_3$	50	1,2-$C_2H_4Cl_2$	II	1390			(*41*)
9	1,2-$(CH_3)_2C_6H_4Mo(CO)_3$	$P(OCH_3)_3$	50	$C_6H_{11}CH_3$	II	1090			(*41*)
10	1,3-$(CH_3)_2C_6H_4Mo(CO)_3$	$P(OCH_3)_3$	50	1,2-$C_2H_4Cl_2$	II	687			(*41*)
11	1,3-$(CH_3)_2C_6H_4Mo(CO)_3$	$P(OCH_3)_3$	50	$C_6H_{11}CH_3$	II	537			(*41*)
12	1,4-$(CH_3)_2C_6H_4Mo(CO)_3$	$P(OCH_3)_3$	50	1,2-$C_2H_4Cl_2$	II	1000			(*41*)
13	1,4-$(CH_3)_2C_6H_4Mo(CO)_3$	$P(OCH_3)_3$	50	$C_6H_{11}CH_3$	II	773			(*41*)
14	1,4-$(CH_3)_2C_6H_4Mo(CO)_3$	PCl_3	25	Heptan	II	43	15	—24	(*27*)
15	1,4-$(CH_3)_2C_6H_4Mo(CO)_3$	PCl_2Ph	25	Heptan	II	82			(*27*)
16	1,4-$(CH_3)_2C_6H_4Mo(CO)_3$	P(n-$C_4H_9)_3$	25	Heptan	II	5000			(*27*)
17	1,3,5-$(CH_3)_3C_6H_3Mo(CO)_3$	PCl_3	25	$CHCl_3$	II	32,0			(*27*)
18	1,3,5-$(CH_3)_3C_6H_3Mo(CO)_3$	PCl_3	25	1,2-$C_2H_2Cl_4$	II	26,0			(*27*)
19	1,3,5-$(CH_3)_3C_6H_3Mo(CO)_3$	PCl_3	25	Heptan	II	15,5	17	—20	(*27*)
20	1,3,5-$(CH_3)_3C_6H_3Mo(CO)_3$	PCl_2Ph	25	Heptan	II	28,7			(*27*)
21	1,3,5-$(CH_3)_3C_6H_3Mo(CO)_3$	P(n-$C_4H_9)_3$	25	Heptan	II	668			(*27*)
22	1,3,5-$(CH_3)_3C_6H_3Mo(CO)_3$	$P(OCH_3)_3$	50	1,2-$C_2H_4Cl_2$	II	318	17,3	—18,3	(*41*)
23	1,3,5-$(CH_3)_3C_6H_3Mo(CO)_3$	$P(OCH_3)_3$	50	$C_6H_{11}CH_3$	II	224			(*41*)
24	1,2,4,5-$(CH_3)_4C_6H_2Mo(CO)_3$	$P(OCH_3)_3$	50	$C_6H_{11}CH_3$	II	592			(*41*)
25	1,2,4,5-$(CH_3)_4C_6H_2Mo(CO)_3$	$P(OCH_3)_3$	50	1,2-$C_2H_4Cl_2$	II	733			(*41*)

Tabelle 19 (Fortsetzung)

Nr.	Metallcarbonyl	D′	° C	Lsgsmittel	Reakt. Ordng.	$\mathfrak{K}_2 \cdot 10^5$ (1 · Mol^{-1} sec^{-1})	Δ H_2 Kcal	Δ S_2 eu	Lit.
26	$(CH_3)_6C_6Mo(CO)_3$	$P(OCH_3)_3$	50	1,2-$C_2H_4Cl_2$	II	435			(41)
27	$(CH_3)_6C_6Mo(CO)_3$	$P(OCH_3)_3$	50	$C_6H_{11}CH_3$	II	348			(41)
28	$(CH_3)_2NC_6H_5Mo(CO)_3$	$P(OCH_3)_3$	50	$C_6H_{11}CH_3$	II	8080			(41)
29	$C_7H_8Cr(CO)_3$	$P(OCH_3)_3$	40,04	$CH_3C_6H_{11}$	II	49,3	16,5	—25	(46)
30	$C_7H_8Mo(CO)_3$	$P(OCH_3)_3$	40,04	$CH_3C_6H_{11}$	II	154000	9,8	—30	(46)
31	$C_7H_8W(CO)_3$	$P(OCH_3)_3$	40,04	$CH_3C_6H_{11}$	II	39400	11,3	—29	(46)

Tabelle 20. *Kinetik des Ligandenaustausches nach* $Me(CO)_3\,D_3 + D_3' \rightleftharpoons Me(CO)_3\,D_3' + D_3$ (30)

Nr.	Metallcarbonyl	D_3'	° C	Lsgsmittel	Reakt.-Ordng.	$\mathfrak{K}_1 \cdot 10^5$ (sec^{-1})	$\mathfrak{K}_2 \cdot 10^5$ (1 · Mol^{-1} sec^{-1})	Δ H_1 Kcal	Δ S_1 eu	ΔH_2 Kcal	Δ S_2 eu	Lit.
1	$C_7H_8Cr(CO)_3$	C_7H_8(C-14)	140	Heptan	I + II	5,3	12,3	30,5	—6,3	34,4	+18	(35)
2	Naphthalin $Cr(CO)_3$	Naphthalin (C-14)	140	Heptan	I + II	45	17,3	18,8		16,5		(42)
3	$C_6H_6Cr(CO)_3$	C_6H_6(C-14)	140	Heptan	II + II		0,044			29,9	— 4	(33)
							0,0047			25,3	—20	(33)
4	$C_6H_6Cr(CO)_3$	C_6H_6(C-14)	140	THF	II + II		11,9			14,6	—30,3	(34)
							29			20,5	—18,8	(34)
5	$ClC_6H_5Cr(CO)_3$	ClC_6H_5(C-14)	140	Heptan	II + II		0,28			29,7		(42)
							0,029			29,7		
6	$CH_3C_6H_5Cr(CO)_3$	$CH_3C_6H_5$(C-14)	140	Heptan	II + II		0,016			35		(42)
							0,0016			31,7		
7	$CH_3C_6H_5W(CO)_3$	$CH_3C_6H_5$(C-14)	140	Heptan	II + II		4,5			26,7		(42)
							0,096			25,8		
8	$CH_3C_6H_5Mo(CO)_3$	$CH_3C_6H_5$(C-14)	140	Heptan	II + II		450			19,3		(42)
							23			13,3		

L. Literatur

1. *Bamford, C. H., R. Denyer,* and *G. E. Eastmond:* Trans. Faraday Soc. *61,* 1459 (1965).
2. — — Trans. Faraday Soc. *62,* 1567 (1966).
3. —, and *W. R. Maltman:* Trans. Faraday Soc. *62,* 2823 (1966).
4. *Schuster-Woldau, H. G.,* and *F. Basolo:* J. Am. Chem. Soc. *88,* 1657 (1966).
5. *Angelici, R. J.,* and *J. R. Graham:* J. Am. Chem. Soc. *87,* 5586 (1965).
6. *Keeley, D. F.,* and *R. E. Johnson:* J. Inorg. Nucl. Chem. *11,* 33 (1959).
7. *Pajaro, G., F. Calderazzo* e. *R. Ercoli:* Gazz. Chim. Ital. *90,* 1487 (1960).
8. *Wojcicki, A.,* and *F. Basolo:* J. Inorg. Nucl. Chem. *17,* 77 (1961).
9. *Basolo, F.,* and *A. Wojcicki:* J. Am. Chem. Soc. *83,* 520 (1961).
10. *Brault, A. T., E. M. Thorsteinson,* and *F. Basolo:* J. Inorg. Chem. *3,* 770 (1964).
11. *Thorsteinson, E. M.,* and *F. Basolo:* J. Am. Chem. Soc. *88,* 3929 (1966).
12. *Werner, A.,* u. *R. Prinz:* Chem. Ber. *99,* 3582 (1966).
13. *Angelici, R. J.,* and *J. R. Graham:* J. Am. Chem. Soc. *88,* 3658 (1966).
14. *Cetini, G.,* e *O. Gambino:* Atti Acad. Sci. Torino *97,* 757 (1963).
15. *Meriwether, L. S.,* and *M. L. Fiene:* J. Am. Chem. Soc. *81,* 4200 (1959).
16. *Heck, R. F.:* J. Am. Chem. Soc. *85,* 651 (1963).
17. *Strohmeier, W.,* u. *H. Grübel:* Z. Naturforsch. *20b,* 11 (1964).
18. *Heck, R. F.:* J. Am. Chem. Soc. *85,* 657 (1963).
19. *Angelici, R. J.,* and *F. Basolo:* J. Am. Chem. Soc. *84,* 2499 (1962).
20. *Wojcicki, A.,* and *F. Basolo:* J. Am. Chem. Soc. *83,* 525 (1961).
21. *Zingales, F., M. Graziani,* and *U. Belluco:* J. Am. Chem. Soc. *89,* 256 (1967).
22. *Thorsteinson, E. M.,* and *F. Basolo:* J. Inorg. Chem. *5,* 1691 (1966).
23. *Strohmeier, W.,* u. *H. Blumenthal:* Z. Naturforsch. *22b,* 1351 (1967).
24. *Kangas, L. R., R. F. Heck,* and *P. M. Henry:* J. Am. Chem. Soc. *88,* 2334 (1966).
25. *Siefert, E. E.,* and *R. J. Angelici:* J. Organometal. Chem. *8,* 374 (1967).
26. *Graham, J. R.,* and *R. J. Angelici:* J. Am. Chem. Soc. *87,* 5590 (1965).
27. *Zingales, F., A. Chiesa,* and *F. Basolo:* J. Am. Chem. Soc. *88,* 2707 (1966).
28. —, *F. Canziani,* and *F. Basolo:* J. Organometal. Chem. *7,* 461 (1967).
29. *Calderazzo, F.,* and *K. Noack:* Coordination Chemistry Reviews *1,* 118 (1966).
30. *Strohmeier, W.,* u. *P. Hartmann:* Z. Naturforsch. *19b,* 882 (1964).
31. *Bamford, C. H., G. C. Eastmond,* and *W. R. Maltman:* Trans. Faraday Soc. *60,* 1432 (1964); *61,* 267 (1965).
32. *Meriwether, L. S., M. F. Leto, E. C. Colthup,* and *G. W. Kennerly:* J. Org. Chem. *27,* 3930 (1962).
33. *Strohmeier, W.,* u. *H. Mittnacht:* Z. Phys. Chem. Neue Folge *29,* 339 (1961).
34. —, u. *E. H. Starico:* Z. Physik. Chem. Neue Folge *38,* 315 (1963).
35. —, u. *H. Mittnacht:* Z. Physik. Chem. Neue Folge *34,* 82 (1962).
36. —, u. *H. Grübel:* Z. Naturforsch. *22b,* 553 (1967).
37. —, *Kl. Gerlach* u. *D. von Hobe:* Chem. Ber. *94,* 164 (1961).
38. —, u. *Kl. Gerlach:* Chem. Ber. *94,* 398 (1961).
39. *Stolz, I. W., G. R. Dobson,* and *R. K. Sheline:* J. Am. Chem. Soc. *84,* 3589 (1962). *85,* 1013 (1963).
40. *Strohmeier, W.:* Angew. Chem. *76,* 873 (1964); Angew. Chem. Intern. Ed. Engl. *3,* 730 (1964).

41. *Pidcock, A.*, *J. D. Smith*, and *B. W. Taylor:* J. Chem. Soc. (London) A 872 (1967).
42. *Strohmeier, W.*, u. *R. Müller:* Z. Physik. Chem. Neue Folge *40*, 85 (1964).
43. *Graziani, M.*, *F. Zingales*, and *U. Belluco:* J. Inorg. Chem. *6*, 1582 (1967).
44. *Zingales, F.*, *U. Sartorelli*, and *A. Trovati:* J. Inorg. Chem. *6*, 1246 (1967).
45. — — J. Inorg. Chem. *6*, 1243 (1967).
46. *Pidcock, A.*, and *B. W. Taylor:* J. Chem. Soc. (London) A 877 (1967).
47. *Angelici, R. J.*, and *W. Loewen:* J. Inorg. Chem. *6*, 682 (1967).
48. *Graham, J. R.*, and *R. J. Angelici:* J. Inorg. Chem. *6*, 992 (1967).
49. *Strohmeier, W.*, u. *D. von Hobe:* nicht veröffentlichte Untersuchung.

Eingegangen am 12. Oktober 1967

Zur thermischen Stabilität von Hydroxiden*

Dr. F. Freund

Anorganisch-Chemisches Institut der Universität Göttingen

Inhalt

I.1 Nomenklatur der Aquoxide 347
I.2 Einleitung 348

II.1 Mechanismus der H_2O-Bildung aus OH^--Gruppen 350
II.2 Austritt der H_2O-Moleküle aus dem Gitter 354
II.3 Veränderungen des Gitters bei der H_2O-Abspaltung 356

III.1 Erweiterung des LIPPINCOTT-SCHROEDER'schen Modells 358
III.2 Bildung von Oxidaquaten bei Hydroxiden von Nebengruppenmetallen in mittleren Oxidationsstufen 363
III.3 Wasserstoff-Abspaltung bei Hydroxiden von Nebengruppenmetallen in niederen Oxidationsstufen 366

IV.1 Unterschied zwischen Hydroxiden und Oxidhydroxiden 367
IV.2 Bildung von Oxidaquaten bei schwach sauren Hydroxiden 368
IV.3 Thermische Stabilität von Hydroxosalzen 369

V. Zusammenfassung 371

VI. Literatur 372

I.1 Nomenklatur der Aquoxide

Die Aquoxide sind eine bedeutende Substanzklasse der anorganischen Chemie. Es sind jene Verbindungen, die sich formal aus Oxiden plus Wasser zusammensetzen. In dieser Arbeit wird die Nomenklatur nach *Glemser* (*1*) verwendet. Übergänge zwischen den Verbindungsgruppen wie sie Tabelle 1 zeigt, sind möglich und z.T. auch bekannt.

Tabelle 1. *Nomenklatur der Aquoxide (m, n und x seien ganze Zahlen)*

Bezeichnung	Allg. Formel	Beispiele	Bemerkungen
Hydroxide	$Me(OH)_n$	KOH, $Mg(OH)_2$, $Al(OH)_3$, $In(OH)_3$	kristallin, nur OH^--Gruppen, evtl. Wasserstoffbrücken
Oxidhydroxide	$MeO_m(OH)_n$	AlOOH, CrOOH, InOOH, FeOOH	kristallin, O^{2-}-Ionen u. OH^--Gruppen
Oxidhydrate	$MeO_m.xH_2O$	$WO_3.H_2O$, $WO_3.2H_2O$	kristallin, H_2O-Moleküle u. OH^--Gruppen

* Auszug aus der Habilitationsschrift Göttingen 1966, Kap. IX

Tabelle 1 (Fortsetzung)

Bezeichnung	Allg. Formel	Beispiele	Bemerkungen
Oxidaquate	MeO_m aq.	SiO_2 aq., PbO aq., Fe_2O_3 aq.	meist röntgen-amorph, nicht-stöchiometr., H_2O neben OH^--Gruppen
Hydroxidhydrate	$Me(OH)_n \cdot xH_2O$	$Sr(OH)_2 \cdot H_2O$	kristallin, H_2O-Moleküle u. OH^--Gruppen
Hydroxosalze u. komplexe Hydroxide	$Me^{I}[Me^{II}(OH)_n]$ oder komplizierter	$Fe[Ge(OH)_6]$, $Ca[Sn(OH)_6]$, $Al_2[(OH)_4/Si_2O_5]$	kristallin

I.2 Einleitung

Diese Arbeit befaßt sich mit festen Aquoxiden, vornehmlich mit festen Hydroxiden. Mit Ausnahme der kongruent schmelzenden Hydroxide von Na, K, Cs, und Rb zerfallen alle festen Hydroxide beim Erhitzen in ihre Komponenten Oxid und Wasser. Umgekehrt können sie unter geeigneten Bedingungen wieder aus Oxid plus Wasser erhalten werden.

$$Me(OH)_n \leftrightharpoons MeO_{n/2} + {}^{n}/_{2}\, H_2O \tag{1}$$

Die Zersetzung eines Hydroxids in Oxid und Wasser erscheint nach Gl. (1) eine recht einfache Reaktion, an der zwei feste Phasen und eine Gasphase beteiligt sind. Bei näherer Betrachtung erweist sich der Reaktionsablauf aber als unübersichtlich; bis heute gibt es in der Literatur keinen allgemein anwendbaren Ansatz zur Beschreibung der Zersetzungsreaktion von Hydroxiden!

Der Grund für unsere z.T. noch unvollkommene Kenntnis des Ablaufes der Wasserabspaltung speziell bei Hydroxiden beruht auf den großen Schwierigkeiten, die sich bei der Untersuchung der Reaktionsprodukte ergeben. Als Produkte der Wasserabspaltung treten häufig röntgenamorphe Substanzen auf, die sich einer genauen Strukturanalyse entziehen. Auch sind die Reaktionsprodukte oft nicht-stöchiometrisch.

Hier sei die Formulierung eines allgemein gültigen Entwässerungsmechanismus für feste Hydroxide versucht. Die bei Hydroxiden von Haupt- und Nebengruppenmetallen unterschiedliche thermische Stabilität wird gedeutet.

Nicht behandelt wird die Frage der Nicht-Stöchiometrie der Zersetzungsprodukte von Hydroxiden, die Frage, warum der thermische Abbau eines Hydroxids bei mittleren Temperaturen nie quantitativ verläuft — mit anderen Worten, warum die letzten Reste „Wasser" so fest gebunden sind (siehe dazu (*2*)). Strukturelle Veränderungen, die das Hydroxidgitter bei der Wasserabspaltung erleidet, wurden bereits ausführlicher behandelt (*3*, *4*).

Vergleicht man die Zersetzungstemperaturen der Hydroxide, so kann man zwischen den Hydroxiden der Hauptgruppenmetalle und den Hydroxiden der Nebengruppenmetalle Unterschiede feststellen, die einen systematischen Gang aufzuweisen scheinen: auch wenn Struktur und Gitterdimensionen gleich oder nahezu gleich sind, zersetzen sich die Nebengruppenhydroxide stets bei niedrigerer Temperatur als die entsprechenden Hauptgruppenhydroxide. Das gleiche gilt für die Oxidhydroxide.

Als Beispiel seien die Umwandlungen der isotypen Verbindungspaare α-AlOOH-α-Al_2O_3 und α-FeOOH — α-Fe_2O_3 herausgegriffen. Im ersteren Falle liegt die Phasengrenze bei ca. 350°C, im letzteren Falle unterhalb 100°C (*5*, *6*). Entsprechende Beobachtungen lassen sich bei den isotypen Hydroxiden $Mg(OH)_2$, $Ca(OH)_2$ einerseits und $Ni(OH)_2$, $Fe(OH)_2$, $Mn(OH)_2$, $Co(OH)_2$ und $Cd(OH)_2$ andererseits machen.

Ebenfalls sehr auffällig ist der Unterschied der Zersetzungstemperaturen bei den Hauptgruppen- bzw. Nebengruppenhydroxiden der 3-wertigen Metalle. Von den Hauptgruppenmetallen Al und Ga existieren sowohl die Hydroxide als auch die Oxidhydroxide bei Zimmertemperatur. Bei allen Nebengruppenmetallen, bei denen die 3-wertige Stufe eine mittlere Oxidationsstufe darstellt, treten als kristalline, stabile Verbindungen nur die Oxidhydroxide auf. Die Hydroxide dagegen sind nur in Form von schlecht definierten, nicht-stöchiometrischen Oxidaquaten bekannt.

Dies trifft zu für MnOOH, FeOOH, CoOOH, NiOOH, die z.T. in mehreren Modifikationen auftreten. Kristalline Verbindungen der Formel $Mn(OH)_3$, $Fe(OH)_3$, $Co(OH)_3$, $Ni(OH)_3$, die als Hydroxide zu bezeichnen wären, sind unbekannt. Vom $Cr(OH)_3$ soll eine kristalline Form erhalten worden sein (*7*). Nebengruppenmetalle, bei denen die 3. Oxidationsstufe besonders bevorzugt ist, wie z.B. Yttrium und einige seltene Erden, verhalten sich wie Aluminium und Gallium. Beim Kupfer, wo die 1-wertige Stufe eine mittlere Oxidationsstufe (zwischen O- und 2-wertig) darstellt, bildet sich kein kristallines CuOH sondern nur Cu_2O aq., während die 2-wertige Stufe ein kristallines Hydroxid ausbildet.

Der nachdrückliche Hinweis auf das Nicht-Auftreten von kristallinem $Fe(OH)_3$, $Mn(OH)_3$, $Ni(OH)_3$ usw. mag im ersten Augenblick überraschend erscheinen, denn man hat sich aufgrund allgemeiner Erfahrung daran gewöhnt, daß diese Verbindungen nur in Form von schlecht kristallisierten Oxidaquaten mit nicht-stöchiometrischen Wassergehalten zu fassen sind. Gelegentlich tauchen jedoch in der Literatur Hinweise auf, aus denen man auf die Existenz dieser Verbindungen als kristalline, stöchiometrische Hydroxide schließen könnte. Auch andere nachgewiesenermaßen nur als Oxidaquate bekannte Verbindungen, wie ThO_2aq., SnO_2aq oder TiO_2aq sind als stöchiometrische Hydroxide formuliert worden (*8*). Mit diesen Hinweisen sei aber nicht behauptet, daß es nicht unter besonderen Vorsichtsmaßnahmen und vielleicht bei genügend tiefen Temperaturen möglich sei, rein hydroxidische kristalline oder teilweise kristalline Verbindungen von solchen normaler Weise nur als Oxidaquate bekannten Substanzen zu erhalten, wie die Untersuchungen von *Liebau* (*9*) und anderen (*10*) an Phyllokieselsäuren gezeigt haben. Auch sei die Existenz von hydroxidischen Komplexen in Lösungen nicht angezweifelt, wie z.B. Monokieselsäure in methanolischer Lösung (*11*) oder höheren Kieselsäuren in wässriger Lösung (*12*).

Analoges gilt für die Aquoxide des Thoriums, Zirkoniums, Titans u.a.m., die wahrscheinlich primär als Hydroxide ausfallen, dann aber sehr schnell in Oxidaquate übergehen.

In dieser Arbeit wird davon ausgegangen, daß die Wasserabspaltung aus einem Hydroxid in zwei Stufen abläuft; die als erstes besprochen werden sollen.

1. Die Bildung der H_2O-Moleküle aus den OH^--Gruppen des Gitters
2. Die Abspaltung der H_2O-Moleküle aus dem Kristallverband und ihre Desorption von der Oberfläche

Dann werden detailliertere Probleme behandelt:

3. Gibt es systematische Unterschiede hinsichtlich der thermischen Stabilität von Hauptgruppen- und Nebengruppenhydroxiden bzw. Oxidhydroxiden? Wenn ja, wie kann man dies deuten?
4. Wie erklärt sich die Tatsache, daß es von vielen Nebengruppenmetallen kristalline Hydroxide der jeweils höchsten oder jeweils niedrigsten Oxidationsstufe gibt, kaum aber Hydroxide der mittleren Oxidationsstufen?
5. Warum treten kristalline Oxidhydroxide in mittleren Oxidationsstufen auch da auf, wo kristalline Hydroxide fehlen?
6. Warum neigen Hydroxide der höher geladenen Kationen, z.B. Si^{4+}, Sn^{4+}, Pb^{4+}, Sb^{5+} usw. zur Oxidaquat-Bildung, während es zahlreiche Beispiele für komplexe Hydroxide oder Hydroxosalze dieser Kationen gibt?

II.1 Mechanismus der H_2O-Bildung aus OH^--Gruppen

Unter „Entwässerung" sei der Vorgang verstanden, bei dem aus einem Kristallgitter Wassermoleküle abgespalten werden. Betrachten wir ein Hydroxid, in dessen Gitter OH^--Ionen vorliegen, so ergibt sich als Voraussetzung für die Abspaltung von Wassermolekülen, daß diese zuerst gebildet werden. Es muß also eine Reaktion zwischen OH^--Ionen stattfinden, bei der H_2O-Moleküle entstehen, ganz allgemein:

$$OH^- + OH^- \leftrightharpoons H_2O + O^{2-} \qquad (2)$$

Ball und *Taylor* (*13*) (siehe auch (*14*)) haben die Vorstellung entwickelt, daß z.B. beim $Mg(OH)_2$ die Wasserbildung stets nur an der äußeren Oberfläche stattfindet, indem die Protonen aus dem Kristallinnern an die Oberfläche diffundieren, dort mit den Sauerstoff-Ionen bzw. Hydroxyl-Gruppen zu Wasser reagieren, während zum Ladungsausgleich eine äquivalente Menge Magnesium-Ionen von der Oberflächenzone ins Kristallinnere diffundiert.

Bei jeder Wasserbildungsreaktion nach Gl. (2) müssen wir davon ausgehen, daß mindestens eins der beteiligten Protonen einen Platzwechsel erleidet. Dann fragt es sich, wie groß die *Aktivierungsenergie* eines solchen Vorgangs ist. Das Proton ist sehr leicht und hat einen verschwindend kleinen geometrischen Ionenradius. *Ball* und *Taylor* (*13*) glauben daher annehmen zu können, daß bei den in Frage kommenden Temperaturen die Beweglichkeit eines Protons genügend groß sei, um in meßbarer Zeit auf dem Diffusionsweg große Gitterbereiche zu durchwandern. Diese Auffassung setzt ein klassisches Verhalten des Protons voraus. Für die Beweglichkeit eines Protons ist aber keinesfalls der geometrische Ionenradius ausschlaggebend. Entscheidender ist die Frage, ob das Proton in der Lage ist, in höher angeregte Schwingungszustände überzugehen, denn allein die Besetzung höher angeregter Schwingungszustände mit der damit verbundenen Vergrößerung der mittleren Schwingungsamplituden ermöglicht eine Diffusion im klassischen Sinne. Dies gilt insbesondere für ein Proton, das tief in die Elektronenhülle des Sauerstoffions eingebettet ist. Ohne Übergang in höher angeregte Schwingungszustände des O-H-Oszillators ist die Aufenthaltswahrscheinlichkeit des Protons auf einen engen Bereich begrenzt, wie Messungen mittels Neutronenbeugung gezeigt haben. Um den O-H-Oszillator anzuregen, müssen Energiequanten $h\nu$ zugeführt werden, wobei h die Planck'sche Konstante und ν die Valenzschwingungsfrequenz des O-H-Oszillators darstellen. Bei dem überwiegend ionogen aufgebauten $Mg(OH)_2$ liegt die ν_{OH}-Bande bei 2,7 μ, entsprechend ca. 3700 cm^{-1} oder $1,1 \times 10^{14}$ sec^{-1}. Aus der Beziehung $h\nu = kT$ kann man die Debye-Temperatur $T_D = h\nu/k$, angeben, bei der diese Schwingung der Frequenz ν thermisch angeregt wird. Für ν_{OH} von $Mg(OH)_2$ liegt T_D bei 5500°K.

Es folgt, daß bei 200° oder 400°C die Wahrscheinlichkeit einer thermischen Anregung des O-H-Oszillators, d.h. durch kinetischen Stoß der anderen Gitterbausteine, verschwindend gering ist. Damit ist dem Vorschlag von *Ball* und *Taylor* (*13*) die Grundlage entzogen. Die Möglichkeit einer genügend großen Diffusion von Mg^{2+}-Ionen, die nach diesem Mechanismus ebenfalls gefordert wird, muß an dieser Stelle nicht weiter untersucht werden.

Wenngleich eine klassische Diffusion eines Protons nicht gegeben ist, so kann ein Proton doch u.U. eine sehr hohe Beweglichkeit erhalten. Protonen, die in der Elektronenwolke eines Sauerstoff-Ions auf einem gegebenen Energieniveau in einem Potentialminimum schwingen, können auch ohne äußere Anregung mit einer bestimmten Wahrscheinlichkeit aus diesem Potentialtrog austreten, wenn auf benachbarten Gitterplätzen Potentialminima mit gleichhoch liegenden, aber unbesetzten Energieniveaus vorhanden sind. Protonen können also ähnlich wie Elektronen tunneln. Allerdings ist unter vergleichbaren Bedingungen die Tunnelwahrscheinlichkeit von Protonen wegen ihrer größeren Masse und niedrigeren Frequenz sehr viel geringer als bei Elektronen. Eine wichtige Voraussetzung für das Auftreten eines Tunneleffektes ist, daß die Eigenfunktionen der beiden betrachteten Potentialmulden überlappen, d.h., daß die Energieniveaus in der Höhe korrespondieren.

In Abb. 1 ist oben das periodische Potential einer linearen Kette von OH-Gruppen aus einer mit OH-Gruppen dicht belegten Gitterebene unter Vernachlässigung sämtlicher Wechselwirkungen aufgezeichnet. Der energetische Abstand vom nullten zum ersten angeregten Niveau beträgt

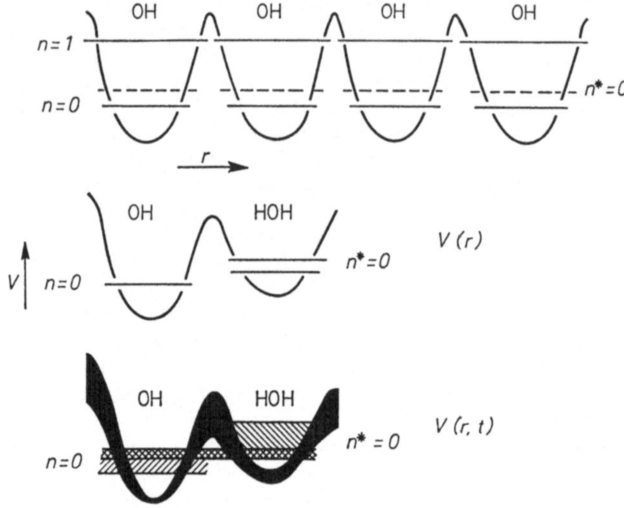

Abb. 1. Periodisches Potential der Protonen entlang einer mit OH-Gruppen dicht belegten Gittergeraden (oben); Potentialmulde eines herausgegriffenen Paares von OH-Gruppen für die Reaktion $OH^- + OH^- \rightleftharpoons O^{2-} + HOH$ (Mitte); Änderung des Potentials im zeitlichen Mittel (unten)

z.B. beim $Mg(OH)_2$ 3700 cm^{-1} (*15*). Jede Potentialmulde ist im nullten Niveau einfach besetzt. Die Bindungsorbitale des Sauerstoffs können auch mehrfach besetzt sein, doppelt im H_2O-Molekül, dreifach im $[H_3O]^+$ und vierfach im massenspektroskopisch nachgewiesenen $[H_4O]^{+2}$ (*16*). In unserem Falle interessiert nur das Niveau für doppelte Besetzung. Es liegt höher als das für einfache Besetzung. In Abb. 1 ist es gestrichelt als $n^* = O$ angegeben.

Die Potentialschwelle zwischen den Minima ist in Abb. 1 so hoch gezeichnet, daß auch das erste angeregte Niveau noch in den Potentialtrog fällt. Da der genaue Verlauf der Potentialmulde nicht bekannt ist, ist dies in gewisser Weise willkürlich. Aus diesem Grunde ist das erste angeregte Niveau in Abb. 1 Mitte und unten nicht mehr mit eingezeichnet worden.

In Abb. 1 Mitte sind für ein herausgegriffenes, isoliert gedachtes Paar von OH-Gruppen die Potentialmulde eines der beiden Protonen als Funktion des Abstandes r, V(r), herausgezeichnet. Links entspricht die Mulde der einfachen Besetzung, rechts der doppelten, d.h. dem Fall eines Wassermoleküls. Bei doppelter Besetzung ist das Niveau entsprechend der symmetrischen und der antisymmetrischen OH-Valenzschwingung des Wassermoleküls in zwei Unterniveaus aufgespalten, die im Mittel jedoch — was für das Folgende wichtig sein wird — höher liegen als das Niveau der einfachen Besetzung, nämlich nur 3500—3300 cm^{-1}

gegenüber 3700 cm^{-1}. In dieser Aufstellung fungiert die linke OH-Gruppe als Protonendonator, die rechte als Protonenacceptor. Selbstverständlich ist die Anordnung vertauschbar, und zwar nicht nur zwischen den beiden gezeichneten OH-Gruppen sondern zwischen allen benachbarten, äquivalenten OH-Gruppen, sechs im Fall der Hydroxide vom $Mg(OH)_2$-Typ innerhalb der (OOOl)-Ebene (*2*).

Bislang ist die wichtige Bedingung für ein Tunneln des Protons, nämlich die Korrespondenz der Energieniveaus, nicht erfüllt. Bei endlicher Breite und Höhe der Potentialschwelle kann das Proton der linken Mulde nur dann zur rechten OH-Gruppe hinübertunneln, wenn $n = O$ (links) und $n^* = O$ (rechts)auf gleicher Höhe liegen. Im Festkörper liegen jedoch keine scharfen diskreten Energieniveaus vor sondern mehr oder weniger breite Energiebänder. Dies ist erstens auf die Kopplung der OH-Gruppen untereinander und zweitens auf die Kopplung der OH-Gruppen mit den thermisch angeregten Gitterschwingungen zurückzuführen.

Die Gitterschwingungen von Hydroxiden, wie sie uns hier interessieren, z.B. $Mg(OH)_2$ oder $Al(OH)_3$, liegen zwischen 200—600 cm^{-1}, entsprechend 0,6—1,8x10^{13} sec^{-1}. Die zugehörigen Debye-Temperaturen fallen in den Bereich von 300—600°K. Die Gitterschwingungen in dem hier interessierenden Temperaturbereich sind somit schon teilweise thermisch angeregt.

Jede Temperaturerhöhung bringt eine Vergrößerung der mittleren Schwingungsamplituden der schwereren Gitterbausteine gegeneinander mit sich. Dadurch werden die Potentialminima einander genähert und wieder entfernt. Im zeitlichen Mittel schwankt also das Potential des Protons um einen Mittelwert und mit steigender Temperatur wird die Schwankungsbreite zunehmen. So darf man erwarten, daß irgendwann einmal die Energiebänder benachbarter Potentialmulden zur Überlappung kommen, wie dies in Abb. 1 unten durch die doppelte Schraffierung angedeutet ist.

Im Falle des ionogen aufgebauten $Mg(OH)_2$ konnte anhand von infrarotspektroskopischen Untersuchungen wahrscheinlich gemacht werden, daß diese Überlappung der Eigenfunktionen jeweils nur in einer dünnen Oberflächenzone zustande kommt, wo die Gitterschwingungen stärker anharmonisch sind als im Kristallinnern (*17*).

Nach dem hier dargelegten Mechanismus ist es möglich, daß sich durch Protonenumlagerung zwischen ortsfesten OH-Gruppen auf OH-Gitterplätzen Wassermoleküle bilden. Es liegt in der Natur des Tunneleffektes, daß zur Bildung der Wassermoleküle nach diesem Vorschlag keine Aktivierungsenergie nötig ist, wenn nur die Potentialverhältnisse eine Tunnelung der Protonen gestatten. In Abänderung der allgemein gehaltenen Gl. (2) sei die Protonenumlagerung zwischen ortsfesten OH-Gruppen auf OH-Gitterplätzen ausgedrückt durch

$$[OH^-] + [OH^-] \leftrightharpoons [HOH] + [O^{2-}] \qquad (3)$$

wobei durch das Zeichen [ ] ein Gitterplatz angedeutet sei. Es wird vorgeschlagen, diese Protonenumlagerung nach Gl. (3) als Primärschritt der Entwässerung eines Hydroxides anzusehen.

Gl. (3) ist als Gleichgewicht zu schreiben, denn die Tunnelung ist im Prinzip ein oszillatorischer Vorgang. Analog zu den gekoppelten mechanischen Pendeln ist sie als Schwebung der Frequenz ν_s anzusehen, die sich der Grundfrequenz ν_{OH} überlagert (*18*). Ein solches Pendeln eines Protons zwischen zwei oder mehreren möglichen Gitterpositionen wird als Wasserstoffbrücke bezeichnet. ν_s wird daher auch als „Brückenfrequenz" bezeichnet (*19, 20*). Nach der hier vorgeschlagenen Theorie wird bei der Entwässerung eines ionogen aufgebauten Hydroxids der Zustand der Wasserstoffbrückenbindung als Zwischenzustand durchlaufen.

Es wurde hervorgehoben, daß die Kopplung der OH-Valenzschwingung mit den zeitlich schwankenden niederfrequenten Gitterschwingungen eine Voraussetzung für die Überlappung der Energiebänder darstellt. Dadurch wird die Protonenumlagerung erst ermöglicht. Gleichzeitig stört aber die Kopplung an die Gitterschwingungen die ungestörte Ausbildung der Schwebung. Es ist daher anzunehmen, daß die Protonenumlagerung in einem Hydroxid bei höheren Temperaturen eher in Form eines unregelmäßigen Hin- und Herspringens erfolgt. Man kennt einen ähnlichen Effekt bei der Protonenleitfähigkeit von Eis, wo mit steigender Temperatur wegen der besseren Überlappung die Leitfähigkeit zunächst ansteigt, dann aber wieder abfällt, da die Gitterschwingungen einen ungehinderten Übergang der Protonen entlang der Wasserstoffbrücken behindern (*21, 22*). Das durch die Protonenumlagerung gebildete H_2O-Molekül hat eine bestimmte Lebensdauer, die etwa dem reziproken Wert der Brückenfrequenz entsprechen dürfte: $\tau_{H_2O} = \nu_s^{-1}$. Die Schwebefrequenzen von Wasserstoffbrücken liegen bei einer Reihe von gut untersuchten Substanzen (allerdings nicht mit O-H....OH-Brücken sondern mit den symmetrischeren O-H....O-Brücken) in der Größenordnung von 10^{12} sec^{-1} (*19, 20*).

II.2 Austritt der H_2O-Moleküle aus dem Gitter

Wenn sich als Primärschritt der Entwässerung eine Protonenumlagerung gemäß Gl. (3) bei 300° C (z.B. $Mg(OH)_2$) vollzieht, so interessieren die Rotations- und Translationsschwingungen des gebildeten Wassermoleküls. Nach *Boutin*, *Safford* und *Danner* (*23*) liegen in Kristallhydraten die Translationsschwingungen von Wassermolekülen im allgemeinen unterhalb 250 cm^{-1}, häufig sogar unterhalb 200 cm^{-1}. Bei Zimmertemperatur, zumindestens aber oberhalb 100° C oder 300° C ist die Debye-Temperatur für diese Schwingungen überschritten. Die Wassermoleküle, die sich nach Gl. (3) bilden, liegen also hinsichtlich ihrer translatorischen Schwingungen schon bei ihrer Bildung in hochangeregtem Zustand vor. Die Frequenz dieser Schwingungen gegen den sie umschließenden Gitterkäfig ν_T liegt in der Größenordnung von 10^{12} sec^{-1} und ist somit vergleichbar mit der Lebensdauer der Wassermoleküle. Wir müssen als nächstes diskutieren, mit welcher Wahrscheinlichkeit ein solches nach Gl. (3) gebildetes Wassermolekül einen Platzwechsel — nun aber im Sinne eines klassischen Diffusionsschrittes — ausführen kann. Der Diffusionskoeffizient D ist in erster Näherung gegeben durch (*24*)

$$D = \frac{d^2 . \nu_T}{3} \cdot \exp\left[-\left(\frac{E+U}{RT}\right)\right] \tag{4}$$

worin d die mittlere Sprungweite bei einem Platzwechselvorgang, E die molare Leerstellenbildungsenergie für den benötigten Fehlordnungstyp, U die molare Potentialschwelle zwischen einem besetztem und einem unbesetzten Gitterplatz, R und T die allgemeine Gaskonstante bzw. die absolute Temperatur darstellen. ν_T können wir mit der oben erwähnten translatorischen Schwingungsfrequenz des Teilchens gegen das Gitter identifizieren. Mit d in der Größenordnung von 3×10^{-8} cm und ν_T von 10^{12} $\sec^{-1}$ liegt der präexponentielle Frequenzfaktor in der Größenordnung 10^{-3}. Die Berücksichtigung der Temperaturabhängigkeit der Aktivierungsenergie kann um Größenordnungen abweichende Frequenzfaktoren erklären (*25*).

An einem einzelnen herausgegriffenen H_2O-Teilchen sei die Wahrscheinlichkeit des Eintretens eines Diffusionsschrittes betrachtet. Ein großer Wert von E besagt, daß die Wahrscheinlichkeit, in der Nachbarschaft des betrachteten H_2O-Moleküls eine geeignete Leerstelle anzutreffen, sehr klein ist. Für den Bereich des intakten Gitters dominiert aber im Exponenten $(E + U)/RT$ die Leerstellenbildungsenergie E. Folglich ist die Platzwechselwahrscheinlichkeit im Gitter sehr klein.

Anders ist es an der Oberfläche. Betrachten wir eine ideale Oberfläche, die frei ist von Adsorptionsschichten. Per definitionem ist jedes in der obersten Schicht gebildete Wassermolekül mindestens einer Leerstelle unmittelbar benachbart. Wir können die Oberfläche als eine Störung des Gitters betrachten, wo $E \to O$ geht (*26*). Die Platzwechselwahrscheinlichkeit wird dann im wesentlichen von der Potentialschwelle U in Gl. (4) bestimmt. U ist im allgemeinen kleiner als E. Somit beginnt die Wasserabspaltung *an der Oberfläche* des Kristalls. Nachdem der Primärschritt der Protonenumlagerung abgelaufen ist und zur Bildung von H_2O-Molekülen auf Gitterplätzen geführt hat, wird die Temperatur, bei der eine Abspaltung dieser Wassermoleküle einsetzt, durch U bestimmt. Ist U klein, dann werden die H_2O-Moleküle sofort nach ihrer Bildung abgespalten. Dies dürfte insbesondere bei Hydroxiden wie z. B. $Mg(OH)_2$ der Fall sein.

Bei Kristallhydraten, in denen schon bei Zimmertemperatur H_2O-Moleküle im Gitter vorliegen (vgl. Tab. 1), kann bei kleinem U schon bei Zimmertemperatur ein

Wasseraustritt aus der Oberfläche erfolgen, wenn nur der äußere Wasserdampfpartialdruck klein genug ist, damit die Adsorptionsschicht aus Wassermolekülen an der Grenzfläche klein wird oder verschwindet.

Es gibt aber auch Fälle, wo offensichtlich *U* recht groß ist. Dann kann man von einer Diffusionsbehinderung der — vom thermischen Anregungszustand her betrachtet — diffusionsfähigen H_2O-Moleküle durch das Gitter sprechen. Einen extremen Fall von Diffusionsbehinderung stellt z.B. die Verbindung Natrolit $Na_2[Al_2Si_3O_{10}]\cdot 2H_2O$ dar. Die Struktur enthält Käfige, die eng von vernetzten AlO_4- und SiO_4-Tetraedern umschlossen sind und in denen jeweils ein H_2O-Molekül liegt. Eine Wasserabspaltung kann daher erst bei sehr hohen Temperaturen stattfinden (*27, 28*).

II.3 Veränderungen des Gitters bei der H_2O-Abspaltung

Wenn ein Wassermolekül an der Oberfläche seinen Gitterplatz verläßt, hinterläßt es zwangsläufig eine Gitterlücke der gleichen Größe. Gleichzeitig wird eine Metall-Sauerstoffbindung geknüpft. Diese Bindung ist im allgemeinen fester als die Metall-Hydroxylbindung, die vorher an dieser Stelle bestanden hat. Eine festere Bindung bedeutet eine Erhöhung der zugehörigen Gitterschwingungsfrequenz und somit eine Erhöhung der Debye-Temperatur. Wenn wir zunächst nur Verbindungen wie $Al(OH)_3 \rightarrow Al_2O_3$, $Mg(OH)_2 \rightarrow MgO$ usw. betrachten, so kann man sagen, daß die Wasserabspaltung in einem Temperaturbereich stattfindet, in dem die Metall-Sauerstoffschwingungen des entstehenden Oxids thermisch noch nicht oder nur sehr wenig angeregt sind. Folglich ist das Gitter in unmittelbarer Nachbarschaft der entstandenen Gitterlücke noch nicht zu einer grundsätzlichen Reorganisation befähigt. In bezug auf das Oxid sind Platzwechselvorgänge noch „eingefroren". Das Molvolumen des Ausgangsgitters bleibt trotz beginnender H_2O-Abgabe erhalten. Es findet vielleicht eine Verzerrung des Gitters statt, die zu einer Polaristion der Lücke führt. Dabei wird ein Teil der gespeicherten Exzessenergie durch Volumenverringerung der Gitterlücke zurückgewonnen, der Rest bleibt in Form von Gitterverspannungen erhalten.

Bei einem Hydroxid mit Schichtstruktur darf man annehmen, daß durch das Gitter keine wesentliche Diffusionsbehinderung auftritt, insbesondere nicht im Zustand beginnender Zersetzung. Die in der Oberflächenzone gebildeten Gitterlücken ermöglichen die Diffusion von Wassermolekülen, die sich in der nächst tieferen Zone gebildet haben. Die Wassermoleküle springen so von Gitterlücke zu Gitterlücke und gelangen schließlich zur Oberfläche, von wo sie desorbieren. Es bildet sich ein Reaktionssaum mit einer sehr hohen Konzentration an Gitterlücken von der Größe der OH-Gruppen. Daneben treten Mikroporen auf, weil wegen der unvermeidlichen Verzerrungen des Gitters das Molvolumen wie oben angedeutet, etwas kleiner sein muß, als zu Beginn.

Anstelle des Begriffes „Gitterlücke", der gewisse Assoziationen mit bestimmten Fehlordnungstypen aus der Festkörperphysik hervorrufen könnte, kann man auch den Begriff „Pore" setzen. Es grenzt an eine Definitionsfrage, inwieweit die Bezeichnung Pore besser wäre. Es muß fließende Übergänge zwischen Gitterlücken in dem hier definierten Sinne und Poren im allgemeinen Sinne geben, denn letztlich entstehen Poren durch die Kondensation von Gitterlücken (*30*).

Innerhalb des Reaktionssaumes ist damit zu rechnen, daß die Struktur des Hydroxidgitters noch in ihren wesentlichen Zügen erhalten geblieben ist, wenngleich die starken Verzerrungen des Gitters einen Verlust der Periodizität des Gitteraufbaus mit sich gebracht haben. Diese modellhaft idealisierte Vorstellung läuft auf eine einphasige Entwässerung hinaus, wenn man als „Phase" die Integrität der Struktur der Ausgangsverbindung definiert. In diesem Punkt unterscheidet sich die hier vorgeschlagene Behandlung des Entwässerungsvorgangs grundsätzlich von allen anderen dem Autor bisher aus der Literatur bekannt gewordenen Ansätzen, die alle von einem prinzipiell zweiphasigen Entwässerungsablauf ausgehen.

Im folgenden werden kurz einige Fälle kommentiert, bei denen mit der Möglichkeit einer quasi-einphasig ablaufenden Entwässerung zu rechnen ist. Es sind dies Verbindungen, die als Oxide große Störstellenkonzentrationen ertragen können, meistens solche, die zur Glasbildung neigen, die relativ hohe Debye-Temperaturen aufweisen und stark kovalente, d.h. gerichtete Bindungen zum Sauerstoff ausbilden.

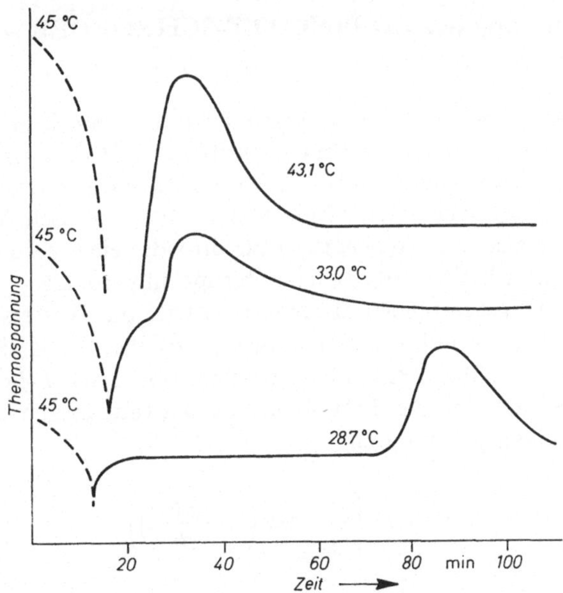

Abb. 2. Erholvorgang in teilentwässerten Salzhydraten (hier z.B. $CuSO_4 \cdot 5\ H_2O$) nach *Frost, Moon* und *Tomkins* (*31*)

Das Schichtsilicat Kaolinit Al_2 $[(OH)_4/Si_2O_5]$, bei dem die Struktur durch die 2-dimensional vernetzten SiO_4-Tetraederschichten (*3*) stabilisiert ist, kann offensichtlich bis zu 20 Vol % derartiger Gitterlücken speichern. Beim $Mg(OH)_2$ ist im Bereich des Reaktionssaumes, der allerdings nur maximal einige μ stark werden kann, mit einer solchen Anreicherung von Gitterlücken zu rechnen (*4, 17*). Der Reaktionssaum zerfällt sehr bald in Mikrokristallite von MgO. Das Ausheilen der Gitterlücken läßt sich in günstigen Fällen durch Differential-Thermoanalyse (DTA) erkennen. Beim Kaolinit z.B. tritt der Ausheileffekt erst einige Hundert °C oberhalb der Zersetzungstemperatur auf. In dem Zwischenbereich zeigt die Metakaolinit genannte entwässerte Form nur in Einkristallaufnahmen eine deutliche Restkristallinität, aus der man Aussagen über die Verteilung der Gitterstörungen machen kann (*3, 29*). Oft laufen die Ausheileffekte schon während der Wasserabspaltung ab, meist jedoch gegen diese leicht phasenverschoben. Dann erhält man asymmetrische DTA-Effekte, die sich nicht mit den differential-thermogravimetrischen Kurven decken (*30*). Durch Steuerung des Entwässerungsvorganges lassen sich beim Hydrargillit $Al(OH)_3$ die Gitterlücken bis ca. 800°C erhalten (*30*). *Frost* und Mitarbeitern (*31*) gelang es, sogar bei Salzhydraten die beim Erholvorgang von Exzeßgitterlücken freiwerdende Energie differential-thermoanalytisch nachzuweisen. Nach teilweiser Entwässerung von Salzhydraten senkten sie Temperatur und Partialdruck des Wasserdampfes und verfolgten die thermischen Reaktionen. Nach einer bestimmten Zeit zeigte sich ein exothermer Effekt, den sie als Rekristallisation der vorher röntgenamorphen Substanz deuteten. Abb. 2 zeigt Meßkurven von *Frost* und Mitarbeitern (*31*). Für weitere experimentelle Beispiele sei auf die Arbeiten (*3, 4, 30*) verwiesen.

III.1 Erweiterung des LIPPINCOTT-SCHROEDER'schen Modells

Unter der Annahme, daß der in Abschnitt II.1 besprochene Protonenumlagerungsmechanismus als Primärschritt der Entwässerung auftritt, sei versucht, dieses Modell weiter zu verfeinern. Es sei erörtert, warum im Falle von isotypen Verbindungen auch bei praktisch identischen Gitterdimensionen die Nebengruppenhydroxide eine geringere thermische Stabilität besitzen als die Hauptgruppenhydroxide.

Bei dem vorgeschlagenen Mechanismus tritt die Wasserstoffbrücke als ein Zwischenzustand auf. Wir müssen uns daher etwas eingehender mit der Wasserstoffbrückenbindung beschäftigen. Nach *Lippincott* (*32*) ist die Potentialmulde des Protons in einem zweiatomigen Molekül in guter Näherung gegeben durch

$$V = D\left[1 - \exp\left(-\frac{n(\Delta r)^2}{2r}\right)\right] \tag{5}$$

worin D die Dissoziationsenergie und n eine Konstante darstellen. Δr ist die mittlere Schwingungsamplitude.

Der hier interessierende Fall einer O—H....OH-Brücke entspricht dem System X—H....Y bei *Lippincott* und *Schroeder* (*33, 34*). Für eine derartige lineare Wasserstoffbrücke setzt sich das Potential V aus vier Termen zusammen

$$V = V_1 + V_2 + V_3 + V_4 \tag{6}$$

V_1 ist die obenangeführte Funktion für das Proton am Protonendonator X,

V_2 ist eine entspr. Funktion am Protonenacceptor Y,

V_3 berücksichtigt die Van-der-Waals'sche Abstoßung von X und Y,

V_4 ist ein elektrostatisches Glied für das Coulomb-Potential.

Mit den in Abb. 3 enthaltenen Bezeichnungen für r und R (r_0 ist der Gleichgewichtsabstand X—H) erhält man

$$V(R, r) = D_{XH}\left[1 - \exp\left(-\frac{n_{XH}(r-r_0)^2}{2r}\right)\right] - \frac{D_{YH}}{g}\left[1 - \exp\left(-\frac{g n_{YH}(R-r-r_0)^2}{2(R-r)}\right)\right] + V_3 - V_4 \tag{7}$$

X —— H – – – – Y

R - r

r

R

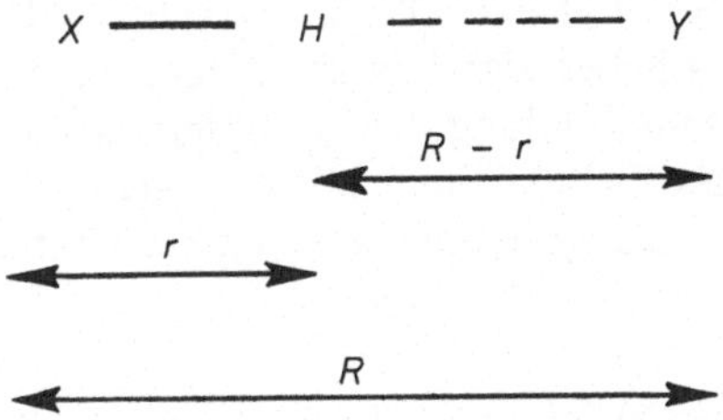

Abb. 3. Zum Modell der Wasserstoffbrückenbindung nach *Lippincott* und *Schroeder* (*35*)

Bei Verbindungen mit isotypem Aufbau und gleichen Gitterdimensionen können wir die Terme V_3 und V_4 als unverändert ansetzen. Die dimensionslose Konstante g für die O—H....O-Brücke setzten *Lippincott* und *Schroeder* (*33*) empirisch zu $g = 1{,}45$ fest. Die Konstante n hat die Dimension cm^{-1} und ist abhängig vom Ionisierungspotential I der an der Bindung beteiligten Atome (*35*)

$$n_{XH} = n_0 \sqrt{\left(\frac{I}{I_0}\right)_X \cdot \left(\frac{I}{I_0}\right)_H}$$

$$n_{YH} = n_0 \sqrt{\left(\frac{I}{I_0}\right)_Y \cdot \left(\frac{I}{I_0}\right)_H} \tag{8}$$

I/I_0 stellt den Quotienten aus dem Ionisierungspotential des Atoms X, Y oder H und dem Ionisierungspotential des entsprechenden Atoms der gleichen Periode aber aus der 1. Spalte des Periodensystems dar. Da der Wasserstoff gleichzeitig das erste Element der 1. Periode ist, wird dieser Quotient den Wert 1,0 haben; statt dessen setzten *Lippincott* und *Schroeder* (*33*) empirisch den Wert 0,88. Die Polarisierbarkeiten der Elektronenhüllen von Atomen der unmittelbaren oder weiter entfernten Nachbarschaft werden in dem einfachen Modell nicht berücksichtigt.

Die Kationen haben als übernächste Nachbarn nur einen geringen Einfluß auf das Proton. Aus der Beobachtung, daß bei isotypen Hydroxiden gleicher Gitterdimensionen Unterschiede in der thermischen Stabilität auftreten, je nachdem ob es sich um ein Hauptgruppen- oder Nebengruppenhydroxid handelt, läßt sich vermuten, daß die Kationen in geringem aber dennoch merklichem Maße den Potentialverlauf des Protons beeinflussen und somit auf die Protonenumlagerungsreaktion einwirken. Es ist anzunehmen, daß das Coulomb-Potential des Protons noch am Orte des Kations wirksam ist und dort Verschiebungen in der Elektronenwolke hervorruft. Je leichter die äußeren Elektronen des Kations zu verschieben sind, um so stärker wird der Einfluß des Protons sein. Haupt- und Nebengruppenmetalle unterscheiden sich aber sehr deutlich hinsichtlich der Polarisierbarkeit ihrer Kationen. Als Maß für die Polarisierbarkeit der Me^{2+}-Kationen können wir die Ionisierungspotentiale der 3. Stufe in Tabelle 2 betrachten. Die Hauptgruppenelemente Mg und Ca heben sich von den Nebengruppenelementen durch eine wesentlich festere Bindung der Rumpfelektronen nach der 2. Ionisationsstufe ab. Daraus kann man auf eine geringere Polarisierbarkeit der Mg^{2+} und Ca^{2+}-Ionen gegenüber gleichgroßen Nebengruppenkationen schließen.

Tabelle 2. *Ionisierungspotentiale in eV einiger Metalle, die Hydroxide vom C6-Typ bilden* (*36*)

Stufe	Mg	Ca	Cr	Mn	Fe	Co	Ni
I	7.64	6.11	6.76	7.43	7.90	7.86	7.63
II	15.03	11.87	16.49	15.64	16.18	17.05	18.15
III	*80.12*	*51.12*	30.95	33.69	30.64	33.49	36.16

Wir können uns vorstellen, daß die Elektronen des Kations in geringem Maße den Bewegungen des Protons folgen können. Als Hypothese sei die Möglichkeit nicht ausgeschlossen, daß unter dem Einfluß des sich umlagernden Protons eine vollständige Loslösung des Valenzelektrons der 3. Ionisationsstufe vom Atomrumpf stattfindet (Diese Hypothese wird in Abschnitt III.2 und III.3 nochmals aufgegriffen).

Der Einfluß übernächster Nachbarn ist in dem *Lippincott—Schroeder'*-schen Modell nicht berücksichtigt, da dort nur drei Teilchen, nämlich

X, Y und H, betrachtet werden (O, H und die Hydroxylgruppe in dem hier interessierenden Fall). Anstatt die Kationen explizit in das Modell einzubeziehen, sei ein vereinfachter Weg beschritten. Man kann die Polarisierbarkeit der Kationen auch dadurch berücksichtigen, daß man den O^{2-}-Ionen der Hydroxylgruppen eine scheinbar größere Polarisierbarkeit zuordnet. Dies bedeutet eine scheinbare Erniedrigung des Ionisierungspotentials des Sauerstoffs. Dadurch wird in Gl. (8) der Quotient I/I_0 für den Sauerstoff erniedrigt. Eine solche Erniedrigung des im Exponenten stehenden Faktors n wirkt sich auf den Verlauf des Potentials $V(r)$ des Protons aus, wie in Abb. 4 gezeigt wird. Die Potentialmulde des Protons wird flacher. Die mittlere Schwingungsamplitude Δr nimmt zu, da die Anharmonizität der Schwingung erhöht wird. Gleichzeitig nimmt die Tunnelwahrscheinlichkeit π_i zu, da diese für ein Teilchen der Masse μ_i und der Energie ε_i nach folgender Beziehung von der Fläche der Potentialschwelle über dem Tunnelniveau abhängt (*37*)

$$\pi_i = k \exp\left[-\int_{r_1}^{r_2} \frac{2\sqrt{2\mu_i}}{h^2}\,(V(r) - \varepsilon_i)\,dr\right] \tag{9}$$

k ist eine Konstante in der Größenordnung von 1, h ist die Planck'sche Konstante. Die Integrationsgrenzen r_1 und r_2 bzw. r_1' und r_2' können aus Abb. 4 ersehen werden.

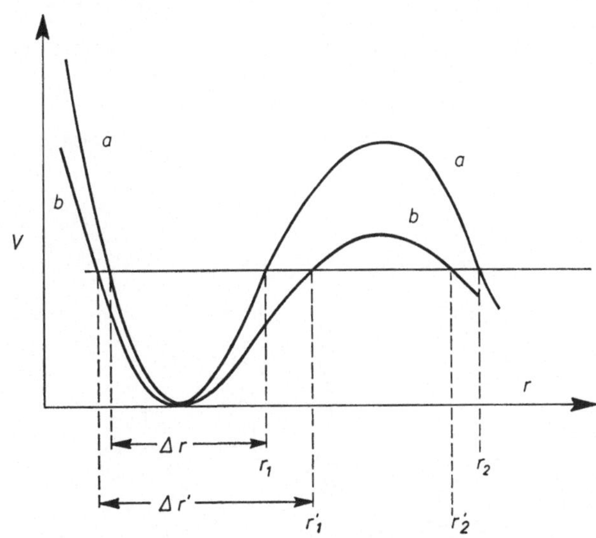

Abb. 4. Potentialmulde des Protons a) bei geringer und b) bei großer scheinbarer Polarisierbarkeit des O^{2-}-Ions aufgrund unterschiedlicher Polarisierbarkeiten der Kationen

Nach dieser Analyse der Kopplungen zwischen Protonen und den Kationen ist die Möglichkeit nicht auszuschließen, daß bei großer Polarisierbarkeit der Kationen — wie sie bei den Nebengruppenkationen zu erwarten ist — die Protonenumlagerung nach Gl. (3) erleichtert wird. Die in Abb. 1 unten dargestellten Energiebänder werden noch stärker auseinandergezogen, so daß schon bei geringerer thermischer Anregung, d.h. bei niedrigerer Temperatur eine Überlappung stattfinden kann. Es ist also möglich, mit dem hier vorgeschlagenen Protonenumlagerungsmechanismus auch jene erwähnten feineren Unterschiede z.B. zwischen den isotypen Hydroxiden vom C6-Typ zu erklären.

Abb. 5 gibt den Unterschied zwischen Hauptgruppen- und Nebengruppenhydroxid für einen charakteristischen Gitterausschnitt wieder. Oben ist eine Hauptgruppenhydroxid dargestellt, wo das Kation eine nur sehr geringe Polarisierbarkeit besitzt. Unten ist bei einem Nebengruppenhydroxid angedeutet, wie das 3. Valenzelektron des Kations den Bewegungen des Protons folgen kann.

Es ist zu erwarten, daß sich dieser Effekt in der Form der OH-Valenzschwingungsbande des Infrarotspektrums auswirkt. Man sollte eine Verbreiterung dieser Bande zu längeren Wellen hin erwarten. In Abb. 6 sind Ausschnitte aus dem IR-Spektren von $Mg(OH)_2$ und $Ni(OH)_2$ gezeigt. Das Maximum der Absorption liegt beim $Mg(OH)_2$ bei 3680 cm^{-1}, beim $Ni(OH)_2$ bei 3645 cm^{-1}, also nur unwesentlich verschoben. Auch alle anderen C6-Hydroxide haben das Maximum der Absorption

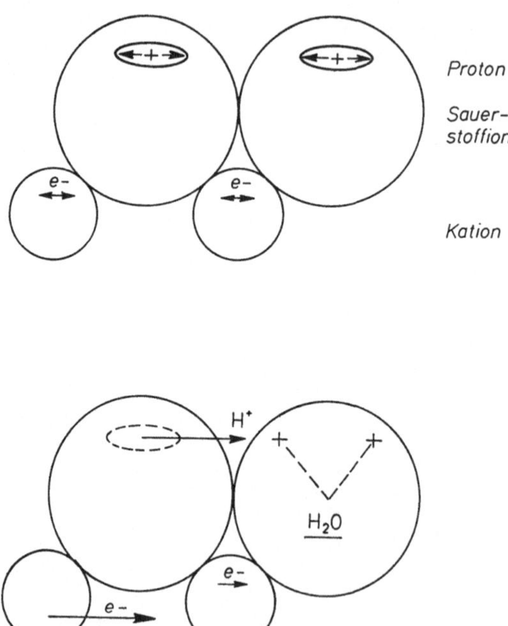

Abb. 5. Kopplung zwischen den Protonen der OH-Gruppe und den Elektronen des Kations

bei 3645 cm^{-1} einschließlich des $Ca(OH)_2$. Zur Aufnahmetechnik ist zu sagen, daß die Spektren von KBr-Presslingen erhalten wurden. Beim $Ni(OH)_2$ wurde das im KBr adsorptiv gebundene Wasser durch eine Leerpastille im Vergleichsstrahlengang kompensiert, beim $Mg(OH)_2$ dagegen nicht. Die Verbreiterung der ν_{OH}-Bande beim $Ni(OH)_2$ scheint hingegen eine Eigenschaft der Substanz selbst zu sein (vgl. auch (*17*)).

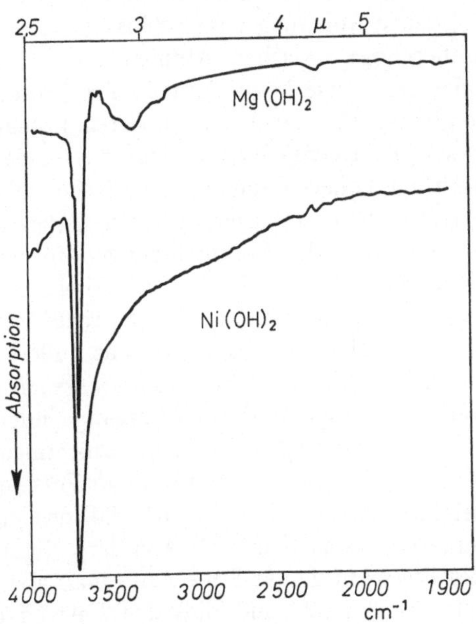

Abb. 6. Vergleich der ν_{OH}-Bande von $Mg(OH)_2$ und $Ni(OH)_2$ (in der oberen Kurve tritt eine Störbande durch Wasser in KBr auf)

III.2 Bildung von Oxidaquaten bei Hydroxiden von Nebengruppenmetallen in mittleren Oxidationsstufen

Wir haben die geringe thermische Stabilität der Hydroxide von Nebengruppenmetallen auf die größere Polarisierbarkeit der betreffenden Kationen zurückgeführt. Als Beispiele wurden die isotypen C6-Hydroxide genannt, bei denen die Kationen in der 2^+-Stufe vorliegen. Auch der Unterschied zwischen AlOOH und FeOOH kann so erklärt werden. Vergleicht man jedoch nach diesem Modell Verbindungen wie $Fe(OH)_2$ und $Fe(OH)_3$, so würde man voraussagen, daß das 2-wertige Hydroxid bei niedriger Temperatur Wasser abspaltet als das 3-wertige Hydroxid, denn ein Fe^{2+}-Ion ist leichter polarisierbar als ein Fe^{3+}-Ion. Das aber widerspricht den experimentellen Befunden, denn während $Fe(OH)_2$

bis etwa 100° C stabil ist, geht die Verbindung $Fe(OH)_3$ auch bei sorgfältigster Herstellung immer in Fe_2O_3 aq. über. Somit bleibt zu untersuchen, ob das entwickelte Modell noch Ungenauigkeiten enthält.

Elektronen verhalten sich viel stärker als Protonen nicht-klassisch. Auch die relativ schwach gebundenen Valenzelektronen eines Nebengruppenkations in einer niederen Oxidationsstufe liegen in tiefen Potentialmulden. Wenn optische Anregung ausgeschlossen werden kann, geschehen Elektronenübergänge zwischen Atomen oder Ionen nur mittels Tunneleffekt. Dazu ist — wie beim Tunneln der Protonen — ein noch unbesetztes Energieniveau in einer benachbarten Potentialmulde erforderlich. Ist ein solches Energieniveau nicht vorhanden oder liegt es energetisch wesentlich höher, dann ist die Resonanzbedingung nicht erfüllt. Das Elektron läuft dann gegen den steilen Potentialberg an und wird reflektiert. Sind aber die Voraussetzungen für ein Tunneln des Elektrons gegeben, dann ist die Tunnelwahrscheinlichkeit wegen der geringen Masse des Teilchens (vgl. Gl. 9) häufig recht groß. Nehmen wir als Beispiel wieder $Fe(OH)_2$. Wir fragen, ob das äußere Valenzelektron des Fe^{2+}-Ions auf ein benachbartes Fe^{2+}-Ion übergehen kann. Das Feld des Protons unterstützt lediglich diesen Übergang, indem es die Potentialschwelle über einem eventuellen Tunnelniveau erniedrigt. Bei einem solchen Prozeß würden sich ein Fe^{1+}-Ion und ein Fe^{3+}-Ion bilden.

Die Voraussetzung für die Tunnelung ist, daß das Fe^{1+}-Niveau dem Fe^{2+}-Niveau energetisch benachbart ist. Aus dem Nicht-Auftreten von Verbindungen des Eisens in der 1^+-Stufe kann man aber schließen, daß ein Fe^{1+}-Ion sehr instabil ist, und daß das Fe^{1+}-Niveau dem Fe^{2+}-Niveau nicht benachbart ist. Es kann also kein derartiger Elektronenübergang zwischen zwei Fe^{2+}-Ionen stattfinden. Die Tatsache, daß das Fe^{2+}-Niveau und das Fe^{3+}-Niveau energetisch sehr nahe beieinanderliegen, ist hier von geringerer Bedeutung, da der Übergang zwischen einem Fe^{2+}- und einem Fe^{1+}-Niveau stattfinden muß.

Anders liegen die Verhältnisse beim Fe^{2+}-Ion in einem „$Fe(OH)_3$". Dort kann ein Elektronenübergang vom Fe^{3+}-Niveau auf das Fe^{2+}-Niveau stattfinden, die beide sehr nahe beieinanderliegen dürften. Wenn ein Fe^{3+}-Ion ein Elektron an ein benachbartes Fe^{3+}-Ion abgibt, geht es selbst in ein Fe^{4+}-Ion über. Aus dem Auftreten von Fe^{4+}-Ionen in einer Reihe von bekannten Verbindungen darf man schließen, daß ein solcher Übergang energetisch nicht unwahrscheinlich ist. Analoge Überlegungen kann man für andere Nebengruppenkationen anstellen. Stets wird man in den Fällen ,in denen Oxidaquate anstelle von Hydroxiden auftreten, feststellen, daß die betreffende Oxidationsstufe eine *mittlere* Oxidationsstufe darstellt. Dies gilt für Cr^{3+}, Mn^{3+}, Co^{3+}, Ni^{3+} u. a.

Also kann nach dem hier vorgeschlagenen Modell für die Protonenumlagerung die geringe thermische Stabilität von Nebengruppenhydroxiden in mittleren Oxidationsstufen durch die Kopplung zwischen Protonen und Elektronen des Kations erklärt werden. Wahrscheinlich disproportionieren die Kationen unter dem Einfluß des Coulomb-Feldes der Protonen kurzzeitig. Die Oxidaquat-Bildung erfolgt dann dadurch, daß sich die Kationen koordinativ mit den O^{2-}-Liganden absättigen und das soeben gebildete H_2O-Molekül auf einen Zwischengitterplatz abdrängen. Selbst wenn innerhalb kürzester Zeit der Ladungsaustausch zwischen den Kationen wieder rückgängig gemacht wird (auch der Austausch der Elektronen ist im Prinzip ein oszillatorischer Vorgang (18)), ist die einmal vollzogene Oxidaquat-Bildung irreversibel, da die Metall-Sauerstoff-Bindung stärker ist als die Metall-Hydroxyl-Bindung. Formelmäßig läßt sich dieser Prozeß folgendermaßen beschreiben:

$$\begin{pmatrix} OH^- \\ Me^{+n} \end{pmatrix} + \begin{pmatrix} OH^- \\ Me^{+n} \end{pmatrix} \leftrightharpoons \begin{pmatrix} O^{2-} \\ Me^{+(n+1)} \end{pmatrix} + \begin{pmatrix} H_2O \\ Me^{+(n-1)} \end{pmatrix} \tag{10}$$

$$\begin{pmatrix} O^{2-} \\ Me^{+(n+1)} \end{pmatrix} + \begin{pmatrix} H_2O \\ Me^{+(n-1)} \end{pmatrix} \rightarrow \begin{pmatrix} O^{2-} \\ \diagup \diagdown \\ Me^{+n} \; Me^{+n} \end{pmatrix} + H_2O \uparrow \tag{11}$$

Die genannte Disproportionierung ist auf Nebengruppenkationen beschränkt. Beim Al^{3+}-Ion ist die Bindung der Rumpfelektronen nach der 3. Ionisationsstufe so fest, daß eine Umlagerung von Elektronen nicht möglich ist. In Tabelle 3 sind die Ionisierungspotentiale für einige der betrachteten Kationen zusammengestellt (*36*).

Tabelle 3. *Ionisierungspotentiale der 4. Stufe (in eV) einiger Metalle*

Al	Cr	Mn	Fe	Co	Ni
120	.... circa 50				

Man kann die entwickelten Vorstellungen auch auf andere Beispiele übertragen. Das Kupfer tritt vorzugsweise in den Wertigkeitsstufen + 1 und + 2 auf. Die 1^+-Stufe stellt eine mittlere Oxidationsstufe dar, die leicht in Cu^0 und Cu^{2+} übergehen kann. Es tritt daher kein kristallines Cu(I)-Hydroxid auf, sondern nur Cu_2O aq. Hingegen ist kristallines $Cu(OH)_2$ bekannt. Wahrscheinlich ist die Bindung der Rumpfelektronen nach der 2. Ionisationsstufe schon so fest, daß kein Elektronenübergang stattfinden kann. Beim Silber soll es ein bei —40° C beständiges weißes AgOH geben, das aber sehr leicht in braunes Ag_2O aq. übergeht (*38*). Die relativ große thermische Beständigkeit des $Cd(OH)_2$ (*39*) und der $Zn(OH)_2$-Modifikationen (*40*) ist wahrscheinlich durch die ausgeprägte Zweiwertigkeit dieser Elemente bedingt. Die Existenz eines $Hg(OH)_2$ ist fragwürdig (*41*).

III.3 Wasserstoff-Abspaltung bei Hydroxiden von Nebengruppenmetallen in niederen Oxidationsstufen

Erhitzt man $Fe(OH)_2$ so geht es unter Wasserabspaltung in FeO über. Dieses FeO ist aber in Gegenwart von Wasserdampf nicht stabil, sondern reagiert unter Abspaltung von Wasserstoff zu nicht-stöchiometrischem $Fe_{1-x}O$, wobei x die Fe^{3+}-Komponente darstellt.

$$Fe(OH)_2 \rightarrow FeO + H_2O \tag{12a}$$

$$2FeO + H_2O \rightarrow Fe_2O_3 + H_2 \tag{12b}$$

In der Literatur wird berichtet, daß bei der Entwässerung von $Fe(OH)_2$ auch metallisches Eisen entsteht (*43, 44*). Bei Mischkristallen (Mg, Fe)-$(OH)_2$ wurde ebenfalls metallisches Eisen beobachtet (*13*). Bei der Entwässerung von $Ni(OH)_2$ entstand metallisches Nickel (*45*). Dieser Befund läßt sich nicht nach dem Reaktionsschema nach Gl. (12) erklären. Das hier diskutierte Kopplungsmodell gestattet jedoch eine Erklärung für das Auftreten von Metall (was eigentlich im Widerspruch zur Thermodynamik steht). Wir haben oben gesagt, daß die Fe^{1+}-Stufe sehr instabil sei und daher im Reaktionsablauf nicht auftrete. Nimmt man aber an, daß ein Fe^{2+}-Ion zwei Elektronen gleichzeitig aufnimmt, die z.B. von *zwei* verschiedenen benachbarten Fe^{2+}-Ionen stammen könnten, so kommt man zwangsläufig zur Bildung von Fe^0 neben Fe^{3+}-Ionen.

$$\begin{array}{rl} Fe^{2+} + 2\,e^- \rightarrow & Fe^0 \\ 2\,Fe^{2+} - 2\,e^- \rightarrow & 2\,Fe^{3+} \\ 6\,(OH)^- \rightarrow & 3\,H_2O + 3\,O^{2-} \\ \hline 3\,Fe(OH)_2 \rightarrow & Fe^0 + Fe_2O_3 + 3\,H_2O \end{array} \tag{13}$$

Demnach würde die Menge an gebildetem metallischem Eisen der Menge Fe^{3+}-Ionen im FeO_{1-x} entsprechen. Darüber hinaus wird aber über die Entstehung molekularen Wasserstoffs berichtet. Man kann

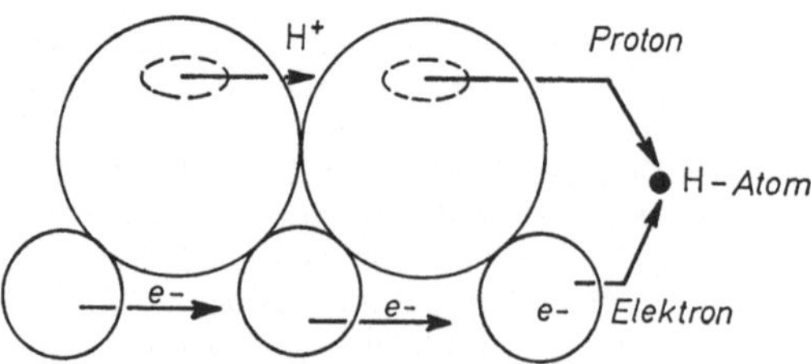

Abb. 7. Möglichkeit der Wasserstoffabspaltung durch Kombination eines Protons mit einem Elektron

unter Umgehung der Gl. (12) die Entstehung von Wasserstoff als primäres Reaktionsprodukt der Protonenumlagerung erklären, wenn man den Kopplungsmechanismus zwischen Protonen und Elektronen zur Hilfe nimmt. Es ist denkbar, daß sich unmittelbar im Gitter ein Elektron und ein Proton zu einem Wasserstoffatom vereinigen. Eventuell spielen Störstellen des Gitters dabei eine Rolle (*48*). In Abb. 7 ist dieser Vorgang schematisch dargestellt. Als Beispiel für eine Reaktion, bei der man Grund hat anzunehmen, daß der Wasserstoff primär und nicht sekundär nach Gl. (12) entsteht, ist die quantitativ verlaufende Zersetzung von Europium(II)-Hydroxid:

$$2\,Eu(OH)_2 \rightarrow Eu_2O_3 + 2\,H_2.$$

Eine Zwischenstufe der Zusammensetzung EuO oder EuO_{1-x} konnte nicht isoliert werden (*46*). Auch sei die Wasserstoffabspaltung aus niederen Molybdänhydroxiden erwähnt (*47*). Formelmäßig läßt sich diese Reaktion folgendermaßen schreiben:

$$\begin{pmatrix} OH^- \\ Me^{+n} \end{pmatrix} \rightarrow \begin{pmatrix} O^{2-} \\ Me^{+(n+1)} \end{pmatrix} + H^0 \uparrow \qquad (14)$$

Die massenspektroskopisch nachgewiesene H_2-Entwicklung bei der Entwässerung von $Mg(OH)_2$, $Al(OH)_3$ und Kaolinit wurde an anderer Stelle auf einen im Prinzip analogen Vorgang in Verbindung mit Störstellen im Gitter zurückgeführt (*48*).

IV.1 Unterschied zwischen Hydroxiden und Oxidhydroxiden

Es bleibt die Frage, ob es eine Erklärung für die relativ große thermische Beständigkeit der Oxidhydroxide von Nebengruppenmetallen in mittleren Wertigkeitsstufen gibt, zeichnen sich doch die entspr. Hydroxide durch leichte Oxidaquat-Bildung aus.

Die Form der Potentialmulde des Protons ist in einem Oxidhydroxid anders als in einem Hydroxid. Es tritt die Anordnung O—H....O auf, die im Gegensatz zu O—H....OH prinzipiell symmetrisch ist, wenn man einmal von den geringen Unterschieden absieht, die sich durch die nicht genau gleichen Bindungsabstände Kation-Hydroxyl und Kation-Sauerstoff ergeben. In einem Gitter können auch noch andere Faktoren eine Asymmetrie bewirken (*49*). Es gilt den spezielleren Fall einer X—H···X-Wasserstoffbrücke zu untersuchen. Bezogen auf Abb. 1 bedeutet dies, daß nur jedes zweite n = O-Niveau besetzt ist, was zur Folge hat, daß sich die Protonen innerhalb dieses Niveaus relativ frei bewegen können, ohne das energetisch ungünstigere n* = O-Niveau in Anspruch nehmen zu müssen.

Um einen Analogiefall aus dem Gebiet der elektronischen Halbleiter anzuführen, sei ein solches Oxidhydroxid mit dem Eisen(II)-Eisen(III)-Spinell Magnetit Fe_3O_4 verglichen. Dort wechseln auf strukturell äquivalenten Plätzen Fe^{2+}- und Fe^{3+}-Ionen regelmäßig ab. Die Fe^{3+}-Ionen entsprechen unserem n = O-Niveau, die Fe^{2+}-Ionen dem n* = O-Niveau. Das Leitungsband ist halb besetzt. Das Maximum der Leitfähigkeit ist daher beim Magnetit bei exakt stöchiometrischer Zusammensetzung und idealem Gitterbau zu erwarten, weil dann die Streuung der Elektronen an Störstellen am geringsten ist. Bei den Oxidhydroxiden ist mit einer protonischen Leitfähigkeit zu rechnen, die u. U. gleiche Größenordnungen erreichen könnte, wie die Leitfähigkeit des Eises (*21*, *22*). Entsprechende Messungen werden z. Z. durchgeführt.

Die allgemein zu verzeichnende höhere thermische Stabilität der Oxidhydroxide gegenüber den Hydroxiden ist durch den größeren mittleren Abstand der Protonen voneinander zu erklären. Erst die Zunahme der thermischen Unordnung des Gitters bei höheren Temperaturen begünstigt die Bildung von Wassermolekülen im Gitter. Auch kann man sagen, daß die Tunnelwahrscheinlichkeit zwischen OH—Gruppen mit steigender Entfernung voneinander exponentiell abnimmt.

IV.2 Bildung von Oxidaquaten bei schwach sauren Hydroxiden

Geht man von den basischen Hydroxiden der Erdalkaligruppe im Periodensystem nach rechts, so kommt man über das Wasserstoffbrücken-gebundene amphotere $Al(OH)_3$ zu den sauren Hydroxiden der 4. Gruppe, die ebenfalls leicht Oxidaquate ausbilden. Bei diesen Verbindungen ist das Verhältnis der Ionenladung zum Ionenradius sehr groß. Damit gewinnt das Coulomb-Potential im *Lippincott—Schroeder*'schen Modell, V_4 in Gl. (6), an Bedeutung, Das Kation stößt das Proton der Hydroxylgruppe ab, was den sauren Charakter dieser Verbindungen bedingt. Gleichzeitig nimmt der kovalente Anteil der Kation-Sauerstoff-Bindung zu, so daß die Ausbildung von Kation-Sauerstoff-Bindungen energetisch begünstigt ist. Noch höher geladene Kationen, wie z. B. Phosphor, Schwefel oder Chlor in den jeweils maximalen Oxidationsstufen + 5, + 6 und + 7 führen in Gegenwart von Wasser zur Bildung von H_3O^+-Ionen, weil das Coulomb-Feld der hochgeladenen Kationen das Proton einem in zweiter Sphäre benachbarten Wassermolekül aufzwingt, indem es die abstoßenden Kräfte der beiden schon im Wassermolekül vorhandenen Protonen überspielt.

IV.3 Thermische Stabilität von Hydroxosalzen

Hydroxosalze zeigen gegenüber den Hydroxiden des jeweiligen Zentralkations eine stark erhöhte thermische Stabilität. Beispiele sind die Hydroxostannate (*50*), Germanate (*51*), Stibnate, Antimonate (*52*) und Kobaltate (*53*). Auch die komplexen Hydroxide, wie z.B. die hydroxylhaltigen Silicate sollen an dieser Stelle besprochen werden.

Die relativ hohe thermische Stabilität all dieser genannten Verbindungen läßt sich unter Zuhilfenahme des im *Lippincott—Schroeder*'schen Modell auftretenden Coulomb-Potentials V_4 erklären. Ein solches erweitertes Coulomb-Modell, das nicht nur den Einfluß der nächsten Nachbarn sondern auch den der übernächsten Nachbarn berücksichtigt, wurde erstmals bei der Deutung der Temperaturabhängigkeit der Lage der IR-Banden beim $Mg(OH)_2$ entwickelt (*17*).

In Hydroxosalzen, die, wie z.B. $Mg[Sn(OH)_6]$, in einem Gitter kristallisieren, das sich vom NaCl-Typ ableitet, tritt die Anordnung Kation I — O—H.... Kation II auf. Der Hydroxylgruppe unmittelbar benachbart liegt also ein Kation. Das Coulomb-Feld dieses Kations drängt sozusagen das Proton tiefer in die Elektronenhülle des Sauerstoff-Ions hinein und verhindert die frühzeitige Protonenumlagerung.

Abschließend sei das aus der *Lippincott—Schroeder*'schen Theorie abgeleitete erweiterte Coulomb-Modell erläutert. In Abb. 8 ist ein Schnitt senkrecht zur Basisebene durch die Struktur des $Mg(OH)_2$ dargestellt.

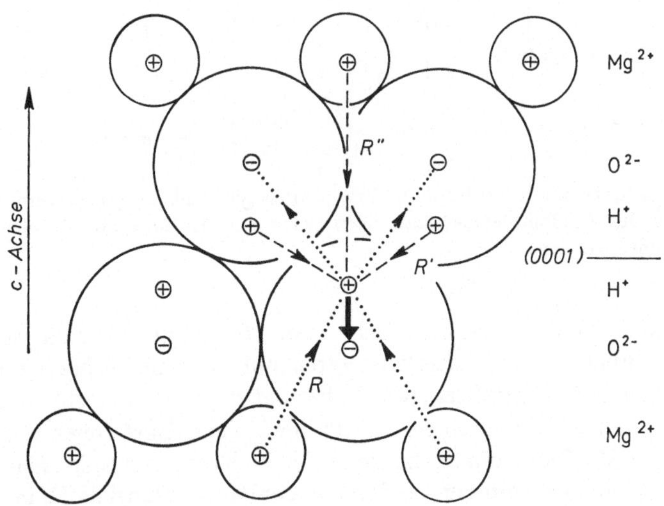

Abb. 8. Schnitt durch die $Mg(OH)_2$-Struktur senkrecht zur Basisebene. Die Pfeile geben die lockernde bzw. festigende Wirkung der Coulomb-Felder benachbarter Ionen auf die O—H-Bindung an

Die Pfeile bezeichnen die Coulomb-Kräfte, die ausgehend von den verschiedenen Ionen ein bestimmtes Proton beeinflussen. Punktiert sind solche Beiträge gezeichnet, die lockernd auf die O—H-Bindung wirken, gestrichelt solche, die festigend wirken. Betrachten wir nur die Metallkationen, so erkennt man, daß die im Abstand R liegenden Kationen einen lockernden Einfluß, die im Abstand R'' liegenden Kationen einen

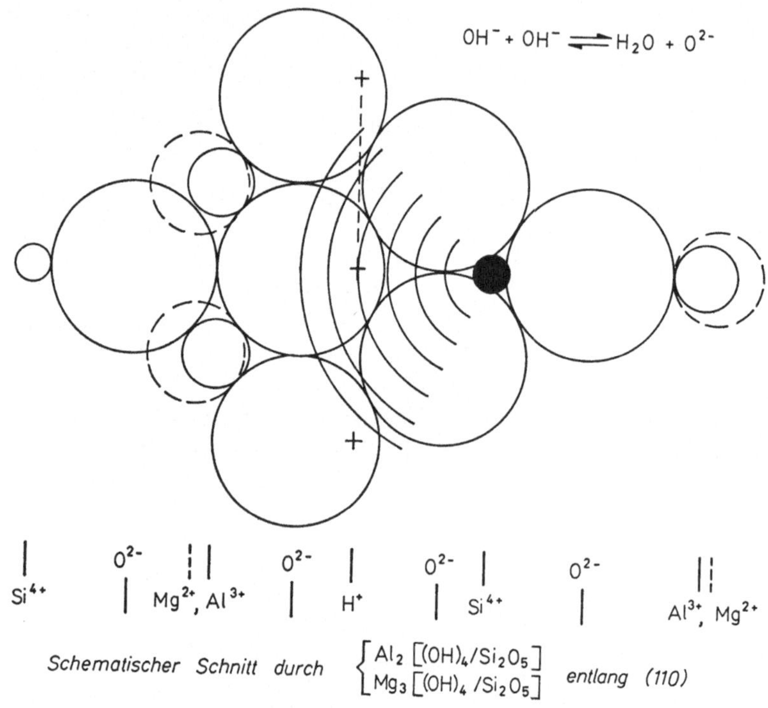

Abb. 9. Schnitt durch die Kaolinit- bzw. Chrysotyl-Struktur zur Erläuterung der Wirkung des Coulombfeldes eines hoch geladenen Kations auf die Protonenumlagerungsreaktion

festigenden Einfluß ausüben. Geht man vom $Mg(OH)_2$ zum isotypen $Ca(OH)_2$ über, dessen Gitterkonstanten aufgrund des größeren Ionenradius von Ca^{2+} vergrößert sind, so besteht die wesentlichste Änderung in bezug auf Abb. 8 in einem Ersatz der kleinen Mg^{2+}-Ionen durch die größeren Ca^{2+}-Ionen ohne Änderung der anderen Abstände. Man kann leicht zeigen, daß dann der Einfluß des Coulomb-Potentials V_4 in Gl. (6) abnimmt, wodurch die O—H-Bindung, V_1 in Gl. (6), gestärkt wird. Daraus läßt sich die höhere Entwässerungstemperatur des $Ca(OH)_2$ gegenüber $Mg(OH)_2$ ableiten. Die starke Abhängigkeit der $Ca(OH)_2$-Entwässerung vom Wasserdampfpartialdruck läßt sich in der beschriebenen Weise durch die größere Polarisierbarkeit der Ca^{2+}-Ionen deuten (vgl. Abschn. III.1).

Bei einem Schichtsilicat, z. B. Kaolinit $Al_2 [(OH)_4/Si_2O_5]$, sind bezogen auf Abb. 8 folgende Änderungen vorzunehmen: die Protonen im Abstand R' entfallen und das zweiwertig positiv geladene Kation im Abstand R'' ist durch Si^{4+} zu ersetzen. Schon durch einfache Überschlagsrechnung kann man zeigen, daß bei derartigen Nachbarschaftsverhältnissen das Coulomb-Potential V_4 in Gl. (6) festigend auf die O—H-Bindung wirkt bzw. die der Protonenumlagerung nach Gl. (3) entgegenstehende Potentialschwelle erhöht. In Abb. 9 ist ein charakteristischer Ausschnitt aus der Struktur des Kaolinits und seines Mg-Äquivalents, dem Chrysotil, aufgezeichnet. Die vom Si^{4+}-Ion ausgehenden Kreissegmente sollen das Coulomb-Feld und dessen festigende Wirkung auf die Reaktion

$$OH^- + OH^- \leftrightharpoons H_2O + O^{2-}$$

entlang der gestrichelten Linie symbolisieren. Der Kaolinit spaltet zwischen 400 bis 500° C Wasser ab, der Chrysotil um 650° C, während die entsprechenden Hydroxide $Al(OH)_3$ und $Mg(OH)_2$ schon bei 200° bzw. 300° C H_2O abgeben. Der zu beobachtende Unterschied zwischen der Aluminium- und der Magnesium-Verbindung läßt sich analog zum Unterschiede $Mg(OH)_2$—$Ca(OH)_2$ erklären.

Das dem Kaolinit strukturell nahestehende sog. 3-Schichtsilicat Pyrophyllit $Al_2 [(OH)_2/Si_4O_{10}]$ verhält sich zum Kaolinit wie etwa ein typisches Oxidhydroxid zum Hydroxid, d. h. die in der Struktur vorliegenden OH-Gruppen sind nicht direkt benachbart sondern nur über Sauerstoff-Ionen verbunden. Für die Protonenumlagerung nach Gl. (3) lassen sich in diesem Fall die gleichen Argumente bringen wie für Oxidhydroxide (Abschnitt IV.1). Der Pyrophyllit spaltet bei 850° C H_2O ab, das Mg-Äquivalent bei 950° C.

V. Zusammenfassung

Es wurde eine Beschreibung des Entwässerungsmechanismus von Hydroxiden angestrebt. In einem Hydroxid liegt definitionsgemäß das chemisch gebundene Wasser in Form von OH^--Ionen vor. Es wird angenommen, daß die thermische Zersetzung eines Hydroxids in Oxid plus Wasser über mindestens zwei Teilschritte abläuft. Der erste Teilschritt ist die Bildung von H_2O-Molekülen aus den OH^--Ionen des Gitters, der zweite die Abspaltung dieser H_2O-Moleküle aus dem Kristallverband. Basierend auf quantenmechanischen Aspekten des Protons wird als Bildungsmechanismus für die H_2O-Moleküle ein Protonenumlagerungsmechanismus vorgeschlagen, wobei zwischenzeitlich eine Wasserstoffbrücke auftritt. Das so gebildete H_2O-Molekül kann sich entweder erneut in OH-Gruppen aufspalten oder aus dem Gitter austreten.

Die Temperatur der Protonenumlagerung wird von den Kationen beeinflußt, wobei insbes. die Wertigkeitsstufe und — als Effekt zweiter Ordnung — die Polarisierbarkeit der Kationen eine Rolle spielen. Anhand isotyper Verbindungen von Haupt- und Nebengruppenmetallen werden die Wechselwirkungen zwischen den Protonen der OH^--Ionen und den äußeren Elektronen der Kationen, sowie die Wechselwirkungen der Kationen untereinander aufgezeigt. Daraus wird die unterschiedliche thermische Stabilität der Haupt- und Nebengruppenhydroxide abgeleitet. Das bevorzugte Auftreten von Oxidaquaten anstelle von Hydroxiden bei den Nebengruppenmetallen in mittleren Oxidationsstufen wird modellmäßig erklärt.

Abschließend wird ein aus der *Lippincott—Schroeder*'schen Theorie der Wasserstoffbrückenbindung abgeleitetes erweitertes Coulomb-Modell dargelegt, mit dessen Hilfe man die unterschiedliche thermische Stabilität z. B. von $Mg(OH)_2$ und $Ca(OH)_2$ erklären kann. Das gleiche Modell wird auf komplexe Hydroxide (Beispiele: hydroxylhaltige Silicate wie Kaolinit, Chrysotil, Pyrophyllit, Talk) sowie auf Hydroxosalze angewandt.

Ich danke Herrn Prof. Dr. O. Glemser für die stete Förderung der Arbeit und Herrn Dr. E. Schwarzmann für anregende Diskussionen. Der Deutschen Forschungsgemeinschaft und der Arbeitsgemeinschaft Industrieller Forschungsvereinigungen (AIF) über die Deutsche Keramische Gesellschaft gilt mein Dank für finanzielle Unterstützung.

VI. Literatur

1. *Glemser, O.:* Angew. Chem. *73,* 785 (1961).
2. *Freund, F.:* Statistisches Modell zur Deutung des Restwassergehaltes. Habilitationsschrift Göttingen 1966, Kap. IV.
3. *Freund, F.,* u. *H. Gentsch:* Naturwissenschaften *54,* 164 (1967).
4. *Freund, F.:* Habilitationsschrift Göttingen 1966, Kap. II. Spectrochim. Acta (im Druck).
5. *Neuhaus, A.,* u. *H. Heide:* Ber. Deut. Keram. Ges. *42,* 167 (1965).
6. *Wefers, K.:* Ber. Deut. Keram. Ges. *43,* 677 u. 703 (1966).
7. *Shafer, M. W.,* u. *R. Roy:* Z. Anorg. Allgem. Chem. *276,* 275 (1954).
8. *Pistorius, C. W. F. T.:* J. Inorg. Nucl. Chem. *15,* 187 (1960).
9. *Liebau, F.:* Z. Kristallogr. *120,* 6 (1964).
10. *Zhdanov, S. P.:* Zh. Prikl. Khim. *35,* 1620 (1962).
11. *Funk, H.,* u. *R. Frydrych:* Naturwissenschaften *49,* 419 (1962).
12. *Schwarz, R.,* u. *H. W. Hennicke:* Z. Anorg. Allgem. Chem. *283,* 346 (1955).
13. *Ball, M. C.,* and *H. F. W. Taylor:* Mineral. Mag. *32,* 754 (1961).
14. *Freund, F.:* IR-Spektren von teilentwässertem $Mg(OH)_2$ im Bereich der ν_{OH}-Bande. Habilitationsschrift Göttingen 1966, Kap. III.
15. *Mitra, S. S.:* Dissertation Univ. Michigan, Ann Arbor 1957. Solid State Physics, Vol. *13,* 1—82. F. Seitz, D. Turnbull, ed. Academic Press 1962.
16. *Grahn, R.:* Arkiv Fysik *28,* 103 (1965).

17. *Freund, F.:* Habilitationsschrift Göttingen 1966, Kap. I. Spectrochim. Acta (im Druck).
18. *Hund, F.:* Theorie vom Aufbau der Materie, p. 62. Teubner Verl. 1961.
19. *Schneider, T.*, and *E. Truninger:* Helv. Phys. Acta *38*, 646 (1965).
20. *Schmidt, V. H.*, and *E. A. Uehling:* Physic. Rev. *114*, 961 (1959) and *126*, 447 (1962).
21. *Eigen, M.*, and *L. de Maeyer:* Proc. Roy. Soc. (London) Ser. A *247*, 505 (1958).
22. *Engelhardt, H.*, u. *N. Riehl:* Physik kondens. Materie *5*, 73 (1966).
23. *Boutin, H.*, *G. J. Safford*, and *H. R. Danner:* J. Chem. Phys. *40*, 2670 (1964).
24. *Jost, W.:* Diffusion in Solids, Liquids and Gases, p. 137. New York: Academic Press 1960.
25. Siehe 24, p. 149.
26. *Keyser, W. de:* Coloq. Quim. Fis. Proc. Superfic. Solidas, p. 43. Madrid 1965.
27. *Meier, W. M.:* Z. Kristallogr. *113*, 430 (1960).
28. *Gabuda, S. P.:* Dokl. Akad. Nauk SSSR *146*, 840 (1962).
29. *Brindley, G. W.*, and *M. Nakahira:* J. Am. Ceram. Soc. *42*, 311 (1959).
30. *Freund, F.:* Habilitationsschrift Göttingen 1966, Kap. VII. Ber. Deut. Keram. Ges. (im Druck).
31. *Frost, G. B.*, *K. A. Moon*, and *T. A. Tompkins:* Can. J. Chem. *29*, 604 (1951).
32. *Lippincott, E. R.:* J. Chem. Phys. *21*, 2670 (1953).
33. —, and *R. Schroeder:* J. Chem. Phys. *23*, 1131 (1955).
34. — *J. N. Finch*, and *R. Schroeder:* Hydrogen Bonding. D. Hadzi, ed. Internatl. Symp. Ljubljyana 1957, p. 361. Pergamon Press 1959.
35. — J. Chem. Phys. *26*, 1678 (1957).
36. Handbook of Physics. E. U. Condon, H. Odishaw, ed. 7/21 (1958).
37. *Gamow, G.*, and *C. L. Critchfield:* Theory of Atomic Nucleus, p. 162. Oxford: Clarendon Press 1949.
38. *Fricke, R.*, u. *G. F. Hüttig:* Hdb. allg. Chem. P. Walden ed. Bd. *9*, 396. Hydroxyde und Oxydhydrate. Leipzig 1937.
39. *Low, J. D.*, and *A. M. Kamel:* J. Phys. Chem. *69*, 450 (1965).
40. *Giovanoli, R.*, *H. R. Oswald*, and *W. Feitknecht:* Helv. Chim. Acta *49*, 1971 (1966).
41. Siehe 38, p. 470.
42. *Hauffe, K.:* Reaktionen in und an festen Stoffen, p. 194. Springer 1966.
43. *Hüttig, G. F.*, u. *H. Möldner:* Z. Anorg. Allgem. Chem. *196*, 177 (1931).
44. *Fricke, R.*, u. *S. Rihl:* Z. Anorg. Allgem. Chem. *251*, 332 (1943).
45. *Teichner, R. P.*, et *S. J. Marcellini:* J. Chim. Phys. *58*, 625 (1961).
46. *Bärnighausen, H.:* Acta Cryst. *19*, 1047 (1965).
47. *Glemser, O.*, *G. Lutz*, u. *G. Meyer:* Z. Anorg. Allgem. Chem. *285*, 173 (1956).
48. *Freund, F.:* Habilitationsschrift Göttingen 1966, Kap. X. Ber. Deut. Keram. Ges. *44*, 51 (1967)
49. *Hamilton, W. C.*, and *J. A. Ibers:* Acta Cryst. *16*, 1209 (1963).
50. *Strunz, H.*, and *B. Contag:* Acta Cryst. *13*, 601 (1960).
51. — u. *M. Giglio:* Naturwissenschaften *46*, 989 (1959).
52. *Wells, A. F.:* Structural Inorganic Chemistry, p. 677. Oxford: Clarendon Press 1962.
53. Siehe 52, p. 394.

Eingegangen am 2. Februar 1967

Library of Congress Catalog Card Number 51-5497. Druck: Meister Druck, Kassel

Titel-Nr. 4897